U0260807

国家出版基金项目
NATIONAL PUBLICATION FOUNDATION

"十三五"国家重点图书出版规划项目

国家电网公司
电力科技著作出版项目

新能源并网与调度运行技术丛书

风力发电机组并网测试技术

秦世耀　王瑞明　李少林　王文卓　编著

中国电力出版社
CHINA ELECTRIC POWER PRESS

内容提要

当前以风力发电和光伏发电为代表的新能源发电技术发展迅猛，而新能源大规模发电并网对电力系统的规划、运行、控制等各方面带来巨大挑战。《新能源并网与调度运行技术丛书》共 9 个分册，涵盖了新能源资源评估与中长期电量预测、新能源电力系统生产模拟、分布式新能源发电规划与运行、风力发电功率预测、光伏发电功率预测、风力发电机组并网测试、新能源发电并网评价及认证、新能源发电调度运行管理、新能源发电建模及接入电网分析等技术，这些技术是实现新能源安全运行和高效消纳的关键技术。

本分册为《风力发电机组并网测试技术》，共 6 章，分别为概述、风力发电机组电能质量测试技术、风力发电机组功率控制测试技术、风力发电机组电网适应性测试技术、风力发电机组故障穿越能力测试技术和风力发电机组并网检测新技术。全书内容具有先进性、前瞻性和实用性，深入浅出，既有深入的理论分析和技术解剖，又有典型案例介绍和应用成效分析。

本丛书既可作为电力系统运行管理专业员工系统学习新能源并网与调度运行技术的专业书籍，也可作为高等院校相关专业师生的参考用书。

图书在版编目（CIP）数据

风力发电机组并网测试技术/秦世耀等编著. —北京：中国电力出版社，2019.9（2020.6 重印）
（新能源并网与调度运行技术丛书）
ISBN 978-7-5198-2854-7

Ⅰ. ①风… Ⅱ. ①秦… Ⅲ. ①风力发电机–发电机组–测试技术 Ⅳ. ①TM315

中国版本图书馆 CIP 数据核字（2018）第 300667 号

出版发行：中国电力出版社
地　　址：北京市东城区北京站西街 19 号（邮政编码 100005）
网　　址：http://www.cepp.sgcc.com.cn
策划编辑：肖　兰　王春娟　周秋慧
责任编辑：邓慧都（010-63412636）　岳　璐（010-63412339）
责任校对：黄　蓓　李　楠
装帧设计：王英磊　赵姗姗
责任印制：石　雷

印　　刷：北京博海升彩色印刷有限公司
版　　次：2019 年 9 月第一版
印　　次：2020 年 6 月北京第二次印刷
开　　本：710 毫米×980 毫米　16 开本
印　　张：17.75
字　　数：314 千字
印　　数：1501—3000 册
定　　价：98.00 元

#《新能源并网与调度运行技术丛书》

编委会

序 言 1

实现能源转型，建设清洁低碳、安全高效的现代能源体系是我国新一轮能源革命的核心目标，新能源的开发利用是其主要特征和任务。

2006 年 1 月 1 日，《中华人民共和国可再生能源法》实施。我国的风力发电和光伏发电开始进入快速发展轨道。与此同时，中国电力科学研究院决定设立新能源研究所（2016 年更名为新能源研究中心），主要从事新能源并网与运行控制研究工作。

十多年来，我国以风力发电和光伏发电为代表的新能源发电发展迅猛。由于风能、太阳能资源的波动性和间歇性，以及其发电设备的低抗扰性和弱支撑性，大规模新能源发电并网对电力系统的规划、运行、控制等各个方面带来巨大挑战，对电网的影响范围也从局部地区扩大至整个系统。新能源并网与调度运行技术作为解决新能源发展问题的关键技术，也是学术界和工业界的研究热点。

伴随着新能源的快速发展，中国电力科学研究院新能源研究中心聚焦新能源并网与调度运行技术，开展了新能源资源评价、发电功率预测、调度运行、并网测试、建模及分析、并网评价及认证等技术研究工作，攻克了诸多关键技术难题，取得了一系列具有自主知识产权的创新性成果，研发了新能源发电功率预测系统和新能源发电调度运行支持系统，建成了功能完善的风电、光伏试验与验证平台，建立了涵盖风力发电、光伏发电等新能源发电接入、调度运行等环节的技术标准体系，为新能源有效消纳和安全并网提供了有效的技术手段，并得到广泛应用，为支撑我国新能源行业发展发挥了重要作用。

“十年磨一剑。”为推动新能源发展，总结和传播新能源并网与调度运行技术成果，中国电力科学研究院新能源研究中心组织编写了《新能源并网与调度运行技术丛书》。这套丛书共分为 9 册，全面翔实地介绍了以风力发电、光伏发电为代表的新能源并网与调度运行领域的相关理论、技术和应用，丛书注重科学性、体现时代性、突出实用性，对新能源领域的研究、开发和工程实践等都具有重要的借鉴作用。

展望未来，我国新能源开发前景广阔，潜力巨大。同时，在促进新能源发展过程中，仍需要各方面共同努力。这里，我怀着愉悦的心情向大家推荐《新能源并网与调度运行技术丛书》，并相信本套丛书将为科研人员、工程技术人员和高校师生提供有益的帮助。

周孝信

中国科学院院士

中国电力科学研究院名誉院长

2018 年 12 月 10 日

序言 2

近期得知，中国电力科学研究院新能源研究中心组织编写《新能源并网与调度运行技术丛书》，甚为欣喜，我认为这是一件非常有意义的事情。

记得2006年中国电力科学研究院成立了新能源研究所（即现在的新能源研究中心），十余年间新能源研究中心已从最初只有几个人的小团队成长为科研攻关力量雄厚的大团队，目前拥有一个国家重点实验室和两个国家能源研发（实验）中心。十余年来，新能源研究中心艰苦积淀，厚积薄发，在研究中创新，在实践中超越，圆满完成多项国家级科研项目及国家电网有限公司科技项目，参与制定并修订了一批风电场和光伏电站相关国家和行业技术标准，其研究成果更是获得2013、2016年度国家科学技术进步奖二等奖。由其来编写这样一套丛书，我认为责无旁贷。

进入21世纪以来，加快发展清洁能源已成为世界各国推动能源转型发展、应对全球气候变化的普遍共识和一致行动。对于电力行业而言，切中了狄更斯的名言“这是最好的时代，也是最坏的时代”。一方面，中国大力实施节能减排战略，推动能源转型，新能源发电装机迅猛发展，目前已成为世界上新能源发电装机容量最大的国家，给电力行业的发展创造了无限生机。另一方面，伴随而来的是，大规模新能源并网给现代电力系统带来诸多新生问题，如大规模新能源远距离输送问题，大量风电、光伏发电限电问题及新能源并网的稳定性问题等。这就要求政策和技术双管齐下，既要鼓励建立辅助服务市场和合理的市场交易机制，使新能源成为市场的“抢手货”，又要增强新能源自身性能，提升新能源的调度运行控制技术水平。如何在保障电网安全稳定运行的前提下，最大化消纳新能源发电，是电力系统迫切需要解决的问题。

这套丛书涵盖了风力发电、光伏发电的功率预测、并网分析、检测认证、优化调度等多个技术方向。这些技术是实现高比例新能源安全运行和高效消纳的关键技术。丛书反映了我国近年来新能源并网与调度运行领域具有自主知识产权的一系列重大创新成果，是新能源研究中心十余年科研攻关与实践的结晶，代表了国内外新能源并网与调度运行方面的先进技术水平，对消纳新能源发电、传播新能源并网理念都具有深远意义，具有很高的学术价值和工程应用参考价值。

这套丛书具有鲜明的学术创新性，内容丰富，实用性强，除了对基本理论进行介绍外，特别对近年来我国在工程应用研究方面取得的重大突破及新技术应用中的关键技术问题进行了详细的论述，可供新能源工程技术、研发、管理及运行人员使用，也可供高等院校电力专业师生使用，是新能源技术领域的经典著作。

鉴于此，我特向读者推荐《新能源并网与调度运行技术丛书》。

黄其励

中国工程院院士

国家电网有限公司顾问

2018 年 11 月 26 日

序 言 3

进入21世纪，世界能源需求总量出现了强劲增长势头，由此引发了能源和环保两个事关未来发展的全球性热点问题，以风能、太阳能等新能源大规模开发利用为特征的能源变革在世界范围内蓬勃开展，清洁低碳、安全高效已成为世界能源发展的主流方向。

我国新能源资源十分丰富，大力发展新能源是我国保障能源安全、实现节能减排的必由之路。近年来，以风力发电和光伏发电为代表的新能源发展迅速，截至2017年底，我国风力发电、光伏发电装机容量约占电源总容量的17%，已经成为仅次于火力发电、水力发电的第三大电源。

作为国内最早专门从事新能源发电研究与咨询工作的机构之一，中国电力科学研究院新能源研究中心拥有新能源与储能运行控制国家重点实验室、国家能源大型风电并网系统研发（实验）中心和国家能源太阳能发电研究（实验）中心等研究平台，是国际电工委员会IEC RE认可实验室、IEC SC/8A秘书处挂靠单位、世界风能检测组织MEASNET成员单位。新能源研究中心成立十多年来，承担并完成了一大批国家级科研项目及国家电网有限公司科技项目，积累了许多原创性成果和工程技术实践经验。这些成果和经验值得凝练和分享。基于此，新能源研究中心组织编写了《新能源并网与调度运行技术丛书》，旨在梳理近十余年来新能源发展过程中的新技术、新方法及其工程应用，充分展示我国新能源领域的研究成果。

这套丛书全面详实地介绍了以风力发电、光伏发电为代表的新能源并网及调度运行领域的相关理论和技术，内容涵盖新能源资源评估与功率预测、建模与仿真、试验检测、调度运行、并网特性认证、随机生产模拟及分布式发电规划与运行等内容。

根之茂者其实遂，膏之沃者其光晔。经过十多年沉淀积累而编写的《新能源并网与调度运行技术丛书》，内容新颖实用，既有理论依据，也包含大量翔实的研究数据和具体应用案例，是国内首套全面、系统地介绍新能源并网与调度运行技术的系列丛书。

我相信这套丛书将为从事新能源工程技术研发、运行管理、设计以及教学人员提供有价值的参考。

郭剑波

中国工程院院士

中国电力科学研究院院长

2018年12月7日

前 言

风力发电、光伏发电等新能源是我国重要的战略性新兴产业，大力发展新能源是保障我国能源安全和应对气候变化的重要举措。自 2006 年《中华人民共和国可再生能源法》实施以来，我国新能源发展十分迅猛。截至 2018 年底，风电累计并网容量 1.84 亿 kW，光伏发电累计并网容量 1.72 亿 kW，均居世界第一。我国已成为全球新能源并网规模最大、发展速度最快的国家。

中国电力科学研究院新能源研究中心成立至今十余载，牵头完成了国家 973 计划课题《远距离大规模风电的故障穿越及电力系统故障保护》（2012CB21505），国家 863 计划课题《大型光伏电站并网关键技术研究》（2011AA05A301）、《海上风电场送电系统与并网关键技术研究及应用》（2013AA050601），国家科技支撑计划课题《风电场接入电力系统的稳定性技术研究》（2008BAA14B02）、《风电场输出功率预测系统的开发及示范应用》（2008BAA14B03）、《风电、光伏发电并网检测技术及装置开发》（2011BAA07B04）和《联合发电系统功率预测技术开发与应用》（2011BAA07B06），以及多项国家电网有限公司科技项目。在此基础上，形成了一系列具有自主知识产权的新能源并网与调度运行核心技术与产品，并得到广泛应用，经济效益和社会效益显著，相关研究成果分别获 2013 年度和2016年度国家科学技术进步奖二等奖、2016年中国标准创新贡献奖一等奖。这些项目科研成果示范带动能力强，促进了我国新能源并网安全运行与高效消纳，支撑中国电力科学研究院获批新能源与储能运行控制国家重点实验室，新能源发电调度运行技术团队入选国家"创新人才推进计划"重点领域创新团队。

为总结新能源并网与调度运行技术研究与应用成果，分析我国新能源发电及并网技术发展趋势，中国电力科学研究院新能源研究中心组织编写了《新能源并网与调度运行技术丛书》，以期在全国首次全面、系统地介绍新能源并网与调度运行技术，为新能源相关专业领域研究与应用提供指导和借鉴。

本丛书在编写原则上，突出以新能源并网与调度运行诸环节关键技术为核心；在内容定位上，突出技术先进性、前瞻性和实用性，并涵盖了新能源并网与调度运行相关技术领域的新理论、新知识、新方法、新技术；在写作方式上，做到深入浅出，既有深入的理论分析和技术解剖，又有典型案例介绍和应用成效分析。

本丛书共分9个分册，包括《新能源资源评估与中长期电量预测》《新能源电力系统生产模拟》《分布式新能源发电规划与运行技术》《风力发电功率预测技术及应用》《光伏发电功率预测技术及应用》《风力发电机组并网测试技术》《新能源发电并网评价及认证》《新能源发电调度运行管理技术》《新能源发电建模及接入电网分析》。本丛书既可作为电力系统运行管理专业员工系统学习新能源并网与调度运行技术的专业书籍，也可作为高等院校相关专业师生的参考用书。

本分册是《风力发电机组并网测试技术》。第1章介绍了风力发电机组发电特性与电网的相互影响，以及风电机组并网测试需求，分析了国内外风电机组并网测试标准。第 2～6 章分别介绍了风力发电机组电能质量测试技术、风力发电机组功率控制测试技术、风力发电机组电网适应性测试技术、风力发电机组故障穿越能力测试技术和风力发电机组并网检测新技术。本分册的研究内容得到了国家重点研发计划项目《大容量风电机组电网友好型控制技术》（项目编号：2018YFB0904000）的资助。

本分册由秦世耀、王瑞明、李少林、王文卓编著，其中，第 1 章由秦世耀、王文卓编写，第 2 章、第 3 章由王瑞明编写，第 4 章由李少林编写，第 5 章由王瑞明、李少林编写，第 6 章由秦世耀、王文卓编写。全书编写过程中得到了陈晨、张利、于雪松、代林旺、徐婷的大力协助，王伟胜对全书进行了审阅，提出了修改意见和完善建议。本丛书还得到了中国科学院院士、中国电力科学研究院名誉院长周孝信，中国工程院院士、国家电网公司顾问黄其励，中国工程院院士、中国电力科学研究院院长郭剑波的关心和支持，并欣然为丛书作序，在此一并深表谢意。

《新能源并网与调度运行技术丛书》凝聚了科研团队对新能源发展十多年研究的智慧结晶，是一个继承、开拓、创新的学术出版工程，也是一项响应国家战略、传承科研成果、服务电力行业的文化传播工程，希望其能为从事新能源领域的科研人员、技术人员和管理人员带来思考和启迪。

科研探索永无止境，新能源利用大有可为。对书中的疏漏之处，恳请各位专家和读者不吝赐教。

作　者

2019 年 6 月

目　录

第 1 章

概　　述

风力发电（简称风电）是最具规模化开发前景的可再生能源之一，我国风能资源丰富，风电具备产业基础好、经济竞争力强、环境影响小等特点，近年来，在国家相关政策的支持下得到了快速发展。截至 2018 年底，我国风电累计并网装机容量达到 1.84 亿 kW（含海上风电 459 万 kW），占全部发电装机容量的 9.7%，发电量达 3660 亿 kWh，占全部发电量的 5.2%，已成为我国的第三大电源，风电累计和新增装机容量连续八年位居全球首位。根据 2016 年 11 月国家能源局发布的《风电发展“十三五”规划》，到 2020 年底，我国风电累计并网装机容量将达到 2.1 亿 kW 以上，其中海上风电装机容量达到 500 万 kW 以上。另外，国家发展改革委能源研究所发布的《中国发电发展路线图 2050》，设定了两种中国风电发展情景。其中，在基本情景下，到 2020、2030 年和 2050 年，风电装机容量将分别达到 2 亿、4 亿和 10 亿 kW；在积极情景下，风电装机容量将分别达到 3 亿、12 亿和 20 亿 kW，到 2050 年两种情景下分别可满足 17%和 30%以上的电力需求。

风能是一种间歇性能源，风力发电机组（简称风电机组）将捕获的风能转化为电能。由于风速和风向随时间与空间变化，风电机组输出的电能具有显著的波动性。与常规同步发电机组相比，主流的变速恒频风电机组通过电力电子变流装置并网发电，虽然实现了机组与电网的解耦控制，但不能实时响应电网电压/频率变化，风电的电网主动支撑能力弱。此外，由于电力电子器件过压/过流能力有限，电网故障或扰动情况下易发生脱网保护，风电的抗电网扰动能力不足。电力系统是一个实时能量平衡的动力系统，当并网风电在电网中的比重较小时，风电的上述特性可通过电网调节消纳与平抑，而当风电占比逐步升高时，上述风电并网特性对电网调峰和稳定运行带来显著影响。随着风电接入电网比例的不断攀升，风电的波动性、弱支撑性及低抗扰性使得电力系统实时能量平衡的难度进一步加大，给电力系统的安全稳定运行带来了巨大挑战。

因此，为保障高比例风电的电力系统安全稳定运行，风电向电网输送电能也必须保证一定的电能质量，满足电网安全稳定运行的相关准则，风电发达国家与地区均通过并网标准对风电的并网行为进行了规范，风电并网测试技术是衡量并网风电机组是否符合相关技术要求与质量性能的关键。随着电力系统中风电占比的不断攀升，风电机组性能的不断提高与完善，电力系统对风电设备性能要求也逐步提高，风电并网技术成为国际能源与电力技术发展的前沿和热点。风电产业涉及设备制造、规划设计、生产管理和调度运行等多个环节，需要建立各环节有机衔接的并网检测体系。开展风电机组并网测试，是提升风电产品质量与并网技术水平，促进风电和电网的协调发展，保障风电健康可持续发展的有效手段，大规模风电的快速发展离不开并网测试技术的支撑。

1.1 我国风电与并网测试发展历程

我国风电发展始于20世纪80年代，自1986年中国第一个商业化并网风电场建成投运至今，中国风电发展经历了缓慢发展时期（2005年以前）、爆发式增长时期（2006～2010年）及平稳增长时期（2011年至今）。不同发展阶段，我国风电产业面临不同的技术问题和挑战，我国风电并网及测试技术标准体系是伴随我国风电发展而逐步建立、发展并不断完善的。

风电发展早期，我国风电装机规模较小，风电机组也以进口为主。风电占电源总装机的比例较小，对电网影响有限，没有专门制订风电并网的技术标准。当时行业主要关注风电机组的运行安全性和可靠性，机组功能要求方面大多采用国外标准，对风电并网特性、并网测试的要求关注较少。

2006年，伴随《中华人民共和国可再生能源法》的实施，我国风电进入大规模发展时期，国家发改委与国家能源局先后制定了中国风电的发展目标[1]。彼时，国内风电制造业刚刚起步，发电设备并网技术储备薄弱、并网技术指标落后，风电在电网故障或扰动情况下，风电机组可基于自身安全等因素主动脱网保护。风电并网技术要求与试验检测指标的缺失，造成风电并网规划和运行“无法可依”。为引导和支持大规模风电的稳定发展，我国颁布了《风电场接入电力系统技术规定》（GB/Z 19963—2005）[2]，首次提出了风电场接入电力系统的技术要求，我国风电并网试验检测能力也逐步建立。

经过近5年的快速发展，我国风电装机容量持续攀升，截至2010年底，我国风电累计装机总量首次跃居世界第一。受风能资源禀赋限制，我国风能资源与负荷呈逆向分布，风电开发采用“大规模集中式开发、远距离高电压送出”的开发模式，随着局部电网中风电比例的不断上升，风电并网对电力系统安全稳定运行带来的影响逐渐显现。在我国风电快速发展时期，风电并网管理相对滞后，风电机组也不具备低电压穿越能力等必备的并网性能。2011年在甘肃、河北等地发生多起风电大规模脱网事故，对电力系统的安全稳定运行造成了很大影响，引起了广泛的社会关注。为适应风电快速发展的需求，全国电力监管标准化技术委员会启动了《风电场接入电力系统技术规定》（GB/Z 19963—2005）的修订工作，2011年，国家标准化管理委员会正式发布《风电场接入电力系统技术规定》（GB/T 19963—2011）。新标准中增加了风电场有功无功控制、风电出力预测、低电压穿越能力、接入系统测试等方面的内容，并提出了具体的技术要求和参数指标，风电机组也实现了由电网故障时“自我保护、主动脱网”到对电网故障“被动适应”的角色转变。

如今，我国已成为全球风电发展速度最快、装机规模最大的国家，自2011年开始，风电新增与累计装机容量稳居世界第一，风电已成为继火电、

[1] 根据《可再生能源“十一五”规划》，2010年，风电总装机容量达到1000万kW，国内风电设备制造企业实现1.5MW级及以上机组的批量化生产，为风电快速发展奠定装备基础。

[2] 已作废，被《风电场接入电力系统技术规定》（GB/T 19963—2011）代替。

水电之后的第三大电源。随着局部电网中风电占比的不断升高和高压直流输电项目的逐步投运，电源结构与电网结构发生深刻变化，风电并网安全正在面临一些新问题和新挑战。例如，风电大量替代常规同步发电机组，导致电力系统转动惯量下降，系统抗扰动能力降低；风电不参与系统一次调频，系统频率稳定难度加大；风电无功未得到有效利用，不参与系统调压，系统电压稳定问题凸显；风电与接入系统交互作用，大规模风电基地直流送端系统动态稳定存在振荡风险；风电机组变流器等电力电子装置耐压水平不足，在电网暂态过电压故障中存在高电压脱网的风险。为降低高比例风电的电力系统运行风险、保障风电运行稳定，风电应完成由对电网的“被动适应”到“主动支撑”的角色转变，主动参与电力系统实时能量平衡与调节，逐步具备调频、调压与振荡抑制等功能。同时，风电机组并网测试的内容和技术要求也不断完善，制定了高电压穿越、一次调频等方面的技术要求及测试标准，《风电场接入电力系统技术规定》（GB/Z 19963—2011)的修订工作也已启动。

1.2 风电机组发电特性与电网的相互影响

风电具有与火电、水电等常规能源显著不同的特点。

（1）风电具有随机性与波动性。风电的能量来源于风能，自然界中的风具有明显的随机性与波动性。此外，塔影效应、风剪切[1]、叶片重力偏差以及偏航误差等因素，也会使风电机组的输出功率产生波动。

（2）风电具有低抗扰性。风电机组普遍采用快速控制的电力电子变流装置实现并网发电，与常规同步发电机相比，电力电子器件过压/过流能力有限，过流能力不足常规机组的 1/5，且对接入点短路电流贡献有限，与常规同步发电机的暂态过程具有明显的差异，给原本以同步发电机为主的电力系统带来更多稳定性方面的影响。

---

[1] 塔影效应、风剪切：塔影效应、风剪切是风对风电机组发电功率最典型的两种周期性干扰。其中，塔影效应是风遇到塔架堵塞改变大小和方向的变化。风剪切是指由于与地面的摩擦，风速随垂直高度的变化。由于塔影效应与风剪切的存在，风速值在整个风轮扫掠面上是处处不同的。

（3）风电主动支撑能力有限。为了提高风能利用率，主流风电机组采用变速变桨的控制策略，跟踪最大功率点运行，通过电力电子变流器灵活调节有功、无功功率，实现风能的最大化利用。在此运行状态下，一方面，风电机组发电机转速和电网频率之间解耦控制，不同于常规同步发电机组，其输出有功功率不能主动响应电网频率变化，因此不具备常规发电机组所具有的惯量和一次调频能力，不利于电力系统的频率稳定；另一方面，风电机组虽然具备一定的无功调节能力，但通常以额定功率因数运行，风电机组输出无功功率和电网电压无关，风电机组自身调压能力未得到有效利用。因此，在此情景下，大规模风电接入电网后势必导致系统惯性降低、调频与调压能力不足。

随着风电装机及并网容量的逐步攀升，我国在风电发展过程中遇到了新的困难与挑战。高比例风电并网对电力系统的电压、频率、电能质量等方面的影响逐渐扩大，甚至引发了多起大规模风电脱网事故，对电力系统的安全稳定运行造成了不容忽视的影响。暴露的问题集中反映了风电特性对原有以同步发电机为主的电力系统的影响，为适应电网需求，迫切需要提出风电接入电网新的技术要求，在规范风电并网特性的同时大幅提升其对系统的友好性和主动支撑能力。在此基础上，按照并网技术要求对风电机组进行并网测试，以确保风电自身及电力系统的安全可靠运行，有利于风电快速健康可持续发展。

1.2.1 发电特性对电网频率的影响

在利用风能发电过程中，受风资源及气象条件制约，风电机组输出功率具有随机性与波动性的特点。随着大规模风电场的接入，风电装机容量在系统中所占比例的增加，电力系统维持实时能量平衡的难度进一步加大，风电对电网频率和有功功率的影响将不能忽略，电力系统应对随机性与波动性更具挑战。

从规划的角度来说，风电功率波动会使潮流分布更加复杂，不确定因素会对电网原有的运行方式造成冲击。随着风电接入数量和规模的日益增大，在大规模互联电网中还会产生波及效应并影响系统短路容量等安全约束，影响电力系统调峰。

从运行的角度来说，风电功率波动会影响电力系统调度运行，具体地说，就是在传统以可控性电源为主的调度格局下，在电源端加入大规模随机扰动因素。为保证不间断供电，电网为风电准备的备用容量通常是由常规发电机调速系统作用下调出的旋转备用，伴随风电功率波动及电网备用容量的投退，电网频率也会随之变化调整。同时，风电机组并网时，切入功率的大小、切入的速度、切入点位置及所连设备惯性常数都会对电网和调度运行带来影响。

1.2.2 发电特性对电网电压的影响

风电的随机性与波动性，不仅表现在对频率的影响，还表现在对电压的影响。电压变化的原因是在有功变化的同时，线路和变压器的无功损耗大幅度变化，线路的电压降也随之变化，并影响电网母线的电压水平，产生电压偏差。

在一定条件下，有功功率可以长距离传输，但无功功率则应采取就地平衡的办法，因为电网线路以感性为主，无功功率长距离输送的损耗大，受端所剩无功很少，而受端电压偏差也可能超过规程允许的范围。并联电容器组、发电机、调相机和静止无功补偿装置，称为无功电源，可使电网电压升高。并联电抗器、异步发电机（多为鼠笼型异步风电机组）、异步电动机、含电感性负荷无功功率、线路电抗损耗和变压器电抗损耗、并联电抗器等，称为无功负荷，可使电网电压下降。就一条母线、一个区域，或一个电压层而言，无功电源与无功负荷应保持动态平衡，电压才能维持在正常水平。若总无功负荷大于总无功电源，电压将低于正常值；若总无功负荷小于总无功电源，电压将高于正常值。

电网的运行方式不断变化，风电投入或退出不仅在时间上是随机的，投退容量的大小也是随机的，因此，补偿方案不仅涉及容量的最大值和最小值，还涉及投入或退出容量以及投入或退出规律和策略，包括风电机组、风电场、风电集群的多时间尺度的有功协调优化控制，并且在空间尺度上逐层细化风电参与调频的空间范围区域，形成多时空尺度协调的综合优化控制。特别是风电装机容量很大的情况下，要满足不同运行方式时各母线电压偏差在规程规定的范围内，是多约束条件下的多目标优化问题。

1.2.3 发电特性对电能质量的影响

随着电力电子技术的发展，非线性电力电子器件和装置在风力发电系统中得到了广泛应用。同时为了解决电力系统自身发展存在的问题，直流输电、串联电容电压补偿和并联电容无功补偿等大量设备投入运行。这些设备的运行使得风电机组输出电压和电流畸变越来越严重，造成电网的谐波污染、功率因数降低和电磁干扰等问题，严重时造成电力设备损坏。不同类型及控制策略下的风电机组主要采用电力电子变流装置接入公用电网，风况变化、风电机组类型、控制系统和电网状况等因素都会带来电压波动、闪变与谐波等电能质量问题，主要包括以下方面：

（1）电压偏差问题。电压偏差由系统负荷随机波动和无功功率不平衡引起，电力系统中各点的电压会存在偏差，风电场内的无功电压调节设备如集电线路、变压器、变速风电机组和电抗器/电容器等，无功电压调节特性存在差异。受电网运行方式、风电场并网点电网强度等影响，风电场并网运行时其并网点电压会产生电压偏差。

（2）电压波动问题。风的波动以及塔影效应、风剪切、偏航误差等因素对风电机组的影响都会带来风电机组输出功率的波动，并随之引起电压变化。当风电机组并网后，机端电压的变化又会影响到整个电网的电压，引起电压波动问题。

（3）谐波问题。风电机组通过电力电子变流装置接入电网，其功率控制方式与常规方式有很大不同，通常采用脉冲宽度调制技术（PWM）调节输出有功、无功电流。因此，开关器件频繁的开通和关断将对电网注入大量的谐波电流，对电网造成谐波污染。

1.2.4 电力系统运行对风电机组的影响

风电机组作为电力系统电源之一，虽会给电网带来新的扰动和故障，但同时也是电网扰动或故障的承受者。风电机组复杂的机电一体化产品、以电力电子器件为核心的风电机组的弱特性使其对电网扰动与故障高度敏感。主要体现在以下几个方面：

（1）在电网正常运行中，由于负荷不平衡或线路老化等原因，可能使得电网电压其中一相或两相的幅值发生小幅变化，产生三相电压不平衡、二倍频脉动和谐波畸变等问题。如电网电压三相不平衡时，会引起双馈机组网侧变流器三相电流不平衡，进而造成其输向电网的有功功率、无功功率与直流侧电压中存在二倍频脉动。直流电压的二倍频波动不仅会引发转子励磁电流的谐波，还会影响网侧变流器控制的性能，严重不平衡时甚至会对双馈发电机及其控制系统成过电压、过电流的危害，影响直流电容寿命。若电网电压中含有低次谐波，双馈风电机组定、转子电流也会产生谐波畸变，除较大谐波成分将造成电网谐波污染外，谐波电流之间以及谐波与基波电流之间的交互作用，会造成双馈风电机组有功功率、无功功率及电磁转矩中出现成分更为复杂的振荡。如不加以应对，会严重影响风电机组输出的电能质量，危及风电机组电气及机械系统的运行安全乃至整个电网运行的稳定性和可靠性。

（2）电网运行过程中，除了会出现以上正常的电压小幅波动以外，还会因输电线路短路等故障出现较大的电压瞬时跌落问题。以双馈风电机组为例，当机端电压瞬间降低时，风电机组产生的能量不能全部送出，其多余的能量只能消耗在电机内部，导致定子电流和转子电流的增大；另外，电网电压故障会引发双馈发电机内部产生剧烈的电磁过程，由于定子磁链不能突变，故障瞬间产生的暂态定子磁链会使转子侧绕组感应出很大的暂态反电动势，引起转子绕组的瞬时过电流和过电压问题。电流的大幅波动进而造成双馈风电机组输出功率和电磁转矩的剧烈振荡，对风电机组主轴、齿轮箱等机械系统产生很大的扭切应力冲击，严重危害机组的安全。双馈风电机组转子中不平衡的能量流经机侧变流器之后，一部分被网侧变流器传递到电网，剩余部分将通过与功率开关器件反并联的续流二极管形成对直流母线电容的充电，导致母线电压快速升高。如果不及时采取保护措施，过大的电流和电压也将导致变换器、定转子绕组以及直流母线电容的损坏。

（3）电网阻抗对风电机组的影响。当风力发电系统与不同程度的电网系统存在容感谐振回路，对外成纯电阻特性时，将发生谐振现象，使系统的电压、电流波形畸变更加严重。风电机组的谐振现象主要包括由串补电容引起的频率小于50Hz的次同步谐振和并联电容补偿引起的中高频谐振。影响风电机组的等效阻抗的因素主要有控制器参数、锁相环的控制带宽以及滤波器参数的选取。而随着风电比例的增加，弱电网的程度不断加深，机组并网点的短路比（SCR）较低，机组自身运行状态和电网之间的耦合程度较高，机组自身运行状态会对并网点电压产生较大影响，同时电网阻抗变化又会对机组运行状态产生影响，因此机组控制系统设计时需要同时考虑并网点的阻抗条件。

1.3 风电机组并网测试需求

随着我国风电的持续发展，在电力系统中的角色从补充性电源、替代性电源向主力电源转变。我国风电具有大规模集中接入、远距离特高压送出的典型特点，风电并网特性与电网情况互相影响。为保障风电并网安全，应开展电能质量、低电压穿越、功率控制等测试验证风电并网性能是否满足标准要求。近几年来，随着电力系统网源结构的显著变化及风电对常规机组的大量替代，系统的有效调频能力和局部电网调压能力趋于弱化，风电应具备与常规机组类似的惯量响应、调压、调频能力。与之对应，提出了高电压穿越、一次调频、孤岛等风电机组并网测试新需求。

1.3.1 风电机组并网事故案例

《中华人民共和国可再生能源法》颁布实施后，我国风电产业呈爆炸式增长状态，风电机组制造商最多时达 80 多家，机组之间的并网特性差异巨大。当时，风电机组仅需进行出厂测试，在涉网性能方面，仅要求满足风电场接入电力系统技术规定，而其中并未对单台风电机组的涉网能力提出具体要求。在缺乏风电机组并网测试标准的背景下，大量未进行并网测试的风电机组集中并网，导致风电场在电网电压异常时大规模脱网、风电场因电能质量问题不能正常运行、机组耐压能力不足制约消纳能力等问题，对电网安全和风电产业健康发展产生了负面影响。案例一至六给出了我国风电大发展期间发生的部分典型事故情况。

【案例一】2008 年，内蒙古某风电场由于风电机组无法耐受风电场自身产生的谐波，造成风电场总输出功率超过 90MW 后，风电场内风电机组大范围跳闸停机。随后，风电制造企业调整风电机组控制策略，并增加滤波装置，解决了风电场内风电机组谐波耐受能力不足的问题。类似地，在谐波满足国家标准要求的情况下，风电机组因谐波耐受能力不足导致风电场无法正常运行的类似案例在我国其他地区也时有发生。

【案例二】河南某风电场紧邻铁路枢纽，由于铁路系统采用单相供电，当有火车（高铁、动车、普通货车）经过时会引起电网三相电压不平衡度增加（在国家标准允许范围内），而风电机组因电网适应性不满足要求全部退出运行。类似地，电网三相电压不平衡度满足国家标准要求，而风电机组却无法正常运行的事件在我国西北、华北、内蒙古等多个地区时有发生。

【案例三】2010 年，我国东北某地风电场变压器短路，事故导致数十个风电场直接脱网，因风电脱网引起电网损失出力 580MW，造成了 5%的供电缺口，故障引发当地电网大面积停电事故，造成了负面的社会影响。

【案例四】2011 年，我国西北某风电场发生 35kV 变压器设备故障，随后故障发展为三相短路，由于风电机组不具备低电压穿越能力，事故范围不断发展扩大。最终，整个事故期间脱网风电机组共计 598 台，电网损失有功出力 837.34MW，西北全网频率下降，频率最低值达 49.854Hz。

【案例五】2012 年，我国西北地区某风电场，当电网发生短路故障断开后，部分线路的风电机组在电网断电后孤岛运行数十秒。当风电场连接的 330kV 变电站出线侧发生接地故障时，0.7s 后 330kV 断路器重合闸失败，风电场进入孤岛状态。风电场 35kV 集电线路仍有电压存在。集电线路电压维持在 1.1 标幺值，持续时间 22s，对运维人员及电气设备造成极大的安全隐患。

【案例六】2015 年，我国西北某以直驱风电机组为主的风电基地，多次出现次同步频率范围的持续功率振荡现象，甚至引发 200km 以外的直流送出配套 3 台火电机组因轴系扭振保护（TSR）动作跳闸，事故造成西北电网功率损失 350 万 kW，西北电网频率波动至 49.91Hz，严重威胁电网的安全稳定运行。

1.3.2 风电机组并网测试的必要性

在实际运行中，风电机组控制复杂，运行出力受到风况的影响，实验室模拟或工厂试验通常无法准确、全面地反映其运行特性，通过现场试验校核风电机组模型、调整控制参数、积累运行经验是提高其并网性能的重要措施。

我国风电发展之初，产业发展增量较快，风电机组运行与检测标准尚未建立，风电机组制造商缺乏相关试验检测能力与手段，研究风电机组并网试验检测与评估技术，建立能够真实模拟电网扰动与故障特性的风电机组并网特性测试系统，对提升风电接入后电力系统的运行水平有着十分重要的现实意义。

一方面，我国风电机组的技术大多从欧美国家引进，然后再进行自主优化开发，不同厂家的风电机组、同一厂家的不同型号的风电机组并网特性均有较大差异。另一方面，风电集中接入的电网情况各异，接入汇集站的负荷情况也千差万别，风电与电网、负荷之间互相影响。为确保风电并网安全，我国制定了适用于风电并网的技术标准（GB/T 19963—2011），为验证风电并网特性是否满足标准要求，应开展风电机组并网测试。以低电压穿越能力为例，仅 2011 年我国甘肃、河北等省区即发生十多次风电大规模集中脱网事故，通过开展低电压穿越能力并网测试，发现了风电低电压穿越失败的关键问题，提出了风电控制的改进措施，促进了风电控制系统升级，再未发生风电大规模脱网事故，有力保障了风电并网安全。

此外，风电机组并网测试对促进风电产业发展、推动技术进步也有十分重要的作用。在促进风电产业发展方面，2005 年我国国内风电机组制造商的市场份额不足 10%，关键核心器件均依赖进口。经过十多年的发展，我国国内机组制造商的市场份额已超过 90%，出口十几个国家。风电机组制造商也由巅峰时的 80 多家优化为 10 多家。并网测试作为验证风电机组并网性能的有效手段，可协助风电产业的优胜劣汰，促进风电产业的健康发展。

1.4 国内外风电机组并网测试标准

为保证电力系统安全运行，接入电网的所有发电设备需遵守共同的运行规范，将公认的运行规范转换为并网发电设备可具体执行的规则，即并网标准。风电并网标准是所有风电设备并网运行的前提和技术基础，规定了一个或者多个接入电网风电设备的最低运行要求。由于并网标准的内容与电网的客观情况息息相关，因而不同国家风电并网标准的条款不尽相同，甚至同一国家、不同电网因为结构和运行模式不同，也会制定不同的并网标准。此外，电网运行结构和模式也在不断地发展和变化，并网标准也需随变化滚动更新。

依据风电并网标准开展风电机组并网测试，是对风电设备是否符合并网标准进行检验、检查、评价的技术手段，可为风电设备制造商提供试验平台，加速研发迭代过程，同时也为采购方提供质量保障，进而促进风电制造业良性发展。面对迅速发展的风电行业，国际风电产业已经形成了从单机到场站、从输电到配电、行政手段与经济激励相结合的风电并网标准检测认证体系，可为风电设备制造和采购提供更好的技术安全保障。认证和检验检测是对标准的实施情况进行检验、检查、评价的技术手段。

标准化和检测认证工作对降低成本、保障制造设备质量和促进装备制造业良性发展有巨大作用。技术标准和认证体系是规范风电设备市场，提高风电机组可靠性和稳定性，降低发电成本的必由之路。以风电领域标准化为核心、试验检测为手段，突出国家能源战略的引领作用，加快风电相关法律、政策体系建设，完善风电发展的相关体制机制，建立健全风电发展的技术和管理措施有助于促进我国风电产业的进一步健康发展。

1.4.1 IEC 标准及欧美主要国家标准

国际电工委员会（IEC）主要通过 TC 88（风力发电系统技术委员会）和 SC 8A（可再生能源接入电网分技术委员会）开展风力发电相关标准的制修订工作。IEC TC 88 风力发电系统技术委员会，是专门负责风力发电系统技术标准化工作的技术组织，致力于风电机组、风电场及风电并网设计、集成、测量和试验等方面的标准制定工作。TC 88 发布的 IEC 61400 系列标准，涉及电能质量、检测认证、防雷保护、通信等多个方面。IEC SC 8A 是可再生能源接入电网技术分委会，主要负责制定如风电和光伏发电等波动性可再生能源接入电网相关的国际标准和技术文件。表 1-1 列出了风电并网与检测相关的部分 IEC 标准。

表 1－1　　风电并网与检测相关的部分 IEC 标准

标准编号	标 准 名 称	状态
IEC 61400-25 系列标准	风力发电系统 第 25 部分：风力发电厂监测和控制通信系统（Wind energy generation systems-Part 25: Communications for monitoring and control of wind power plants）	已发布
IEC 61400-21-2 Ed.1.0	风力发电机组 第 21-2 部分：电气特性测试与评价 风电场（Wind trubines —Part 21-2: Measurement and assessment of electrical characteristics—Wind power plants）	制订中
IEC 61400-27-1：Ed.2.0	风力涡轮机 第 27-1 部分：电气仿真模型 风力涡轮机（Wind turbines—Part 27-1:Electrical simulation models for wind power generation）	制订中
IEC 61400-27-2 Ed.1.0	风力涡轮机 第 27-2 部分：电气仿真模型 模型验证（Wind energy generation systems—Part 27-2:Electrical simulation models—Model validation）	制订中

TC 88 发布的 IEC 61400 系列标准是丹麦、德国、荷兰、西班牙、美国、印度等国家进行风电开发的基础标准。国外的风电机组检测、认证标准大多依据 IEC 61400 系列标准建立，并根据本国实际情况提出各自新的要求。

为确保风电并网安全，满足风电发展需求，各国政府或电网企业都制定了适合本国国情的风电并网标准。表 1－2 列出了欧美主要国家的部分风电并网标准。

表 1－2　　欧美主要国家的部分风电并网标准

国家	发布者/发布时间	编号或版本号	标准名称
德国	BDEW/2008	—	接入中压电网的发电机组并网技术规定（Technical Guideline Generating Plants Connected to the Medium-Voltage Network）
丹麦	ENERGINET.DK/2016	TF 3.2.5	11kW 以上的风电场并网技术规范（Technical regulation for wind power plants above 11 kW）
西班牙	REE/2006	P.O.12.3	连接到电力输电系统和发电设备的安装：最低设计要求，设备、操作、调试和安全（Installlations connected to a power transmission system and generating equipment: minimum design requirements, equipment, operations, commissioning and safety)
加拿大	Manitoba Hydro/2009	Version 2	输电系统并网要求（Transmission system Interconnection requirements）
	Hydro Quebec/2009	—	魁北克水电输电系统并网技术要求（Transmission provider requirements for the connection of power plants to the Hydro Quebec transmission system）

续表

国家	发布者/发布时间	编号或版本号	标准名称
加拿大	CanWEA/2006	—	加拿大风能协会风电并网基本要求（CanWEA base code）
	AESO Alberta/2004	Revision 0	风电并网技术要求（Wind Power Facility Technical Requirements）
英国	Electricity Transmission plc/2010	Issue 4 Revision 5	并网标准（The grid code）
爱尔兰	EirGrid/2009	Version 3.4	爱尔兰并网标准（EirGrid grid code）
美国	FERC/2005	RM05-4-001 Order No.661-A	风能并网标准（Interconnection for wind energy）

1.4.2 中国风电并网标准体系

1.4.2.1 风电并网标准制修订历程

《风电场接入电力系统技术规定》（GB/Z 19963—2005）是我国第一项风电并网国家标准。为促进风电快速发展，考虑到当时风电开发规模和风电技术水平，标准仅提出了一些原则性规定，缺少并网测试的内容。随着风电的快速发展，风电机组未进行并网测试引起的问题和事故逐步显现。仅 2011 年，我国就发生 193 起风电机组事故。其中，损失风电出力 500MW 以上的严重脱网事故 12 起。风电机组因电网适应性不满足要求、电能质量问题影响风电场正常运行的事故也多有发生。

为保障风电产业的健康发展，促进风电与电网协调发展，规范风电并网性能，全国电力监管标准化技术委员会启动了国家标准《风电场接入电力系统技术规定》的修订工作。标准修订过程中借鉴了国际先进经验，同时充分考虑了我国风电发展的实际情况。2011 年 12 月 30 日，GB/T 19963—2011 正式发布。

与 GB/Z 19963—2005 相比，GB/T 19963—2011 在风电场有功功率控制、无功功率/电压控制、低电压穿越能力（LVRT）、接入系统测试、风电功率预测等方面提出了技术要求和具体指标。标准规定的风电机组并网测试的主要内容包括电能质量、功率控制、低电压穿越能力、风电机组电压及频率适应性测试等。

2011 版国家标准有效指导了我国风电并网及规划、试验检测、功率预测和调度运行工作，并广泛应用于电网企业、科研机构、咨询设计单位、风电开发企业和装备制造业，有力地支撑了我国风电并网运行与电网安全稳定，引领风电装备并网性能的快速提升。

1.4.2.2 风电机组并网测试标准体系

伴随风电的发展历程，我国已初步建立适合我国风电发展现状的风电机组并网测试标准体系。并网测试标准体系主要包括风电场和风电机组两个部分，风电场的并网测试标准包括《风电场接入电力系统技术规定》（GB/T 19963）、《风电场电能质量测试方法》（NB/T 31005）等，风电机组的并网测试标准包括《风力发电机组电能质量测量和评估方法》（GB/T 20320）、《风电机组低电压穿越能力测试规程》（NB/T 31051）、《风电机组低电压穿越建模及验证方法》（NB/T 31053）、《风电机组电网适应性测试规程》（NB/T 31054）和《风电机组高电压穿越测试规程》（NB/T 31111）等。

在测试平台及测试能力建设方面，目前已经建成世界上规模最大的张北试验基地，拥有先进的检测设备和世界一流的检测能力。同时，我国风电机组检测体系初步建立，可开展的风电检测项目包括风电机组电能质量、功率控制、低电压穿越、电网适应性、噪声载荷等，也能进行变流器、发电机、齿轮箱、变桨系统、主控系统等风电机组主要零部件试验测试。

1.4.2.3 风电机组并网测试趋势

我国是全球风电规模最大、发展最快的国家，截至 2017 年，风电已经在我国 10 个省、市、自治区成为第二大电力。对于新能源大规模发展的“三北”地区（东北、西北、华北），高比例新能源电力系统形态已经形成，四省区（冀北、甘肃、蒙东、蒙西）新能源并网装机已经超过该省电网装机的 30%，四省区（蒙东、甘肃、宁夏、新疆）新能源穿透率超过 100%（即在天气条件适宜的情况下，风电/光伏的发电功率与当地的负荷比超过 100%，整地区供电可全部由新能源提供）。但受到当地负荷水平与跨区输电能力等因素的限制，风电限电现象时有发生。

风资源与负荷逆向分布的特点决定了大基地、远距离送出是我国风电开发利用的主导形式之一。为加强电网互联，扩大新能源发电的消纳范围，提升“三北”新能源消纳水平，我国正加速特高压跨区输电通道建设。据统计，截至2018年底，国家电网有限公司在运及在建的特高压直流项目共12条，其中9条用于风电的跨区消纳。利用特高压直流远距离消纳风电是适合我国风电发展特点的必然选择和现实需求。我国高比例风电经高压直流外送的新型电力系统形态基本形成，电力系统的安全稳定运行正面临新的挑战。

风电在电力系统中的角色正由替代性电源向主力电源转变，风电大量替代常规火电、水电机组后，加剧了电力系统的功率波动，系统频率稳定和电压稳定问题逐渐突出。为确保风电并网安全，风电须具备与常规机组类似的并网性能，承担调压、一次调频等义务，在电网电压/频率异常时维持并网运行并提供一定的功率支撑能力。在这方面，欧洲各国对风电发展面临的挑战也具有与我国类似的共同认识。

欧洲国家普遍认为，随着风电装机占比逐步提高，为了协调电源侧与电网侧的需求，实现共同安全运营，风电在电网中发挥的作用可以分为三个阶段。第一阶段，要求风电在局部电网占到一定的比例时，风电部分提供电压支撑、调频等辅助服务。第二阶段，随着风电占比的进一步增加，系统调频压力增大，需要并网风电机组参与系统一次调频，提升系统备用容量。第三阶段，当风电引起的功率波动导致电力系统电压调节十分困难时，要求并网风电机组参与系统电压调节。在丹麦、西班牙、英国等欧洲国家，风电机组参与调频调压是通过电力市场的辅助服务机制开展的，通过电费补贴的方式保证风电场业主的收益。

1.5 风电机组并网测试内容

风电机组并网测试是促进风电机组制造业技术进步、保障风电稳定运行与电网安全的重要支撑。风电机组并网测试内容主要包括风电机组电能质量测试、功率控制测试、故障穿越能力测试、电网适应性测试等。随着风电装备制造与控制技术的大幅提高，风电并网规模不断增加，风电发展趋势也逐渐从陆上转向海上，是否能为电力系统的安全稳定运行承担起更多责任，是风电能够保持平稳健康发展的关键，风电机组并网检测新技术应运而生。

1.5.1 风电机组电能质量

风电机组电能质量是指风电机组发出的电能的质量及品质。与之对应的测试技术是在传统电能质量测试的基础上，结合风电并网的间歇性、随机性、波动性等特点以及充分考虑电力电子变流器运行特征发展起来的。我国先后制定了风电机组电能质量测试国家与行业标准，规定了描述并网风电机组电能质量特征参数的定义或说明，电能质量特征参数的测试、分析过程，测得电能质量特征参数是否满足电网要求的评估方法。这一系列完整描述并网风电机组电能质量的特征参数及其相应计算方法的标准，旨在为并网风电机组电能质量测试与评估提供一个统一的方法，以确保其测试结果的一致性和正确性。

1.5.2 风电机组功率控制

风电机组作为电力系统的基础发电单元，需要按照电力系统的要求，通过对发电功率控制来平衡负荷波动。随着风电技术的发展，目前主流风电机组已经摆脱了恒速异步的发电技术，逐渐具备对输出有功、无功的解耦控制，可按系统运行方式要求及采用的控制策略进行有功与无功的功率调节，并在一定程度上参与接入地区的频率、电压控制。我国已发布了相关国家、行业标准，对风电机组有功功率控制能力、无功功率控制能力开展测试和评估。其中，有功功率的测试主要针对有功功率升速率限制控制和设定值控制，无功功率的测试主要针对无功功率能力和设定值控制。

风电机组的有功功率控制是为了确保：当风速在额定风速以下时，风电机组可以最大风功率捕获风能；当风速达到额定风速或以上时，风电机组可以通过限功率和限速控制的方法达到恒定的功率输出，并在风速增大到临界值时保证自身安全；作为发电单元通过控制有功输出的方式参与电力系统的频率调节。风电机组的有功功率控制由电气部分控制和机械部分控制两部分组成，即变流器控制和变桨距控制。

电力系统无功功率不平衡会引起系统电压降落或升高以及功率损耗，

因此，电力系统需要对风电场的无功功率控制提出相应要求。开展风电机组无功功率控制测试，可确保风电机组具备与风电场级无功功率补偿装置配合，并实现无功功率调节的能力。风电机组的无功功率控制主要通过变流器控制和单机无功补偿装置实现。

1.5.3 风电机组电网适应性

理想的电网电压应该是标准的正弦波，具有额定的幅值和频率，且三相对称。但在多种因素影响下，电网电压的幅值、频率和波形可能会不可避免地发生偏离额定值的情况，因此，为维持电力系统的实时能量平衡，电力系统的电源须遵守一定的并网标准，在电力系统关键参数没有超过规定正常范围前，涉网设备需保持不脱网连续运行。

风电机组电网适应性即是风电机组对电网不合格供电质量的耐受能力，风电机组电网适应性测试是利用测试装置在风电机组并网点产生标准要求的电网电压偏差、频率偏差、三相电压不平衡、电压闪变与谐波等电网扰动，从而验证考核被测风电机组的运行能力及保护配置的一项风电并网试验检测行为。风电机组电网适应检测主要包括：电压适应性、频率适应性、三相电压不平衡适应性、电压闪变适应性和谐波适应性等内容。风电机组具备较强的电网适应性，即意味着能够在电网条件不佳的情况下保持正常运行，不仅能更好地产生经济效益，也能为电力系统的安全稳定运行做出积极贡献。

1.5.4 风电机组故障电压穿越

电网故障会给风电机组等风电场电气设备带来一系列的暂态过程，如过流、低电压、超速等。由于风电机组通过电力电子变流装置并网，与传统发电设备相比过流/过压能力不足，当发生电网故障时，风电机组因自身安全原因一般都会主动与电网解列。但当电力系统中风电比例达到较高水平时，若风电机组还不具备合格的故障电压穿越能力，一遇电网故障就自动解列则会影响局部电网故障的恢复，甚至会加剧故障并导致系统崩溃，不利于系统故障恢复与稳定的重新建立。

风电机组故障电压穿越（fault ride through，FRT）能力是指当电力系统故障或扰动引起风电场并网点的电压超出标准允许的正常运行范围时，风电机组能够保持不脱网连续运行的能力。风电机组故障电压穿越测试是指利用测试装置在风电机组并网点模拟产生标准要求的电压跌落或上升波形，在一定的故障电压范围及其持续时间间隔之内，验证考核被测风电机组是否按照标准要求保证不脱网连续运行，并提供动态无功电流支撑协助电网电压恢复，平稳过渡到正常运行状态能力的测试与评价行为。目前，风电机组故障电压穿越能力测试主要包括低电压穿越能力测试与高电压穿越能力测试两项。风电机组具备良好故障电压穿越能力，即意味着能够在电网暂态故障情况下保持连续运行不脱网，且能够为电网提供动态无功电流支撑，有利于电力系统的暂态故障恢复与稳定的重新建立。

1.5.5 风电机组并网检测新技术

风电机组的转子转速与系统频率变化是解耦控制的，因此不能像常规发电设备一样为系统提供惯性响应及一次调频，对系统频率稳定控制贡献十分有限。随着风电渗透率不断提高，国外许多风电并网标准中都要求风电场应具备参与系统频率调节的能力，风电机组也逐步具备了一定的惯量响应和基于转速、桨距角等控制的一次调频能力，为掌握风电机组惯量响应及一次调频性能，有必要开展风电机组惯量响应及一次调频测试。

分散式风电开发是大规模、集中式风电开发的重要补充，也是风电发展的重要方向之一。近年来，我国分散式风电也得以快速发展，分散式风电孤岛问题更加突出。与大规模、集中式风电相比，分散式风电分散安装于配电网负载端，通过小规模分布式开发，就地分布接入低压配电网，在风电机组满发或限功率运行时，发生孤岛的概率更大，且分散式风电更加靠近用户，发生孤岛所造成的危害也更大，因此，需要开展风电场孤岛测试。

近年来，随着风电产业技术的进步，风电机组的单机容量不断增大，海上风电也成为我国风电发展的重要方向，由此带来了机组结构尺寸大、安装调试和后期维修成本高等问题。若整机试验中发生性能不合格或机组故障，将产生高昂的成本，甚至造成巨大损失和恶劣影响。为了充分试验、验证机组的性能及运行稳定性，国内外风电检测机构通常采用“传动链全尺寸地面试验系统”可控的研发、试验环境，通过模拟大型风电机组真实运行工况及环境，加速设计－制造－试验－优化的迭代过程，缩短研发周期，提高大型风电机组可靠性。

第 2 章

风力发电机组电能质量测试技术

风力发电以风能为动力源，风能具有间歇性、随机性与波动性等特征，风电机组的输出功率与风速的立方近似成正比，随风速的变化而变化，具有随机性与波动性，大量风电接入电网，将会对电网电能质量产生影响。一方面，风电机组功率波动性及自身特性（风剪切、塔影效应、叶片重力偏差和偏航误差等）、机组的并网和脱网、补偿电容器的投切等都会造成电压波动和闪变；另一方面，风电机组中的电力电子装置会向电网注入谐波电流，引起电网电压的谐波畸变，降低电力系统供电电能质量水平。在某些情况下，电能质量问题甚至成为制约风电场装机容量的主要因素，因此，电能质量测试是风电机组并网测试必不可少的一个环节，有必要对风电机组电能质量测试技术展开深入研究与探讨。

本章简要介绍了传统电能质量及测试技术，针对风电机组电能质量测试特殊要求，结合 IEC 电能质量相关标准，重点阐述了风电机组电压波动及闪变、谐波、电网保护等测试方法与评估技术，基于风电机组电能质量研究与实测工作，给出了风电机组电能质量典型测试实例。

2.1 电能质量概论

风电机组电能质量测试技术是在传统电能质量概念的基础上，结合风电并网的间歇性、随机性、波动性等特点以及电力电子变流器运行特征发展起来的。本节将对传统电能质量的定义、特征、测试术语、电能质量数学分析方法及测试方法进行介绍，论述传统电能质量的基础理论与背景，为风电机组电能质量测试技术的展开奠定基础。

2.1.1 电能质量基本概念

电能是一类便捷的二次能源，已成为现代社会和经济发展的核心动力源。一个理想的电力系统应以恒定的频率、标准的正弦波形和规定的电压水平对用户供电。对于三相交流电力系统来说，要求各相的电压和电流应处于幅值大小相等，相位互差 120° 的对称状态。但实际运行过程中，系统各元件参数并非理想线性或对称，负荷性质各异且随机变化，加之调控手段的不完善以及运行操作、外来干扰等导致电网运行、电气设备和用电等各环节出现问题，由此便产生了电能质量（Power Quality）的概念。

2.1.1.1 电能质量的定义

电能质量一般指供用电的优质程度。但迄今为止，由于受电力系统发展水平（用电负荷的性能和结构）制约以及每个主体对电能的关注重点不一样，因此对电能质量的具体技术含义还存在着不同的认知。电力企业可能将电能质量侧重于电压（偏差）与频率（偏差）的合格情况，如何降低电力系统对负荷的干扰；电力用户则可能把电能质量笼统地看成正常用电是否受到影响而忽略用电负荷是否会干扰电力系统的运行效率；而设备制造厂家则认为合格的电能质量就是指电源特性完全满足电气设备正常设计工况的需要，但实际上不同厂家和不同设备对电源特性的要求可能相差甚大。

2.1.1.2 电能质量的特征

由于电能的生产、输送、分配和转换直至用户使用全周期的特点区别于一般的工业产品，因此，电能质量问题具有以下显著特点：

（1）电能质量动态变化相互影响。电力系统是一个始终处于动态平衡的整体，并且随着电网结构的改变和负荷的变化，不同时刻、不同公共连接点，电能质量的现象和指标不同，因此整个电力系统的电能质量状态始终处在动态变化中。电能的生产、输送、分配和转换直至使用这一能量流几乎是同时进行的，其电能质量优劣程度在各环节中相互影响。因此，在电力系统运行过程中任何环节产生的劣质电能是不可被替换的。电气连接将供用电双方构筑成一个整体，不论哪个环节引起电能质量问题，电能一旦达不到标准要求，都会对相关配电网与设备以及电力用户的安全、正常运行构成威胁。许多情况下，电力系统中的某一实体往往表现为既是劣质电能的引发者，又是劣质电能的受害者。

（2）电能质量评估复杂。一方面，虽然电产品的基本形式简单，但其扰动的现象却是多种多样的，同时输电线路为扰动提供了最好的传导途径且传播速度快，影响范围广，其结果可能会大大降低与其相连接的其他系统或设备的电气性能，甚至使设备遭到损坏。另一方面，实现电能质量指标的综合评估非常复杂、困难。一般而言，当电力系统在运行过程中电能质量的各项指标接近系统规定值时，就可以认为电能是达到标准要求的。但是当电能质量的多个指标共同作用在一个系统中时，其不同的组合结果对电力系统运行的不利影响和使电气设备性能的降低甚至损坏，都是非常复杂的问题，加之不同电气设备在不同条件下对电压干扰的敏感度不同，因此目前尚无一个准确的和普遍认可的定量综合评估计算方法。

2.1.1.3　电能质量测试术语

随着各个行业对电能质量问题关注度的提升，电气工程专业在电能质量研究领域中逐渐形成了一系列的规范技术名词。下面对描述风电机组电能质量测试过程中涉及的主要术语进行介绍。

（1）瞬变。变量从一种稳定状态过渡到另一种稳定状态的过程中该变化逐渐消失的现象。

1）冲击性电能质量瞬变。在稳态条件下，电压、电流非工频的单极性（即主要为正极性或负极性）的突然变化现象。通常用上升和衰减时间来表现冲击性电能质量瞬变特性，也能通过频谱成分表示。

2）振荡性电能质量瞬变。在稳态条件下，电压、电流的非工频、有正负极性的突然变化现象。对于迅速改变瞬时值极性的电压和电流振荡问题，常用其频谱（主频率）、持续时间和幅值大小来描述其特性。

（2）短时电压波动。主要由于系统故障、大容量（大电流）负荷启动或与电网松散连接的间歇性负荷动作造成的，可能引起暂时过电压或电压跌落，甚至使电压完全消失。在保护装置动作清除故障之前，电压均会受到短时冲击，出现短时电压变动现象。

1）电压中断。供电电压降低至 0.1 标幺值以下，并且持续时间不长于 1min。一般由于系统故障、用电设备故障或控制设备失灵等问题造成的。

2）电压暂降。指工频条件下电压方均根值减小到 0.1～0.9 标幺值、持续时间为 0.5 周期至 1min 的短时间电压变动现象。除了重负荷投入汲取大电流造成电压暂降外，多数电压暂降现象都是由于系统故障造成的。

3）电压暂升。在工频条件下，电压方均根值上升到 1.1～1.8 标幺值、持续时间为 0.5 周期到 1min 的电压变动现象。与暂降原因一样，暂升主要与系统故障密切相关。

（3）长时间电压波动。在工频条件下电压方均根值偏离额定值，并且持续时间超过 1min 的电压变动现象。一般是由于负荷变动或系统的开关操作造成的。

1）过电压。指工频条件下，交流电压方均根值升高，超过额定值的 10%，并且持续时间大于 1min 的电压变动现象。过电压现象一般是由于负荷投切或者变压器的不正确调整导致的。

2）欠电压。指工频条件下，交流电压方均根值降低，小于额定值的 90%，并且持续时间大于 1min 的电压变动现象。欠电压现象一般是由于某一负荷的投入或某一电容器组的断开造成的。同时，过负荷一般也会伴随着欠电压现象。

3）持续中断。指供电电压迅速降为 0，并且持续时间超过 1min。持续中断是一种特有的电力系统现象。有分析认为，当由于电气设备计划检修或线路更改等出现的预知计划停电，或由于工程设计不当或电力供应不足造成的不得已停电，则不属于电能质量问题，应当归为传统供电可靠性范畴或工程质量问题。

（4）电压不平衡。与三相电压（或电流）的平均值的最大偏差，并且用该偏差与平均值的百分比表示。电压不平衡有时也用对称分量法来定义，即用负序或零序分量与正序分量的百分比进行衡量。一般是由于负荷不平衡或者三相电容器组的某一相熔断器熔断导致电压不平衡（小于 2%）现象的产生。

（5）波形畸变。指电压或电流波形偏离稳态工频正弦波形，可以通过偏移频谱反映畸变特征。

1）直流偏置。在交流系统中出现直流电压或电流，主要是由于电磁干扰或半波整流产生的。

2）谐波。指供电系统中出现设计运行频率（50Hz或60Hz）整数倍频率的电压或电流。畸变波形可以分解为基频分量与谐波分量的总和。

3）间谐波。指供电系统中出现设计运行频率非整数倍频率的电压或电流。

4）陷波。电力电子装置在正常工作情况下，交流输入电流从一相切换到另一相时产生的周期性电压扰动。

5）噪声。低于200kHz宽带频谱，混叠在电力系统的相线、中性线或信号线中的有害干扰信号。

（6）电压波动。指电压包络线有规则的变化或一系列随机电压变化。一般情况下，其幅值不超过《电力系统与设备电压等级》（ANSI C84.1—1995）规定的0.9～1.1标幺值。负荷电流的大小呈快速变化时，可能引起电压的变动，简称为闪变。闪变来自电压波动对照明的视觉影响，严格来讲，电压波动是一种电磁现象，而闪变是电压波动对某些用电负荷造成的有害结果。

（7）频率偏差。指电力系统基波频率偏离规定正常值的现象。为电力系统提供电能的发电机组转子转速与工频频率值密切相关，频率偏差及其持续时间取决于负荷特性和发电控制系统对负荷变化的响应时间。输配电系统大面积故障、大面积甩负荷、大容量发电设备脱机，都可能造成电力系统出现频率偏差超出允许的极限。

2.1.2 电能质量的主要分析方法

电能质量分析是指对各种干扰源和电力系统的数学描述，可分为时域、频域和基于数学变换三种分析方法。时域分析方法主要利用时域仿真程序计算系统中出现的过电压来分析其对各种保护设备的影响；分析电容器投切造成的暂态现象；分析可控换流器换流造成的电压陷波；分析电弧炉造成的电压闪变；分析不正常接地引起的电压质量问题等。

频域分析方法主要用于电能质量中谐波问题的分析，包括频率扫描、谐波潮流计算等。当注入电流的频率在一定范围内波动时，通过频率扫描可获得相应的谐波阻抗—频率分布曲线，从分布曲线的谷值和峰值可以确定研究位置发生串、并联谐振的频率。在谐波潮流计算过程中，从各非线性负载电流中取出相应的分量组成注入电流矢量，求出各节点电压相应的频率分量，同时合成这些分量可获得各节点电压的时域波形。

基于数学变换的分析方法主要包含傅里叶变换方法、短时傅里叶变换方法、矢量变换方法以及近年来出现的小波变换方法和人工神经网络分析方法等。傅里叶变换方法作为经典的信号分析方法具有正交、完备等许多优点，在电能质量分析领域有广泛的应用。短时傅里叶变换方法（STFT）利用加窗将信号不平稳过程看成是一系列短时平稳过程的集合，成功将傅里叶分析方法用于不平稳过程。小波变换方法具有时—频局部化的特点，克服了傅里叶变换和短时傅里叶变换方法的缺点，实现窗口的自适应化，特别适合于突变信号和不平稳信号的分析。

2.1.3 传统电能质量要求

衡量电能质量的主要指标有电压、频率和波形，这也是电能质量的三个基本要素。电能质量问题可以定义为：导致用电设备故障或不能正常工作的电压、电流或频率的偏差，其内容包括频率偏差、电压偏差、电压波动和闪变、三相不平衡、瞬时或暂态过电压、波形畸变（谐波）、电压暂降、电压中断、电压暂升以及供电连续性等。为保证电能安全经济地输送、分配和使用，要求电能质量应尽可能满足电力系统以下要求。

（1）电网标称频率、电压等级和正弦波形等运行参数不受用电负荷特性影响。

（2）始终保持三相交流电压和电流的平衡，各用电负荷之间互不干扰。

（3）保证电能的供应充足，系统功率供需平衡。

2.1.4 电能质量的传统测试方法

传统的电能质量测试项目主要包括对电压幅值、供电电压偏差、系统工频频率、供电电压不平衡、电压快速变动、电压瞬态变化、闪变、谐波的测量与分析，下面对各项目测试方法进行说明。

2.1.4.1　电压幅值测量

一般来讲，数字万用表的测量读数是被测物理量的有效值。交流电流 $i(t)$ 通过电阻 R 在一个周期 T 内产生的热量，与直流电流 I 通过同一时间 T 内产生的热量相等，则直流电流 I 的数值为交流电流 $i(t)$ 的有效值。

电压方均根值从基波过零处开始计算，每半个周期刷新一次。根据 IEC 61000－4－30 要求，多相系统的各电压测量通道独立计算，均得出连续的测量结果。电压方均根值算法

$$U_{\mathrm{rms}(1/2)}(k)=\sqrt{\frac{1}{N}\sum_{i=1+(k-1)\frac{N}{2}}^{(k+1)\frac{N}{2}}u^2(i)},\quad k=1,2,3,\cdots \tag{2-1}$$

式中　N ——每周期的采样数；

$u(i)$ ——电压瞬时采样值；

$U_{\mathrm{rms}(1/2)}(k)$ ——第 k 个电压方均根值，第一个值 $U_{\mathrm{rms}(1/2)}(1)$ 由（1，N）瞬时值计算。

2.1.4.2　供电电压偏差测量

电压偏差是指实际供电电压对标称电压的偏差相对值，以百分数表示，即正负偏差或上下偏差。

IEC 61000－4－30 5.12 中关于下偏差 U_{under} 和上偏差 U_{over} 的计算

$$U_{\mathrm{under}}=\frac{U_{\mathrm{din}}-\sqrt{\dfrac{\sum_{i=1}^{n}U_{\mathrm{rms-under,i}}^2}{n}}}{U_{\mathrm{din}}}(\%) \tag{2-2}$$

式中　$U_{\mathrm{rms-200ms,i}}>U_{\mathrm{din}}$，则 $U_{\mathrm{rms-under,i}}=U_{\mathrm{din}}$；

$U_{\mathrm{rms-200ms,i}}\leqslant U_{\mathrm{din}}$，则 $U_{\mathrm{rms-under,i}}=U_{\mathrm{rms-200ms,i}}$。

$$U_{\mathrm{over}}=\frac{\sqrt{\dfrac{\sum_{i=1}^{n}U_{\mathrm{rms-over,i}}^2}{n}}-U_{\mathrm{din}}}{U_{\mathrm{din}}}(\%) \tag{2-3}$$

式中 $U_{rms-200ms,i} < U_{din}$，则$U_{rms-over,i} = U_{din}$；

$U_{rms-200ms,i} \geqslant U_{din}$，则$U_{rms-over,i} = U_{rms-200ms,i}$。

电压偏差计算基于10周期方均根值，$U_{rms-200ms,i}$、$U_{rms-under,i}$、$U_{rms-over,i}$分别为第i个10周期方均根值。n为计算间隔内的10周期方均根值数。

IEC 61000－4－30—5.2.2 中规定电压偏差参数测量要求：量程为10%～150%标称电压，准确度±0.1%。

2.1.4.3　系统工频频率测量

系统工频频率反映电力系统的有功功率平衡状态。电网内同步发电机组转速，本质上决定基波频率数值。电源并网或解列、大容量冲击性负荷，可能导致电网频率波动。

频率测量原理：基于参考通道基波过零检测的周期法。IEC 61000－4－30规定的频率测量方法为：计算10s内完整周期的个数，除以完整周期的时间。

$$f = \frac{n}{T} \tag{2-4}$$

例：$f = 499周期/9.98s = 50Hz$。

要求：测量的时间间隔应无重叠；删除10s内重叠的单个周期；在每个绝对10s时刻开始测量频率。

2.1.4.4　供电电压不平衡

理想的三相交流电力系统中，三相电压为同一幅值，相角互差120°。若三相系统中，线电压的基波有效值互不相等或线电压之间的相角互不相等，则称之为电压不平衡。

根据IEC 61000－4－30规定，三相不平衡程度计算如下：

负序不平衡度，由电压负序分量U_2和正序分量U_1的百分比表示

$$\mu_2 = \frac{U_2}{U_1} \times 100\% \tag{2-5}$$

零序不平衡度，由电压零序分量U_0和正序分量U_1的百分比表示

$$\mu_0 = \frac{U_0}{U_1} \times 100\% \tag{2-6}$$

2.1.4.5　电压快速变动

电压快速变动指两个稳态电压之间，供电电压幅值的变化情况。电压快速变动期间，电压有效值不超过暂降或暂升的阈值。频繁的电压变动，即使幅值很小，也可能导致闪变指标超标。

测量原理：每半个基波周期的电压方均根值。

电压变动 d

$$d = \frac{\Delta U}{U_N} \times 100\% \tag{2-7}$$

电压方均根值曲线上相邻两个极值电压之差 ΔU，以系统标称电压 U_N 的百分数表示。

电压变动频率 r：每小时电压变动的次数。GB/T 12326 电压波动限值见表 2－1。

表 2－1　　GB/T 12326 电压波动限值

r（次/h）	d（%）	
	LV、MV	HV
$r \leqslant 1$	4	3
$1 < r \leqslant 10$	3	2.5
$10 < r \leqslant 100$	2	1.5
$100 < r \leqslant 1000$	1.25	1

2.1.4.6　电压瞬态变化

传统电压瞬态变化测量方式包括包络线方法、方均根值法、峰值检测法、滚动窗口法、d_v / d_t 法。

包络线法。以正弦波为基础设定波形包络线范围，作为瞬变的记录触发条件。可用于浪涌、振荡暂态、波形缺口等瞬变的检测。

方均根值法。使用非常快速的采样，在远小于一个基波周期的间隔内计算，将该方均根值与设定的阈值进行比较。

峰值检测法。设定一个固定的绝对阈值，电压瞬时值超过此值即为瞬变。可用于浪涌检测。

滚动窗口法。将瞬时值与前一个周期上相应的值进行比较。可用于检测功率因数校正电容器投切的低频瞬变现象。

d_v/d_t法。设定d_v/d_t一个固定的阈值，电压瞬时值超过此值即为瞬变。可用于电力电子电路等的误触发检测。

2.1.4.7 闪变测量

闪变是电压波动的一种特殊情况，专注于电压波动造成照明视觉的烦扰影响。电能质量采用统计学中“灯—眼—脑”模型[1]作为闪变测量原理，闪变仪功能框图如图 2－1 所示。

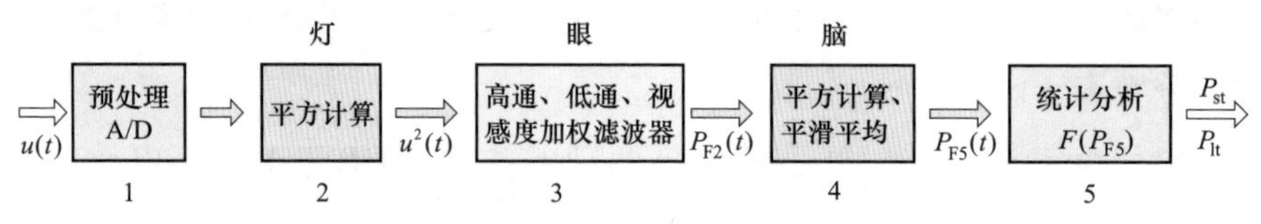

图 2－1 闪变仪功能框图

注：框 2：信号平方计算，模拟灯的作用。

框 3：三个滤波器串联，一阶高通滤波器，截止频率 0.05Hz，抑制直流分量；六阶巴特沃斯低通滤波器，截止频率 35Hz，移除 2 倍工频（100Hz）成分；这两组滤波器解调可以反映电压波动的调幅波。视感度加权滤波器，模拟人眼的频率选择特性。

框 4：平方计算，输出模拟人脑神经对视觉反映的非线性过程；平滑平均，一阶低通滤波器，时间常数 0.3s，模拟人脑的记忆效应。

框 5：对框 4 输出的瞬时闪变值统计分析，得出闪变严重度评估结果。

2.1.4.8 谐波、间谐波、高频谐波测量

谐波频率为基波频率的整数倍，阶次数至 50 次（或 40 次）；间谐波频率为基波频率的非整数倍；次谐波为低于基波频率（50Hz）的频谱分量；高频谐波频率为 2～9kHz，中心频率为 2.1～8.9kHz，带宽 200Hz。

（1）谐波、间谐波测量。根据 IEC 61000－4－7 规定，电力系统谐波子组、间谐波子组测量为

谐波子组：
$$Y_{sg,h}^2=\sum_{k=-1}^{1}Y_{C,(N\times h)+k}^2 \qquad (2-8)$$

---

[1] “灯—眼—脑”模型是根据人眼对灯光的反应来衡量闪变的一种评价模型。人眼具有滤波功能，而大脑的反应具有非线性和记忆效应，均能起到平滑的作用。从人对灯光闪烁的视感机理出发，建立一个较为严谨的数学模型，是进行闪变测量的通用原理。

间谐波子组：

$$Y_{\mathrm{isg,h}}^{2}=\sum_{k=2}^{N-2}Y_{\mathrm{C},(\mathrm{N}\times\mathrm{h})+k}^{2} \tag{2-9}$$

式中 $Y_{\mathrm{C},(\mathrm{N}\times\mathrm{h})+k}$——DFT 频谱输出分量，5Hz 间隔。

谐波、间谐波分析流程如图 2-2 所示。

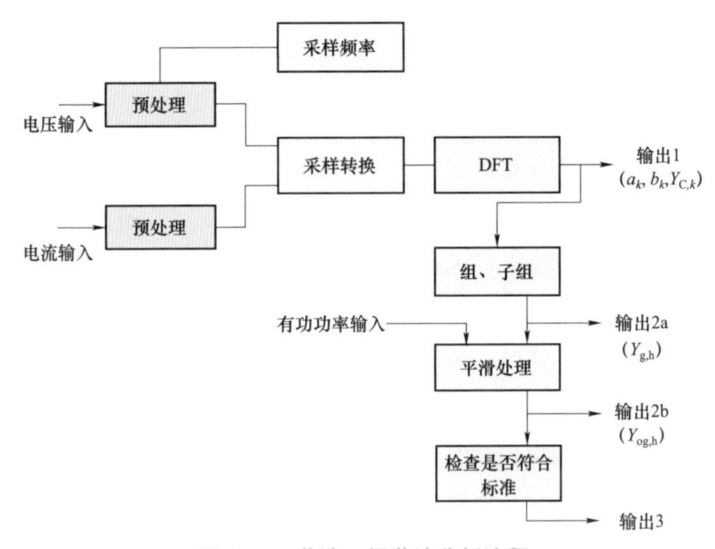

图 2-2 谐波、间谐波分析流程

输出 1：DFT 输出结果。

输出 2a：谐波与间谐波子组，用于电力系统谐波与间谐波评估。

输出 2b：谐波组、平滑处理。

输出 3：根据相关标准的限值检验测量结果的符合性。

（2）高频谐波测量。为确保能够测量高达 9kHz 的频率分量，高频谐波测量的采样频率至少应大于 20kHz。由于高频谐波信号含量较低，应设置单独的滤波器，以保证仪器的测量不确定度。滤波器的基频衰减能力应高于 55dB（衰减 560 倍）。

对于 50Hz 系统，高频谐波测量要求 100ms 矩形窗，约 5 个基波周期，采样信号无须与基波周期同步。高频谐波计算公式为

$$Y_{\mathrm{B,b}}=\sqrt{\sum_{f=b-90\,\mathrm{Hz}}^{b+100\,\mathrm{Hz}}Y_{\mathrm{C},f}^{2}} \tag{2-10}$$

式中　b ——中心频率；

$Y_{C,f}$ ——DFT 输出的频率 f 分量有效值。

高频谐波测量数目：35 条高频谐波谱线，第 1 个高频谐波 $Y_{B,2100}$ 至第 35 个高频谐波 $Y_{B,8900}$ 。

2.2 风电机组电能质量测试特殊性

风电输出功率具有随机性、间歇性与波动性的特点，随着风速变化，风电机组运行工况切换频繁，因此在进行风电机组电能质量测试时需要充分地考虑不同运行工况下，风电机组的电能质量特性。另外，风电机组作为风电场的发电单元，是风电场继电保护系统的重要组成部分，需具备基本的电网保护功能。目前，风电机组电能质量测试标准（IEC 61400-21）中规定的测试项目包括电压波动和闪变、谐波、电网保护与重并网时间。

2.2.1 风电机组电能质量测试特点

在电压波动和闪变测试的具体测试流程和分析方法方面，风电机组电能质量测试具有如下特点：① 考虑到风速变化对风电机组输出功率有显著的影响，需对闪变测试结果进行风速加权统计；② 为排除电网电压波动对闪变测试的影响，需建立虚拟电网模型，排除其他电源对测试结果的干扰；③ 因为风电机组所处电网结构直接影响到风电机组闪变测试结果，需采用电网阻抗角 ψ_k ，用于独立评估风电机组自身引起的电压波动和闪变水平；④ 为排除风速和电网阻抗对风电机组闪变测试结果的影响，需引入闪变系数 $c(\psi_k)$ 来评估风电机组闪变特性；⑤为评估风电机组在不同风况下启机时对电网的冲击，引入闪变阶跃系数 $k_f(\psi_k)$ 和电压变动系数 $k_u(\psi_k)$ 。

在进行谐波测试过程中，为明确风电机组输出功率变化对谐波的影响，采用功率区间法对风电机组谐波水平进行测试，即以 10%额定有功为一个区间，将–5%～105%的额定有功范围划分为 11 个功率区间。最终，将测试得到的风电机组电流谐波、间谐波和高频分量结果按照功率区间进行统计整理，以充分反映风电机组不同输出功率下的谐波输出情况。

电压波动和闪变测试与谐波测试反映风电机组所发出电能对电网的影响。另外，为保证风电场的继电保护系统可以正确运行，风电机组作为风电场继电保护系统的基础组成部分，需具备基本的电网保护功能。电能质量测试中的电网保护测试和重并网时间测试项目通过模拟电网特殊运行工况对风电机组的这一功能进行验证并得到风电机组的实际保护限值。

随着风电行业快速发展，风电机组机型复杂多样，配置类别繁多，为了充分保证风电机组电能质量测试结果的有效性和认可度，要求测量得到的电能质量特性参数只对特定配置的风电机组型号有效。其他机组配置，包括改变控制参数均需要对电能质量另行测试评估。

2.2.2　风电机组电能质量测试内容及要求

针对以上风电机组电能质量测试特点，考虑测试准确性，同时兼顾测试有效性，本章在大量风电机组电能质量测试研究与实践基础上，结合相关电能质量 IEC 标准，对风电机组电能质量测试技术展开了详细论述，形成了风电机组测试有效性条件以及测试内容，旨在实现风电机组在不同运行模式下电能质量特征参数的检测和评估。

2.2.2.1　测试有效性条件

为获得可靠的电能质量测试结果，必须满足规定的测试条件，测试条件不应与满足可靠电网连接和风电机组运行的条件相混淆。任何不满足给定测试条件期间测量的测试数据为无效数据，应以剔除。测试条件如下。

（1）风电机组通过标准变压器与中压电网直接相连，变压器的额定视在功率至少应与被测风电机组的额定视在功率对等。

（2）风电机组未发电时测量点的电压总谐波畸变率（10min 平均值，包括 50 次以内的所有谐波）应小于 5%。

（3）测试期间电网频率的 0.2s 平均值应在额定频率的±1%内，并且电网频率变化 0.2s 平均值应小于额定频率的 0.2%。应对电网频率最大值、最小值和变化值分别进行测试说明。其中，电网频率最大值是 10min 周期内 0.2s 平均值的最大值；电网频率最小值是 10min 周期内 0.2s 平均值的最小值；电网频率变化值是 10min 周期内 0.2s 平均值的最大变化值。

（4）测试期间风电机组机端电压 10min 平均值应在额定电压的±10%范围之内。

（5）在风电机组输出端测量所得电压不平衡度 10min 平均数据应小于 2%。按照 IEC 61800 — 3：2004 标准中条款 B.3 所述方法确定电压不平衡度。如果已知电压不平衡度能满足上述要求，则不需要再进行评估。否则，测试期间应测量电压不平衡度。

（6）环境条件应符合仪器及风电机组制造商的要求。

2.2.2.2 测试内容

（1）电压波动和闪变。本章提出构建虚拟电网模拟电压波动的方法，避免测试结果受到测试场地电网条件的影响，对风电机组各工况进行测试，计算并获得短时闪变值和闪变系数以及切换工况时的闪变阶跃系数和电压变动系数。

（2）谐波、间谐波和高频分量。本章利用分功率区间法对无功功率设定值控制运行工况下的风电机组进行谐波测试，为保证不同功率输出等级下谐波测试结果的有效性，严格规定了各区间数据个数的最低限值，实现风电机组谐波、间谐波和高频分量的全面测量。

（3）电网保护和重连。以下基于时间指标（故障条件下不脱网时间、恢复重连时间等）和技术限值指标（过、欠电压限值，过、欠频率限值等）对风电机组电网保护和重连能力评估技术展开阐述。

2.3 风电机组电压波动和闪变测试

电压波动为一系列电压变动或工频电压包络线的周期性变化。闪变是人对灯光照度波动的主观视感，风力发电引起电压波动和闪变的根本原因是风电机组输出功率的波动。风电机组并网简化电路图如图 2－3 所示。

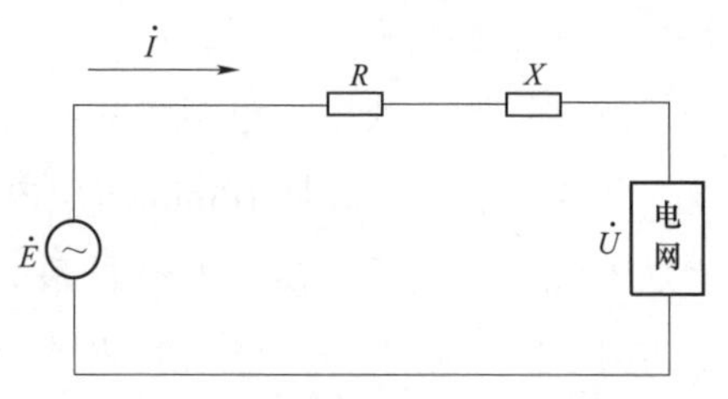

图 2－3 风电机组并网简化电路图

其中，$\dot{E}$为风电机组出口电压相量，$\dot{U}$为电网电压相量，R、X分别为线路电阻和电抗，$\dot{I}$为线路上流动的电流相量。

如果风电机组输出的有功功率和无功功率分别为P和Q，得到

$$\dot{U}=E-\frac{PR+QX}{E}-\mathrm{j}\frac{PX-QR}{E} \tag{2-11}$$

由式（2－11）可以看出，当风电机组输出功率波动时，会引起电网的电压波动，可能引起可察觉的闪变现象。

影响风电机组输出功率的因素很多，其中风速的自然变化是主要因素。风电机组吸收的风能可以表示为

$$P=\frac{1}{2}\rho C_{\mathrm{P}}\left(\lambda,\beta\right)Av^{3} \tag{2-12}$$

式中　P——功率，W；

ρ——空气密度，kg/m^3；

A——叶片扫风面积，m^2；

v——风速，m/s；

C_{P}——风能利用系数，是叶尖速比λ和桨距角β的函数。

叶尖速比λ的定义如下

$$\lambda=\frac{\omega R}{v} \tag{2-13}$$

式中　ω——叶轮角速度，rad/s；

R——叶轮半径，m。

由式（2－12）可以看出，影响输出功率的因素有很多，如空气密度ρ、叶轮转速ω、桨距角β和风速v等。风速v的变化是由自然条件决定的，随机性比较强。叶轮转速ω和桨距角β的变化由风电机组类型和控制系统决定，先进的控制系统能够减小风电机组输出功率的波动。

并网风电机组不仅在连续运行过程中产生电压波动和闪变，而且在机组切换操作过程中也会产生电压波动和闪变。切换操作将引起功率波动，并进一步引起风电机组端点及其他节点的电压波动和闪变。

2.3.1 闪变计算方法

闪变是指人对照度波动的主观视觉反映。通过对同一观察者反复进行闪变实验和对不同观察者的闪变视感程度进行抽样调查，经统计分析后找出相互间有规律性的关系曲线，最后利用函数逼近的方法获得闪变特性的近似数学描述实现对闪变的评价。

2.3.1.1 闪变觉察率 $F(\%)$

为了解闪变对人的视觉反应程度，IEC 推荐采用不同波形、频度、幅值的调幅波和工频电压作为载波向工频 230V、60W 白炽灯供电照明，经观察者抽样调查闪变觉察率 $F(\%)$ 的统计公式为

$$F=\frac{C+D}{A+B+C+D}\times 100\% \tag{2-14}$$

式中 A——没有觉察的人数；

B——略有觉察的人数；

C——有明显觉察的人数；

D——不能忍受的人数。

2.3.1.2 瞬时闪变视感度 $S(t)$

电压波动引起照度波动对人的主观视觉反应称为瞬时闪变视感度 $S(t)$。通常以闪变觉察率 $F(\%)$ 为 50%作为瞬时闪变视感度的衡量单位，即定为 $S(t)=1$ 觉察单位。与 $S(t)=1$ 觉察单位相应的电压波动值 ΔU（%）见表 2-2。

表 2-2　　与视感度 $S(t)$=1 觉察单位相应的电压波动

频率 f(Hz)	电压波动值 ΔU(%)	视感度系数 $K(f)$	频率 f(Hz)	电压波动值 ΔU(%)	视感度系数 $K(f)$
0.5	2.340	0.107	10.0	0.262	0.962
1.0	1.432	0.175	10.5	0.270	0.926
1.5	1.080	0.231	11.0	0.282	0.887
2.0	0.882	0.283	11.5	0.296	0.845
2.5	0.754	0.332	12.0	0.312	0.801
3.0	0.654	0.382	13.0	0.348	0.718

续表

频率 f（Hz）	电压波动值 ΔU (%)	视感度系数 $K(f)$	频率 f(Hz)	电压波动值 ΔU (%)	视感度系数 $K(f)$
3.5	0.568	0.440	14.0	0.388	0.644
4.0	0.500	0.500	15.0	0.462	0.579
4.5	0.445	0.561	16.0	0.480	0.521
5.0	0.398	0.628	17.0	0.530	0.472
5.5	0.360	0.694	18.0	0.584	0.428
6.0	0.328	0.762	19.0	0.640	0.391
6.5	0.300	0.833	20.0	0.700	0.357
7.0	0.280	0.893	21.0	0.760	0.329
7.5	0.266	0.940	22.0	0.824	0.303
8.0	0.256	0.977	23.0	0.890	0.281
8.8	0.250	1.000	24.0	0.962	0.260
9.5	0.254	0.984	25.0	1.042	0.240

由表 2－2 可知，8.8Hz 调幅波的正弦电压波动值最小。它作用于 230V、60W 的白炽灯，在 $S(t)=1$ 觉察单位的电压波动值为 0.25%。

2.3.1.3　视感度系数 $K(f)$

闪变是经过“灯—眼—脑”环节反映人对照度波动的主观视感，引入视感度系数 K（f）可以更为本质地描述“灯—眼—脑”环节的频率特性。

IEC 推荐的视感度系数计算公式为

$$K(f)=\frac{S(t)=1\text{觉察单位的8.8Hz正弦电压波动}d(\%)}{S(t)=1\text{觉察单位的频率为}f\text{的正弦电压波动}d(\%)} \qquad (2-15)$$

根据式（2－15）可得出表 2－2 所列的视感度系数 K（f）的值。

2.3.1.4　短时间闪变值 P_{st}

对于随机变化负荷的电压波动，不仅要检查它的最大电压波动，还要在足够长时间（至少取 10min）观测电压波动的统计特征量。而 P_{st} 正是描述短时间闪变的统计值，作为 IEC 推荐闪变仪的输出量，下面将对其计算过程进行详细介绍。

国际电热协会（UIE）专家组拟定的 P_{st} 计算公式为

$$P_{st}=\sqrt{K_{0.1}P_{0.1}+K_1P_1+K_3P_3+K_{10}P_{10}+K_{50}P_{50}} \tag{2-16}$$

式中 $P_{0.1}$、P_1、P_3、P_{10}、P_{50}——分别为 10min 内，瞬时闪变视感度 $S(t)$ 超过 0.1%、1%、3%、10%、50%时间的觉察单位值。

$K_{0.1}=0.0314$、$K_1=0.0525$、$K_3=0.0657$、$K_{10}=0.28$、$K_{50}=0.08$，将各系数代入式（2-16）得到

$$P_{st}=\sqrt{0.0314P_{0.1}+0.0525P_1+0.0657P_3+0.28P_{10}+0.08P_{50}} \tag{2-17}$$

因此，短时间闪变值是反映规定时间段内（10min）闪变强度的一个综合统计量。对于采用 230V、60W 的白炽灯照明，当 $P_{st}<0.7$ 时，一般觉察不出闪变；当 $P_{st}>1.3$ 时，闪变使人感觉不舒服。所以 IEC 推荐 $P_{st}=1$ 作为低压供电的闪变限值，称为单位闪变（Unit Flicker）。而高压网和中压网一般不直接连接照明设备，但还是需要给出闪变的规划值（Planning Level)，用于规划电网中所有负荷对供电系统的综合冲击。根据 IEC 规定，中压网 $P_{st}=0.9$，高压网 $P_{st}=0.8$。

2.3.1.5 长时间闪变值 P_{lt}

长时间闪变值是由测量时间段（规定为 2h）内短时间闪变值推导得出，即

$$P_{lt}=\sqrt[3]{\frac{1}{n}\sum_{j=1}^{n}(P_{st,j})^3} \tag{2-18}$$

式中 n——长时间闪变值测量时间内所包含的短时间闪变值个数（$n=12$）。

P_{st} 和 P_{lt} 均可以由闪变仪直接测量得出，关于闪变仪的测量原理将在 2.3.2 中进行详细介绍。

2.3.1.6 闪变系数 $c(\psi_k)$

模拟得到的短时间闪变值 P_{st} 取决于电网短路容量 $S_{k,fic}$ 和电网阻抗相角 ψ_k。P_{st} 和 $S_{k,fic}$ 近似成反比，而 P_{st} 与 ψ_k 之间的关系取决于风电机组类型。因此，闪变系数 $c(\psi_k)$ 的定义如下

$$P_{st}=c(\psi_k)\times\frac{S_n}{S_{k,fic}} \tag{2-19}$$

式中　S_n——风电机组的额定视在功率。

因此，闪变系数$c(\psi_k)$为

$$c(\psi_k)=P_{st}\times\frac{S_{k,fic}}{S_n} \tag{2-20}$$

2.3.1.7　闪变阶跃系数$k_f(\psi_k)$

IEC 61000－3－3 规定了根据电压波动和形状系数评估闪变的分析方法，形状系数$F=1$对应阶梯状的电压阶跃变化。IEC 61400－21：2008 中采用此方法确定了闪变阶跃系数$k_f(\psi_k)$，闪变阶跃系数可用于计算等效电压阶跃，其定义如下

$$d_{max}=k_f(\psi_k)\times\frac{S_n}{S_{k,fic}}\times 100 \tag{2-21}$$

式中　d_{max}——等效电压阶跃与额定电压的百分比。

根据 IEC 61000－3－3，电压阶跃d_{max}对闪变的影响时间t_f规定如下

$$t_f=2.3\times d_{max}^{3.2} \tag{2-22}$$

根据闪变影响时间推算短时闪变强度P_{st}

$$P_{st}=\left(\frac{\sum t_f}{T_p}\right)^{1/3.2} \tag{2-23}$$

在测量周期T_p内，考虑单个闪变影响时间t_f，式（2－23）变为

$$P_{st}=100\times k_f(\psi_k)\times\frac{S_n}{S_{k,fic}}\times\left(\frac{2.3}{T_p}\right)^{1/3.2} \tag{2-24}$$

由此可以推出闪变阶跃系数$k_f(\psi_k)$为

$$k_f(\psi_k)=\frac{S_{k,fic}}{100\times S_n}\times\left(\frac{T_p}{2.3}\right)^{1/3.2}\times P_{st} \tag{2-25}$$

式中　T_p——测量周期，模拟电压以秒为单位的时间序列长度。

2.3.1.8　电压变动系数$k_u(\psi_k)$

切换操作引起相对电压变动Δu，电压波动又取决于电网短路容量$S_{k,fic}$和电网阻抗角ψ_k。Δu与ψ_k之间的关系取决于风电机组技术。因此，电压

变动系数$k_u(\psi_k)$的定义为

$$\Delta u = k_u(\psi_k) \times \frac{S_n}{S_{k,fic}} \tag{2-26}$$

代入电网的模拟电压变动及电网短路容量$S_{k,fic}$，可得电压变动系数为

$$k_u(\psi_k) = \sqrt{3} \times \frac{U_{fic,max} - U_{fic,min}}{U_n} \times \frac{S_{k,fic}}{S_n} \tag{2-27}$$

式中 $U_{fic,max}$——虚拟电网中模拟相电压$u_{fic}(t)$周期有效值的最大值；

$U_{fic,min}$——虚拟电网中模拟相电压$u_{fic}(t)$周期有效值的最小值。

2.3.2 闪变仪检测原理

IEC 61000－4－15 公布了闪变测试仪的设计说明，图 2－4 为 IEC 推荐的闪变测试仪框图。

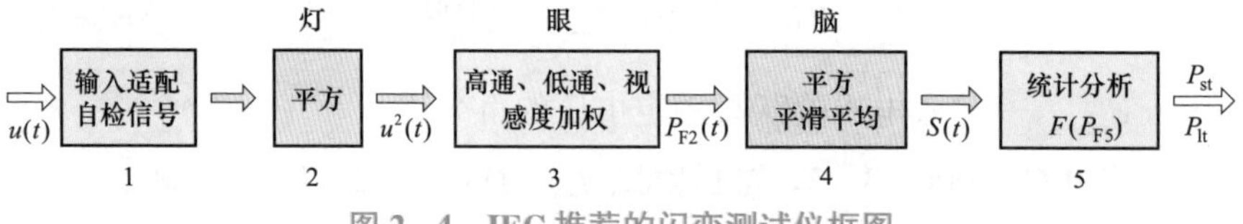

图 2－4 IEC 推荐的闪变测试仪框图

电网中的电压波动一般都视为以工频电压为载波的幅度调制波，IEC 标准推荐用平方解调法检测调制信号，进而计算瞬时闪变视感度$S(t)$以及闪变值P_{st}、P_{lt}。

图 2－4 表明了闪变测试仪的原理和工作过程，其中各功能框的功能如下。

框图 1 为输入级：内含电压适配器和信号发生器。分别将输入的被测电压适配成适合仪器的电压数值，并能发出标准的调幅波电压作为仪器自检信号。

框图 2 是平方检波滤波器环节设计，用平方检测从工频电压波动信号中解调出反映电压波动的调幅波，模拟闪变仪检测原理中的“灯”。

框 3 是闪变仪的中心环节，模拟人眼的频率特性环节设计。

选择采样频率$f_s = 400\,\text{Hz}$，设计截止频率为 35Hz 的低通六阶巴特沃斯滤波器，结果为

$$H(z)=\frac{\sum_{k=0}^{6}b_k z^{-k}}{1+\sum_{k=1}^{6}a_k z^{-k}} \quad (2-28)$$

式中 $a_1=-3.8807$，$a_2=6.5355$，$a_3=-6.0495$，$a_4=3.2276$，$a_5=-0.9374$，$a_6=0.1155$；$b_0=0.0002$，$b_1=0.0010$，$b_2=0.0026$，$b_3=0.0034$，$b_4=0.0026$，$b_5=0.0010$，$b_6=0.0002$。

然后，设计一阶 0.05Hz 高通滤波器来滤除直流分量。此处仍采用巴特沃斯滤波器，其结果为

$$H(z)=\frac{0.9996(1-z^{-1})}{1-0.9992z^{-1}} \quad (2-29)$$

通过仿真发现，一阶高通滤波的结果需要很长时间才能收敛，5s 后调幅波仍然不能收敛到最终结果，这是由于原始信号经过平方后产生了较大的直流分量造成的。这不利于以后的统计分析，也势必增加计算量和计算时间。因此，必须在高通滤波前先快速地滤除直流分量。这里采用平均滤波的方法，即先对整个信号取平均值，在信号中减去该平均值，这样便可去除绝大部分的直流分量；然后再进行高通滤波，这样可使整个环节的收敛速度大幅度提高。

IEC/UIE 推荐用传递函数 $K(s)$ 逼近觉察率为 50%的视感度曲线。$K(s)$ 以乘积形式表述，乘积的前一项对应二阶带通滤波，再乘以含有一个零点和两个极点的后一项所对应的补偿环节，即

$$K(s)=\frac{K\omega_1 s}{s^2+2\lambda s+\omega_1^2}\times\frac{1+\frac{s}{\omega_2}}{\left(1+\frac{s}{\omega_3}\right)\left(1+\frac{s}{\omega_4}\right)} \quad (2-30)$$

式中 $K=1.74802$，$\lambda=2\pi\times4.05981$，$\omega_1=2\pi\times9.15494$，$\omega_2=2\pi\times2.27979$，$\omega_3=2\pi\times1.22535$，$\omega_4=2\pi\times21.9$。

框 4 模拟人脑神经对视觉的反应和记忆效应，包含一个平方器和时间常数为 300ms 的一阶低通滤波器。

IEC 规定的 RC 滤波器时间常数为 300ms，所以模拟的传递函数可表

述为

$$G(s)=\frac{K}{0.3s+1} \tag{2-31}$$

框 5 为闪变的统计分析，将框 4 输出的 $S(t)$ 值用累积概率函数 CPF（cumulative probability function）的方法进行分析，对于短时闪变值 P_{st}，则在观察期内（10min）对上述信号进行统计，对瞬时闪变视感度 $S(t)$ 作递增分级处理，并计算各级瞬时闪变水平所占总检测时间长度之比。在图 2-5 中，曲线为瞬时闪变视感度 $S(t)$ 变化曲线。为了简明起见，将 $S(t)$ 作递增分为 10 级（实际分级数不小于 64 级）。以第 7 级为例，由图 2-5 可知，$T_7=\sum_{i=1}^{5}t_i$，用 CPF_7 代表 $S(t)$ 值处于 7 级的时间 T_7 占总观察时间的百分比，即概率分布 $p_k=p_7=\frac{T_7}{T}\times100\%$。相继求出 $CPF_i(i=1\sim10)$ 即可作出图 2-6 所示的 CPF 曲线。

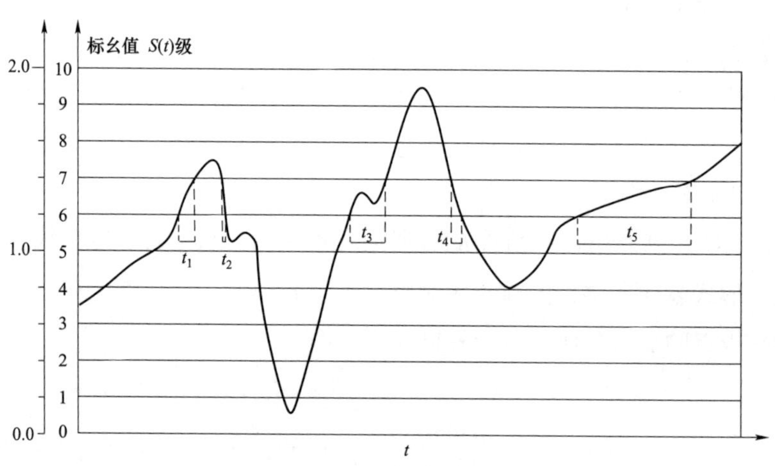

图 2-5　$S(t)$分级曲线示例

由 CPF 曲线获得短时间闪变值

$$P_{st}=\sqrt{0.0314P_{0.1}+0.0525P_1+0.0657P_3+0.28P_{10}+0.08P_{50}} \tag{2-32}$$

式中　$P_{0.1}$、P_1、P_3、P_{10} 和 P_{50}——分别为 10min 内瞬时闪变视感度 $S(t)$ 超过 0.1%、1%、3%、10%和 50%时间比的概率分布水平 p_k。

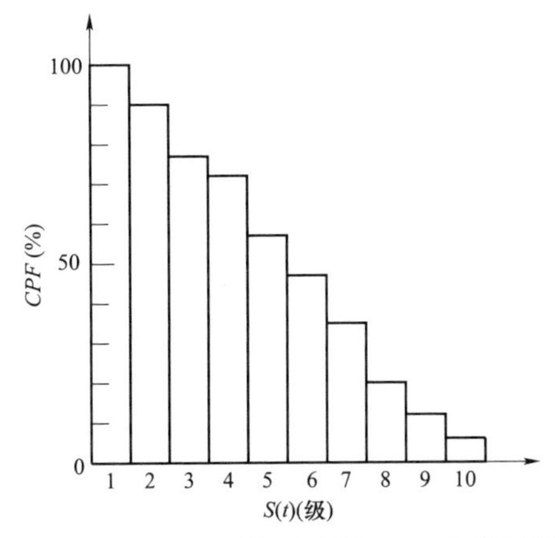

图 2－6　$S(t)$累计概率函数 CPF 曲线示例

2.3.3　风电机组闪变测试与计算评估方法

闪变测试方法与计算步骤主要围绕如何满足风电机组相对传统电能质量测试所面临的新需求而展开的。

闪变测试新需求包括：避免被测机组受电网中其他电压波动源的影响；在连续运行工况测试时，如何考虑不同风速对电压波动和闪变的干扰；在切换操作工况时，由于被测机组运行状态突变，如何精准反映突变状态下风电机组的电压波动和闪变程度。

2.3.3.1　构建虚拟电网降低电网特性对闪变测试结果的影响

风电机组的电压波动和闪变测试结果应独立于测试机组所在的电网特性。但在实际测量中，电网通常会有其他波动负荷，会在风电机组接入点引起电压波动，这样测出的风电机组的电压波动将受到电网特性影响。因此，提出了基于虚拟电网的风电机组电压波动和闪变测试方法。

IEC 61400－21 提出的解决方法是通过测量风电机组的输出电流，在虚拟电网上仿真风电机组输出端的电压波动，虚拟电网除了风电机组之外没有其他电压波动源。

虚拟电网用一个瞬时值为 $u_0(t)$ 的理想相电压源和由电阻 R_{fic} 与电感 L_{fic} 串联组成的电网阻抗表示。风电机组输出的线电流瞬时测量值为 $i_m(t)$，风电机组输出的相电压瞬时值为 $u_{fic}(t)$，则该虚拟电网的单相电路图如图 2－7 所示。

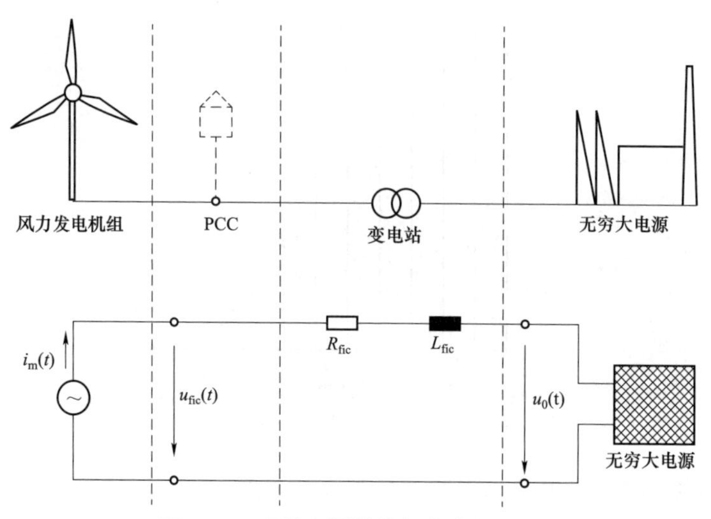

图 2-7　虚拟电网的单相电路图

$$u_{fic}(t)=u_0(t)+R_{fic}\times i_m(t)+L_{fic}\times\frac{di_m(t)}{dt} \tag{2-33}$$

这里理想电压源 $u_0(t)$ 可以由不同的方法产生，但要满足理想电压的两个性质：理想电压应没有任何波动，即电压引起的闪变应是 0；$u_0(t)$ 必须与被测电压 $u_m(t)$ 的基波有相同电角度 $\alpha_m(t)$，以确保在 $u_{fic}(t)$ 和 $i_m(t)$ 之间有合适的相角，并且 $|u_{fic}(t)-u_0(t)|\ll|u_0(t)|$。

为了满足这些性质，$u_0(t)$ 被定义为

$$u_0(t)=\sqrt{\frac{2}{3}}\times U_n\times\sin[\alpha_m(t)] \tag{2-34}$$

式中　U_n——电网标称线电压的有效值。

被测电压基波的电角度用式（2-35）表示

$$\alpha_m(t)=2\pi\times\int_0^t f(t)d(t)+\alpha_0 \tag{2-35}$$

式中　$f(t)$——频率（可以随时间变化）；

t——时间序列的开始后时刻；

α_0——在时刻 $t=0$ 的电角度。

应用式（2-36），选择 R_{fic} 和 L_{fic} 得到合适的电网阻抗角 ψ_k

$$\tan(\psi_k)=\frac{2\pi\times f_N\times L_{fic}}{R_{fic}}=\frac{X_{fic}}{R_{fic}} \tag{2-36}$$

式中 f_N——电网额定频率。

虚拟电网三相短路容量 $S_{k,fic}$ 由式（2-37）给出

$$S_{k,fic}=\frac{U_n^2}{\sqrt{R_{fic}^2+X_{fic}^2}} \tag{2-37}$$

根据 IEC 61400-21 要求，电网阻抗角 ψ_k 取值为 30°、50°、70°和 85°。

为了保证所应用的闪变算法或闪变仪给出的短时间闪变值 P_{st} 在 IEC 61000-4-15 所要求的测量范围之内，必须使电网的短路容量 $S_{k,fic}$ 和风电机组额定容量 S_n 的比值合适，IEC 61400-21 建议该比值为 20～50。此外，为获得更好的分辨率，推荐使用 6400 分类器等级代替 IEC 61000-4-15 标准推荐的 64 等级。

联立式（2-36）和式（2-37），可以确定风电机组所对应的虚拟电网的电阻 R_{fic} 和电感 L_{fic} 的值

$$R_{fic}(\psi_k)=\frac{U_n^2}{R_s\times S_n\times\sqrt{1+\tan(\psi_k)^2}} \tag{2-38}$$

$$L_{fic}(\psi_k)=\frac{1}{2\pi\times f_N}\times R_{fic}(\psi_k)\times\tan(\psi_k) \tag{2-39}$$

式中 S_n——风电机组额定容量；

f_N——电网额定频率；

R_s——虚拟电网短路容量 $S_{k,fic}$ 与风电机组额定容量 S_n 之比。

需要说明的是，IEC 61400-21 中要求：电压瞬时值 $u_m(t)$ 和电流瞬时值 $i_m(t)$ 的采样频率不应低于 2000Hz。

由于风电机组在连续运行和切换操作这两种不同的运行状态下对电网的电压波动和闪变的影响不同，因此对这两种状态下的电压波动和闪变需分别进行测量与评估。

2.3.3.2 采用风速区间划分实现闪变测试连续运行工况的全覆盖

连续运行状态下风电机组闪变的测量和评估程序如图 2-8 所示。图

2－8 中所示测量程序比较全面，而评估程序相对简单。以下为图 2－8 所示的具体测量程序。

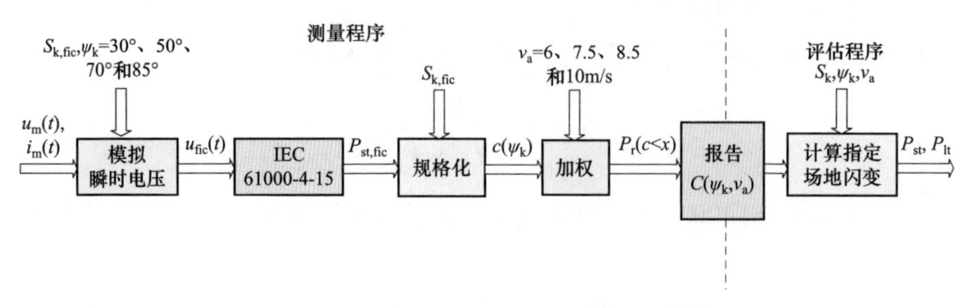

图 2－8　连续运行状态下风电机组闪变的测量和评估程序

（1）在切入风速至 15m/s 的风速区间内测量电压和电流时间序列 $u_m(t)$ 和 $i_m(t)$。

（2）测量得到的每组电压和电流时间序列作为输入，在短路容量为 $S_{k,fic}$ 的虚拟电网中模拟 4 个不同电网阻抗相角 ψ_k 下的电压波动 $u_{fic}(t)$。

（3）将模拟得到的每组瞬时电压时间序列 $u_{fic}(t)$ 作为输入，根据 IEC 61000－4－15 规定的闪变仪算法，得出闪变发射值 $P_{st,fic}$。

（4）将每个 $P_{st,fic}$ 规格化得到闪变系数 $c(\psi_k)$，该系数原则上与所选的短路容量 $S_{k,fic}$ 无关。

（5）在假定的四种不同风速分布下，对应每个电网阻抗相角 ψ_k，经过加权计算后得出闪变系数的加权累积分布函数 $P_r(c < x)$。$P_r(c < x)$ 表示在平均风速 v_a 服从瑞利分布的测试场地测量得到的闪变系数分布。

（6）每个累积分布中，闪变系数 $c(\psi_k, v_a)$ 取概率为 99%时对应的百分位数。

评估程序规定了如何利用闪变系数测量结果评估任意指定场地的单台或一组风电机组在连续运行状态下产生的闪变。

2.3.3.3　提取闪变阶跃系数与电压变动系数精准反映切换操作工况的闪变程度

切换操作状态下风电机组电压变动和闪变的测量及评估程序如图 2－9 所示。该程序说明了如何测量和评估电压变动和闪变。

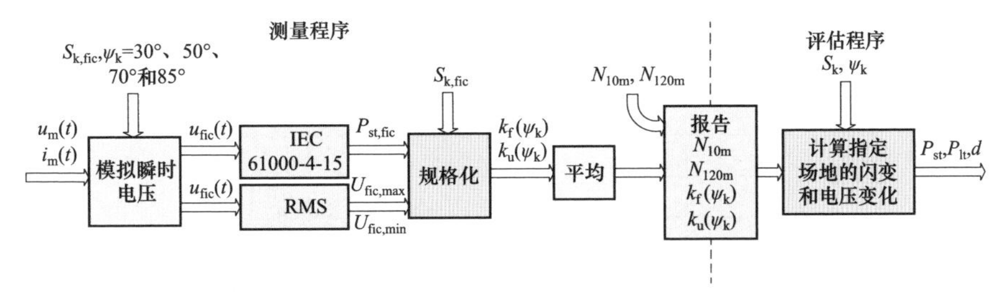

图2－9　切换操作状态下风电机组电压变动和闪变的测量及评估程序

以下为切换操作时的测量程序。

（1）对每种指定类型的切换操作，测量一系列电压和电流的时间序列 $u_m(t)$ 和 $i_m(t)$。

（2）将测量得到的每组电压和电流时间序列作为输入，在短路容量为 $S_{k,fic}$ 的虚拟电网中模拟 4 个不同电网阻抗相角 ψ_k 下的电压波动 $u_{fic}(t)$。

（3）将模拟得到的每组瞬时电压时间序列 $u_{fic}(t)$ 作为输入，根据 IEC 61000－4－15 规定的闪变仪算法，得出闪变发射值 $P_{st,fic}$；同时作为 RMS 计算算法的输入，确定单个周期内最大有效值 $U_{fic,max}$ 和最小有效值 $U_{fic,min}$。

（4）将 $P_{st,fic}$ 规格化得到闪变阶跃系数 $k_f(\psi_k)$，将电压变动 $U_{fic,max}-U_{fic,min}$ 规格化，得到电压变动系数 $k_u(\psi_k)$。

（5）在每个电网阻抗相角 ψ_k 下，分别取闪变阶跃系数和电压变动系数测量结果的平均值。

（6）对每种类型的切换操作，给出平均闪变阶跃系数和电压变动系数，以及 10min 内切换操作的最多次数 N_{10m} 和 120min 时间内切换操作的最多次数 N_{120m}。

切换操作的评估程序规定了如何利用闪变阶跃系数和电压变动系数的测量结果评估任意指定场地机组切换操作时的闪变发射和电压变动。给定的评估方法适用于单台或一组风电机组。

2.3.3.4　闪变指标计算程序

下面主要以电网阻抗相角 $\psi_k=50°$ 为例阐述闪变系数的计算程序。电网阻抗相角为 30°、70° 和 85° 时闪变系数的计算方法与之相同。

图2－10 所示为电网阻抗相角 $\psi_k=50°$ 时，闪变系数测量值与风速之间的关系。

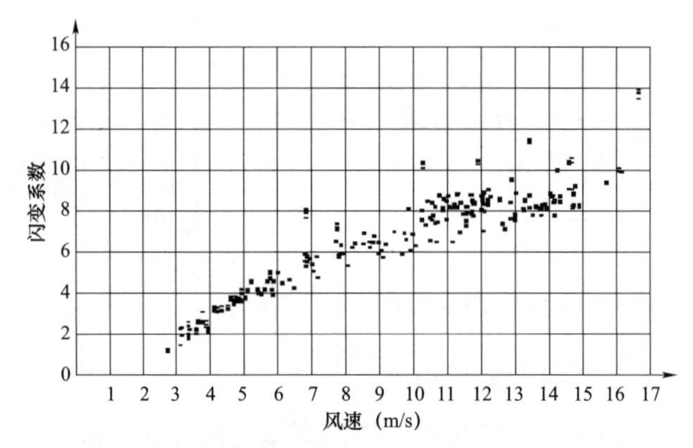

图 2－10　闪变系数测量值与风速之间的关系

利用闪变系数可以得出不同风速分布下的闪变系数，具体步骤如下。

（1）以 1m/s 为风速区间对闪变系数 $c(\psi_k)$ 进行分类；

（2）统计每个风速区间内的测量数据个数；

（3）确定每个风速区间的加权系数 w_i；

（4）确定加权累积分布 $P_r(c < x)$；

（5）确定概率为 99%时对应的百分位数，得出闪变系数 $c(\psi_k, v_a)$。

本例中，风电机组的切入风速 $v_{cut,in} = 3$m/s。由于低于切入风速和超过 15m/s 风速的测量数据很少，计算过程中未考虑这些测量数据。只采用大于切入风速和低于 15m/s 风速的测量数据来确定闪变系数 $c(\psi_k, v_a)$。

表 2－3 分别列出了风速区间、每个区间内的测量数据个数、每个风速区间内闪变系数测量值出现的相对频率 $f_{m.i}$ 和年平均风速 $v_a = 6$、7.5、8.5m/s 及 10m/s 对应的瑞利分布 $f_{y,i}$。

表 2－3　风速为 3～15m/s 各风速区间内的测量数据个数 $N_{m.i}$、出现的相对频率 $f_{m.i}$ 与瑞利分布 $f_{y,i}$

风速区间 (m/s)	测量数据个数 $N_{m,i}$	$f_{m,i}$ (%)	$f_{y,i}$ (%) (v_a=6m/s)	$f_{y,i}$ (%) (v_a=7.5m/s)	$f_{y,i}$ (%) (v_a=8.5m/s)	$f_{y,i}$ (%) (v_a=10m/s)
[3，4)	30	5.38	11.64	8.21	6.64	4.98
[4，5)	36	6.45	12.57	9.44	7.83	6.02
[5，6)	45	8.06	12.37	10.04	8.59	6.80
[6，7)	33	5.91	11.26	10.04	8.91	7.32

续表

风速区间 (m/s)	测量数据个数 $N_{m,i}$	$f_{m,i}$ (%)	$f_{y,i}$ (%) (v_a=6m/s)	$f_{y,i}$ (%) (v_a=7.5m/s)	$f_{y,i}$ (%) (v_a=8.5m/s)	$f_{y,i}$ (%) (v_a=10m/s)
[7，8）	42	7.53	9.58	9.53	8.83	7.56
[8，9）	33	5.91	7.67	8.65	8.41	7.56
[9，10）	33	5.91	5.80	7.52	7.74	7.34
[10，11）	69	12.37	4.15	6.29	6.88	6.93
[11，12）	87	15.59	2.82	5.07	5.94	6.39
[12，13）	60	10.75	1.82	3.95	4.97	5.75
[13，14）	45	8.06	1.11	2.97	4.05	5.07
[14，15]	45	8.06	0.65	2.16	3.21	4.37

加权系数 w_i 为风速出现频率 $f_{y,i}$ 与闪变系数测量值出现的相对频率 $f_{m,i}$ 之比。表2-4给出了每个风速区间的加权系数 w_i。

表2-4　每个风速区间的加权系数 w_i

风速区间（m/s）	w_i (v_a=6m/s)	w_i (v_a=7.5m/s)	w_i (v_a=8.5m/s)	w_i (v_a=10m/s)
[3，4）	2.165	1.527	1.236	0.927
[4，5）	1.949	1.464	1.214	0.933
[5，6）	1.533	1.245	1.065	0.843
[6，7）	1.904	1.698	1.507	1.237
[7，8）	1.273	1.267	1.173	1.005
[8，9）	1.297	1.462	1.423	1.278
[9，10）	0.980	1.272	1.308	1.241
[10，11）	0.335	0.509	0.557	0.561
[11，12）	0.181	0.325	0.381	0.410
[12，13）	0.169	0.367	0.463	0.535
[13，14）	0.138	0.368	0.502	0.628
[14，15]	0.081	0.267	0.398	0.542

所有风速区间的总加权系数乘以测量数据个数，结果见表 2－5。

表 2－5　所有风速区间的总加权系数乘以测量数据个数

v_a(m/s)	6.0	7.5	8.5	10
$\sum_{i=1}^{N_{bin}} w_i \times N_{m,i}$	454.40	467.99	457.64	424.60

接下来，根据闪变系数 $c(\psi_k)$ 对测量数据进行整理，如表 2－6 所示，第一行为风速为 3～15m/s 所有闪变系数 $c(\psi_k)$ 的最大值。闪变系数 $c(\psi_k)$ 的最大值是 100 分位点，即加权累积分布系数 $P_{r(c<11.495)}=1.0$ 所对应的百分位数。表 2－6 中的其他各行数据是由上一行的数据，减去相应测量值的加权系数（见表 2－4）与总加权系数（见表 2－5）的商计算得到的。

表 2－6　不同风速分布下闪变系数的加权累积分布 $P_{r(c<x)}$

整理后的闪变系数	相应风速（m/s）	$P_{r(c<x)}$（v_a=6m/s）	$P_{r(c<x)}$（v_a=7.5m/s）	$P_{r(c<x)}$（v_a=8.5m/s）	$P_{r(c<x)}$（v_a=10m/s）
11.495	13.4	1.000 0	1.000 0	1.000 0	1.000 0
11.379	13.4	0.999 7	0.999 2	0.998 9	0.998 5
11.298	13.4	0.999 4	0.998 4	0.997 8	0.997 0
10.584	14.6	0.999 1	0.997 6	0.996 7	0.995 6
10.472	11.9	0.998 9	0.997 1	0.995 8	0.994 3
10.444	14.6	0.998 5	0.996 4	0.995 0	0.993 3
10.418	11.9	0.998 3	0.995 8	0.994 1	0.992 0
10.418	10.3	0.997 9	0.995 1	0.993 3	**0.991 1**
10.364	14.6	0.997 2	0.994 0	0.992 1	0.989 8
10.308	14.6	0.997 0	0.993 5	0.991 2	0.988 5
10.286	10.3	0.996 8	0.992 9	**0.990 3**	0.987 2
10.280	11.9	0.996 1	0.991 8	0.989 1	0.985 9
10.104	10.3	0.995 7	0.991 1	0.988 3	0.984 9
10.059	14.2	0.995 0	**0.990 0**	0.987 1	0.983 6

续表

整理后的闪变系数	相应风速（m/s）	$P_r(c<x)$（v_a=6m/s）	$P_r(c<x)$（v_a=7.5m/s）	$P_r(c<x)$（v_a=8.5m/s）	$P_r(c<x)$（v_a=10m/s）
9.931	14.2	0.994 8	0.989 4	0.986 2	0.982 3
⋮	⋮	⋮	⋮	⋮	⋮
8.882	12.9	0.990 6	0.978 8	0.971 3	0.962 0
8.858	12.9	**0.990 2**	0.978 0	0.970 3	0.960 8
8.846	12.1	0.989 8	0.977 2	0.969 3	0.959 5
8.836	11.3	0.989 5	0.976 5	0.968 3	0.958 2
8.831	12.1	0.989 1	0.975 8	0.967 4	0.957 3

表2－6中用黑体字标示的是累积分布概率为99%对应的百分位数。表2－7中列出了电网阻抗相角为50°时，取累积分布概率为99%所对应的百分位数而得到的闪变系数$c(\psi_k, v_a)$。

表2－7　　连续运行状态下闪变系数

ψ_k(°)	30	50	70	85
v_a（m/s）	闪变系数			
6.0	—	8.9	—	—
7.5	—	10.1	—	—
8.5	—	10.3	—	—
10.0	—	10.4	—	—

闪变系数为切入风速至15m/s区间内，取累积分布概率为99%所对应的百分位数，不必计算零风速至无穷大风速区间内的值。

表2－8说明了由于测量范围有限引起的不确定度。表中前三行表示根据瑞利累积分布计算的风速低于、位于或高于指定的3～15m/s的概率。最佳状况是所有测量区间之外的闪变系数均小于测量区间内累积分布概率99%所对应的百分位数。这种情况下，得到的数据实际上对应表2－8中最佳状况的百分位数。最差状况是所有大于15m/s风速的闪变系数均大于测量区间内累积分布概率99%所对应的百分位数。这种情况下，得到的数据

实际上对应表 2－8 中最差状况的百分位数。从表中可以看出，对于具有高年平均风速值的风速分布，所得结果的实际概率不确定度大。通过将测量区间范围提高至 15m/s 以上，可以将不确定度降低至期望水平。但通常也会显著延长测试周期，导致测试费用增加。

表 2－8　　不同风速的概率和百分位数

v_a（m/s）	6.0	7.5	8.5	10.0
$P_{r(v<3m/s)}$/(%)	17.8	11.8	9.3	6.8
$P_{r(3m/s<v<15m/s)}$/(%)	81.4	83.9	82.0	76.1
$P_{r(v>15m/s)}$/(%)	0.7	4.3	8.7	17.1
最佳状况百分位数（%）	99.2	99.2	99.2	99.2
最差状况百分位数（%）	98.4	94.8	90.5	82.2

注　前三行列出了风速低于、位于或高于指定的 3～15m/s 内出现的概率。根据这些概率值，最后两行给出了实际测量百分位数的可能区间。

2.3.3.5　闪变综合评估方法

为了有效评价风电机组输出电能质量及优化电网结构配置，需要对上述风电机组闪变测试结果进行评估。IEC 61000－3－7 给出了评估中压及高压设备的闪变发射限值和最大允许电压变化的推荐方法。通过将测试结果与电压变动和闪变限定值进行对比，确保电网公共连接点处风电产生的电压变动和闪变满足相应国家标准要求。

连续运行状态下，风电机组所产生的闪变按式（2－40）进行测算，其闪变系数取累计概率分布 $P_r(r<x)$ 分布概率为 0.99 所对应的分位数

$$P_{st}=P_{lt}=c(\psi_k,v_a)\times\frac{S_n}{S_k} \tag{2-40}$$

式中　$c(\psi_k,v_a)$ ——在给定电网阻抗相角 ψ_k 及现场风电机组轮毂高度年平均风速 v_a 的情况下，风电机组在公共连接点处的闪变系数；

S_n ——风电机组额定视在功率；

S_k ——公共连接点处的短路视在功率。

现场实际 ψ_k 和 v_a 对应的风电机组闪变系数可在数据表记录结果中找

到，相关结果通过对测量数据进行线性插值得到。

对于多台风电机组接入公共连接点的情况，采用式（2-41）评估所有风电机组的闪变发射值

$$P_{st\Sigma}=P_{lt\Sigma}=\frac{1}{S_k}\times\sqrt{\sum_{i=1}^{N_{wt}}[c_i(\psi_k,v_a)\times S_{n,i}]^2} \tag{2-41}$$

式中 $c_i(\psi_k,v_a)$ ——单台风电机组的闪变系数；

$S_{n,i}$ ——单台风电机组的额定视在功率；

N_{wt} ——接入公共连接点的风电机组数目。

切换操作状态下，单台风电机组切换运行引起的短时间闪变值和长时间闪变值由式（2-42）和式（2-43）进行计算

$$P_{st}=18\times N_{10m}^{0.31}\times k_f(\psi_k)\times\frac{S_n}{S_k} \tag{2-42}$$

$$P_{lt}=8\times N_{120m}^{0.31}\times k_f(\psi_k)\times\frac{S_n}{S_k} \tag{2-43}$$

式中 $k_f(\psi_k)$ ——给定 ψ_k 条件下风电机组在公共连接点处的闪变阶跃系数。

现场实际 ψ_k 对应的风电机组闪变阶跃系数可在数据表记录结果中找到，相关结果通过对测量数据进行线性插值得到。

对于多台风电机组接入公共连接点的情况，采用式（2-44）和式（2-45）评估所有风电机组的短时间闪变值和长时间闪变值

$$P_{st\Sigma}=\frac{18}{S_k}\times\left(\sum_{i=1}^{N_{wt}}N_{10m,i}\times[k_{f,i}(\psi_k)\times S_{n,i}]^{3.2}\right)^{0.31} \tag{2-44}$$

$$P_{lt\Sigma}=\frac{8}{S_k}\times\left(\sum_{i=1}^{N_{wt}}N_{120m,i}\times[k_{f,i}(\psi_k)\times S_{n,i}]^{3.2}\right)^{0.31} \tag{2-45}$$

式中 $N_{10m,i}$、$N_{120m,i}$ ——分别为各台风电机组在 10min 和 2h 周期内切换运行的次数；

$k_{f,i}(\psi_k)$ ——单台风电机组的闪变阶跃系数；

$S_{n,i}$ ——单台风电机组的额定视在功率。

对于单台风电机组切换运行引起的相对电压变化按式（2-46）计算。

$$d = 100 \times k_u(\psi_k) \times \frac{S_n}{S_k} \tag{2-46}$$

式中　d——相对电压变化；

$k_u(\psi_k)$——风电机组在给定ψ_k条件下公共连接点处的电压变化系数。

现场实际ψ_k对应的风电机组电压变化系数可在数据表记录结果中找到，相关结果通过测量数据进行线性插值得到。

对于多台风电机组接入公共连接点的情况，任意两台风电机组不太可能同时进行切换运行。因此，评估多台风电机组相对电压变化时不需要考虑累计效应。

2.4 风电机组谐波测试

电力系统中的谐波主要来自铁磁饱和设备、电子开关设备和电弧设备等非线性设备。对于风电机组来说，发电机本身产生的谐波是可以忽略的，谐波电流的真正来源是风电机组中采用的电力电子元件。

对于定速风电机组来说，由于没有电力电子设备的参与，机组在连续运行过程中基本没有谐波产生。当机组进行投入操作时，软并网装置处于工作状态，将有谐波电流产生，但由于投入的过程较短，这时的谐波注入可以忽略。

变速风电机组则采用了电力电子设备：双馈型风电机组的发电机定子直接接入电网，而发电机转子则经直流环节连接的两个变流器（即转子侧变流器和电网侧变流器）接入电网。全功率变流型风电机组则通过背靠背全功率风电变流器直接接入电网，该背靠背全功率风电变流器由发电机侧变流器、直流环节和电网侧变流器组成。不论是哪种类型的变速风电机组，机组投入运行后风电变流器将始终处于工作状态。因此，变速风电机组的并网运行可能会引起谐波注入问题。

谐波电流会引起变压器和电机铁心过热，同时由于谐波电流频率较高，会引起电容器电感值下降，进而导致故障。另外，谐波还会导致三相系统中性线过热，会干扰通信设备和过电流继电器的正常运行。总之，风电机组是电网谐波主要产生源之一，在风电机组电能质量测试中，谐波测试与评估是重要的组成部分。

本章节阐述的谐波、间谐波以及高频分量的测量充分考虑了功率变化对谐波的影响，根据风电机组在不同功率输出等级的工况，采用分功率区间法对无功功率设定值控制运行工况下的风电机组进行各类谐波测试，同时为保证不同功率输出等级下谐波测试结果的有效性，严格规定了各区间数据个数的最低限值。

2.4.1 基于功率区间划分的风电机组谐波分析原理

谐波可分为瞬态谐波、暂态谐波和稳态谐波，通常持续时间很短的谐波认为是无害的。因此，对风电机组启动或其他切换操作引起的短期谐波不做要求，只测量其连续运行过程中产生的电流谐波、间谐波和高频分量发射值。

考虑风电机组在不同功率输出等级的工况，将风电机组有功功率分区间，在每个功率区间内，应至少采集9组（每相测试三次、共三相）10min时间序列的瞬时电压和电流测量数据。统计每个区间内电流分量（谐波、间谐波及高频分量）与额定电流的百分比及总谐波电流畸变率。

采用DFT（离散傅里叶变换）对测量电流进行矩形加权，有功功率评估时间周期与谐波采用的时间窗长度相同。推荐50Hz系统采用10周期观测窗，60Hz系统采用12周期观测窗，即谱线的频率间隔为5Hz。测量风电机组产生的电流谐波、间谐波和高频分量时，风电机组的无功功率应尽可能为零。

2.4.2 风电机组电流谐波、间谐波和高频分量的测量

2.4.2.1 谐波测量

谐波是一个周期电气量的正弦波分量，其频率为基波频率的整数倍。风电机组电流谐波只分析频率在电网基波频率 50 倍以内的各谐波电流分量和相应的总谐波电流畸变。

电流谐波采用谐波子群有效值进行分析。某一谐波有效值以及与之直接相邻的两个谐线分量的方和根为谐波子群的有效值（$G_{\mathrm{sg,n}}$）。根据式（2-47）计算谐波子群有效值。

$$G_{\mathrm{sg,n}}^{2}=\sum_{i=-1}^{1}C_{\mathrm{k}+i}^{2} \tag{2-47}$$

式中　C_{k} ——频谱分量，$C_{\mathrm{k}}(k=N\times n)$ 等于谐波分量 G_{n}（N 为时间窗内的基波周期数）。

2.4.2.2　间谐波的测量

间谐波分量，即对周期性交流量进行傅立叶级数分解，得到频率不等于基波频率整数倍的分量。风电机组电流间谐波只分析频率在 2kHz 以下的间谐波电流分量。

电流间谐波采用间谐波的中心子群有效值进行计算。在两个连续谐波的频率之间，不包括与谐波频率直接相邻频率分量的全部间谐波的有效值为间谐波的中心子群有效值（$C_{\mathrm{isg,n}}$）。在谐波阶数 n 和 $n+1$ 之间的间谐波中心子群有效值被设定为 $C_{\mathrm{isg,n}}$。例如，在 $n=5$ 和 $n=6$ 之间的中心子群用 $C_{\mathrm{isg,5}}$ 表示。根据式（2－48）计算间谐波的中心子群有效值。

$$C_{\mathrm{isg,n}}^{2}=\sum_{i=2}^{8}C_{\mathrm{k}+i}^{2} \tag{2-48}$$

式中　$C_{\mathrm{k}+i}$ ——由离散傅里叶变换得到相应超出第 n 次谐波频率的频谱分量的有效值；

$C_{\mathrm{isg,n}}$ ——第 n 次间谐波中心子群的有效值。

利用式（2－49）计算总谐波电流畸变率。

$$THC=\frac{\sqrt{\sum_{h=2}^{50}I_{h}^{2}}}{I_{\mathrm{n}}}\times 100 \tag{2-49}$$

式中　I_{h} ——第 h 次谐波电流的分组有效值；

I_{n} ——风电机组的额定电流。

2.4.2.3　高频分量的测量

高频分量，即频率在 2～9kHz 的分量。离散傅里叶变换未处理的输出按 200Hz 带宽的频带分组，第一频带的中心频率是 2100Hz，每个频带输出的 G_{b} 是有效值，按式（2－50）计算。

$$G_{\mathrm{b}}=\sqrt{\sum_{f=b-90}^{b+100}C_{f}^{2}} \tag{2-50}$$

式中　b——中心频率代表了该段频带，例如 2100、2300、2500Hz，最高中心频率为 8900Hz。

2.4.3　风电机组谐波评估方法

风电机组电流谐波、间谐波及高频分量的测试结果基于每个有功功率区间的 10min 观测周期和电网电流畸变最小的情况。测量程序适合产生的电流谐波幅值在几秒钟内发生变化的风电机组，应剔除明显受电网背景噪声影响的测量数据。

对每个 10%功率区间至少采集 9 组 10min 时间序列的瞬时电流测量数据（测试三次、三相）。根据 IEC 61000－4－7 标准进行测量并对频谱分量进行分组。采用的精确度为 IEC 61000－4－7 中定义的等级 I。谐波电流中任何低于 0.1%I_n 的谐波次数不需要报告。

采用 DFT（离散变换）对测量电流进行矩形加权，即不对测量所得时间序列应用特殊加权函数（汉宁、汉明等）。有功功率评估时间周期与谐波采用的时间窗长度相同。

利用 IEC 61000－4－7：2002 中 5.6 的方法对频率在电网基波频率 50 倍以内的谐波电流分量进行分组。

利用式（2－49）计算总谐波电流畸变率。

$$THC=\frac{\sqrt{\sum_{h=2}^{50}I_h^2}}{I_{\mathrm{n}}}\times 100 \qquad (2-51)$$

式中　I_h——h 次电流谐波的分组有效值；

I_{n}——风电机组的额定电流。

低于 2kHz 的间谐波电流分量按照 IEC 61000－4－7：2002 附录 A 的方法进行分组：2～9kHz 的高频电流分量根据 IEC 61000－4－7：2002 附录 B 的方法进行测量、分组。离散傅里叶变换（DFT）的原始数据输出分组带宽为 200Hz。

计算每个 10min 时间序列数据中每个频带的 10min 平均值（即每个分组的谐波、间谐波和高频分量），然后记录每个 10%功率区间内每个频带的最大 10min 平均值。

此外，测试期间还应按照 IEC 61000－4－7 的要求在风电机组输出端测量风电机组的电压谐波情况，测试结果记录为电压总谐波畸变率的 10min 平均值。

2.5 风电机组电网保护测试

风电机组电网保护测试是为了检测风电机组在电网故障时的自我保护水平。随着风电装机容量在大电网系统中所占比例逐渐增大，风电场的运行对电力系统安全稳定性的影响变得不容忽视，风电机组大规模的脱网现象是电力系统极力避免的恶性事故。因此，风电机组的电网保护功能测试对电网的安全稳定运行具有重大意义。

2.5.1 风电机组电网保护功能

风电机组电网保护系统的功能是指在风电机组并网运行时，当电网电压持续高于风电机组设定过压/过频保护值和设定持续时间，风电机组保护系统发出常规的“脱网”命令，故障继电器动作；当电网电压持续低于风电机组设定欠压/欠频保护值和设定持续时间时，风电机组保护系统发出常规的“脱网”命令，故障继电器动作。

2.5.2 风电机组电网保护测试指标

风电机组电网保护测试指标包括脱网等级和脱网时间。脱网等级是指电网异常时，风电机组脱网的电压和频率高低限值，分别包括过电压保护水平、欠电压保护水平、过频率保护水平和欠频率保护水平。脱网时间是指过/欠电压和过/欠频率状态分别对应的开始时间至风电机组脱网之间的持续时间。在电能质量测试中，电网保护分析时需要同时罗列保护水平和保护时间的设定值与测量值，如表 2－9 所示。

表 2－9　风电机组电网保护测试指标

测试内容	保护水平		动作时间（ms）	
	设定值	测量值	设定值	测量值
过电压	过电压保护设定值	过电压保护实测值	过电压保护设定时间	过电压保护实测动作时间

续表

测试内容	保护水平		动作时间（ms）	
	设定值	测量值	设定值	测量值
欠电压	欠电压保护设定值	欠电压保护实测值	欠电压保护设定时间	欠电压保护实测动作时间
过频率	过频率保护设定值	过频率保护实测值	过频率保护设定时间	过频率保护实测动作时间
欠频率	欠频率保护设定值	欠频率保护实测值	欠频率保护设定时间	欠频率保护实测动作时间

2.5.3　风电机组电网保护评估方法

风电机组电网保护测试是指在给定脱网等级和脱网时间设置下，调节风电机组控制系统的网侧电压监测模块使机组分别处于过电压、欠电压、过频率、欠频率的电网条件下，测量风电机组的实际脱网等级和脱网时间。

风电机组电网保护测试时可采用单独的电压和频率均可变的三相电源，并将其接入风电机组控制系统。还要指定设定点保护水平和风电机组控制器的脱网时间。基于安全原因考虑，进行电网保护相关测量时风电机组发电机应停止运行。

采用下列程序确定保护水平。

（1）欠电压保护水平（U_{under}）。单独供电的三相电源的三相电压，从额定频率下额定电压的100%以额定电压的1%为步长逐步降低，直至风电机组脱网。每个步长至少持续20s。

（2）过电压保护水平（U_{over}）。单独供电的三相电源的三相电压，从额定频率下额定电压的100%以额定电压的1%为步长逐步升高，直至风电机组脱网。每个步长至少持续20s。

（3）欠频率保护水平（f_{under}）。单独供电的三相电源的频率，从额定电压下额定频率的100%以0.1Hz为步长逐步降低，直至风电机组脱网。每个步长至少持续20s。

（4）过频率保护水平（f_{over}）。单独供电的三相电源的频率，从额定电压下额定频率的100%以0.1Hz为步长逐步升高，直至风电机组脱网。每个步长至少持续20s。

采用下列程序确定脱网时间：依据风电机组数据表单或通过测量确定风电机组的脱网时间。脱网时间为从电压阶跃开始直至风电机组切除的时间间隔。

（1）欠电压脱网时间。由单独电源向风电机组断路器提供从额定电压至$U_{under}-5\%$额定电压的电压阶跃。

（2）过电压脱网时间。由单独电源向风电机组断路器提供从额定电压至$U_{over}+5\%$额定电压的电压阶跃。

（3）欠频率脱网时间。由单独电源向风电机组断路器提供从额定频率至$f_{under}-1$Hz的频率阶跃。

（4）过频率脱网时间。由单独电源向风电机组断路器提供从额定频率至$f_{over}+1$Hz的频率阶跃。

2.6 风电机组重并网时间测试

在风电机组电能质量测试中，风电机组由于电网故障发生脱网后的重并网时间也是一项重要的测试内容。重并网时间测试是为了检测风电机组在电网故障持续不同时长情形下的自动重并网能力。本节主要介绍了电网故障分别持续10s、1min和10min时风电机组对应的重并网时间。

2.6.1 风电机组断电重并网功能

由于电网中大多数故障都是暂态的，在电流中断之后电力供应有望在几个工频周期即可成功恢复，电网恢复正常时要求风电机组具备迅速投入电网运行的反应能力。因此，断电重连功能对于“机”“网”安全稳定运行具有重大意义。

2.6.2 风电机组重并网测试指标

重连测试主要是为了测试风电机组输出端电网电压恢复正常至风电机组开始发电的时间。测试指标包括电网故障分别持续10s、1min和10min时风电机组对应的重并网时间。

2.6.3 风电机组重并网评估方法

根据IEC 61400－21：2008，风电机组电能质量测试中重并网要求测量

3种故障持续时间下的重并网时间，电网故障持续时间分别为10s、1min和10min。

在进行重并网时间测量时要求通过断开电网断路器实现风电机组脱网，此断路器一般为连接风电机组和功率汇集系统的中压断路器。风电机组正在运行时断开断路器，闭合断路器后风电机组可重新并网。规定电网故障时间误差控制在±1s范围内，故障时间为断路器断开、闭合之间的时间。重并网时间定义为从电压恢复正常水平（0.9～1.1 标幺值）的时间至风电机组开始发电（$P>0$）的时间。通过测量风电机组输出端电压和有功功率得出重并网时间。测试期间要求平均风速大于10m/s。

2.7 风电机组电能质量测试系统

风电机组的电能质量测试不同于传统负荷的电能质量测试，需要排除电网特性和其他负荷的影响，并考虑不同风速对测试结果的影响，目前常规的电能质量测试仪器无法完成。风电机组电能质量测试系统应根据相关标准的要求，考虑到风的随机波动性、间歇性和低密度性及风电机组所处安装环境的特殊性，选择高性能的PC测量仪器作为硬件采集平台，采用适合风电机组的数字化闪变仪算法、基于功率区间的谐波算法等方法，实现风电机组的电能质量测试。

2.7.1 测试系统基本要求与特点

2.7.1.1 测试系统基本要求

参照标准要求并考虑到风电机组的运行特点，风电机组电能质量现场测试时需要对机组线电流、相电压进行高速测量，因此需要高速数据采集系统，并且要求有较大的内存，对电流、电压互感器的截止频率也有较高要求。

（1）要求高速采集风电机组出口处的三相线电流、相电压的瞬时时间序列信号，IEC 61400－21：2008中要求采样频率须高于2kHz，每次测量的持续时间为10min。

（2）电流、电压互感器的截止频率应高于2.5kHz；三相功率变送器、隔离器的截止频率应高于500Hz。功率变送器应满足IEC 60688的要求，推荐使用精度0.5级及以上的功率变送器。

（3）数据采集系统采集的相电压、线电流信号精度应该在0.5级，考虑到系统精度，隔离器精度应该为0.2级或更高。

（4）数据采集系统中数模转换器分辨率最低应为12位，以保证系统精度高于1%，从而对通道测量精度不构成影响。

风电机组电能质量现场数据采集系统如图2－11所示。

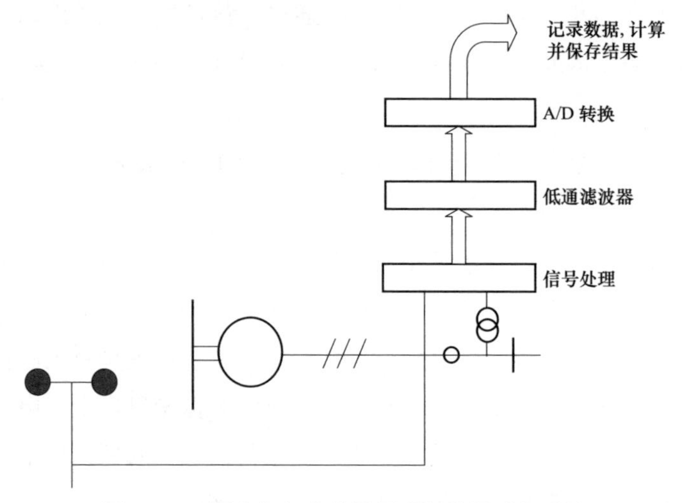

图2－11　风电机组电能质量现场数据采集系统

电压传感器和电流传感器是风电机组电能质量现场测量系统必需的传感器。测量设备的精确度要求见表2－10。其中数据采集系统用于测量数据的记录、计算并保存测试结果。为保证测试结果的精确度，测试设备每个通道电压和电流信号的采样率最小为2kHz。测量谐波高频分量时，每个通道的采样率最小应为20kHz。

表2－10　测量设备的精度要求

设　备	要求精度	符合标准
电压传感器	1.0级	IEC 60044－2
电流传感器	1.0级	IEC 60044－1
风速计	±0.5m/s	IEC 61400－12－1
滤波器 + A/D + 数据采集系统	量程的1%	IEC 62008

图 2－12 为电能质量测试系统原理图，图中数据采集装置采用高性能的 PC 测量仪器作为硬件采集平台，可通过采集模块的设置实现采样通道任意配置。

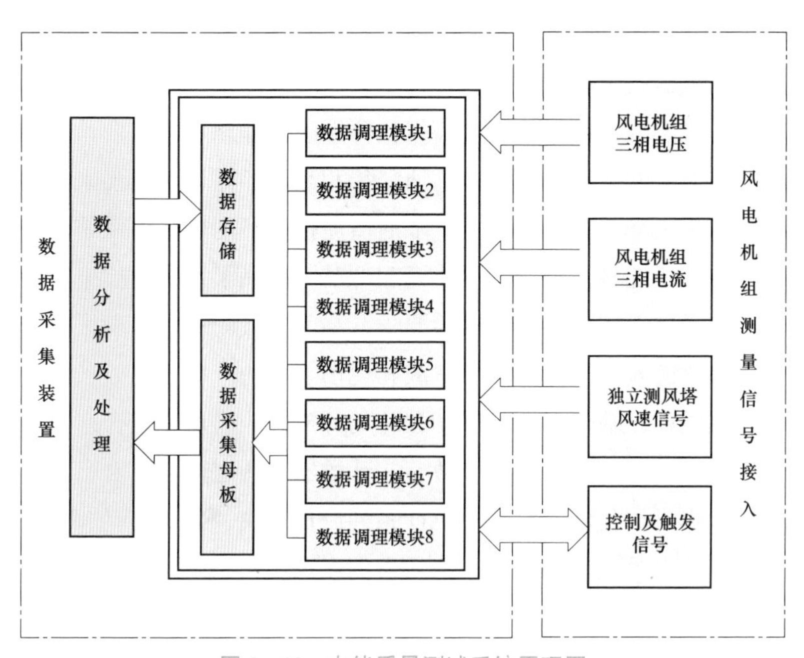

图 2－12　电能质量测试系统原理图

2.7.1.2　测试系统举例

目前，被多个风电测试机构所采用的测试系统主体为采样一体化仪器，设备应可以采集模拟、数字、计数器等多种信号，并且这些信号采集都可以做到完全同步，所有的采样时钟都是基于一个系统时钟，系统时钟可以是内部 A/D 板时钟，这种系统时钟技术可以使几个独立系统做到完全同步，即使这些系统之间没有线缆相连。每套系统可以多达上百个通道，而且通道的测量值可通过 TFT 显示屏，进行实时显示。装置采用铝合金机箱，可以有效屏蔽外界干扰，并适用于各种恶劣的工作环境。

精密且多样化的各式信号前端调理模块。多种精密信号调理模块可以与各种传感器直接连接，真正实现从传感器到数采系统的一线连接，电缆的长度可以大大地减少。交流隔离、对称浮地差分输入方式可确保用户在各种环境下进行高精度、无干扰的精密测量。多达数十种的信号调理模块可供选择，支持高电压、低电压、电流等各类输入量，可广泛用于电压、电流等模拟测量信号调理。同时可以设定包括量程和滤波在内的各种参数，确保高精度的精密测量。所有程控模块的检测均由测试软件自动完成，只需要输入传感器的灵敏度和测试量程就可以进行测试。

高度集成系统。该系统是以虚拟仪器系统为理念、以工业计算机标准为平台、将信号的调理、数据的高速采集和高速存储、功能强大的信号后处理和报告生成功能融为一体的，多通道便携式多功能采集系统。传感器到采集系统一线连接，甩掉了二次调理环节，提高了系统的抗干扰能力，特别适合在野外恶劣环境下的实验要求。高度集成同时还保障了系统的便携性，一体化的设计能完全满足车载和现场采集的应用。

开放式结构。基于 IPC 标准的独特的开放式、模块化设计，使得系统的配置和扩展非常方便。模拟、数字、计数器等通道随意组合。系统内置的插槽可以提供给任何 DAQ 和 PAD 系列调理模块。配上对应的模块组合，一台装置就可以处理复杂的应用。只需调理模块，系统可以采集其他模拟量的信号而无须更换整套系统，从而节省系统升级费用。

简捷易用的多功能数据采集分析软件。专为工程测试人员设计的简单易用的数据采集软件，具有良好的人机界面。可定制显示内容，包括系统总览、记录仪、示波器等；各种简易的数学运算功能可以直接获得计算结果。采集过程中的数据方便实时导出，进行软件二次开发，记录的数据可以导出至其他后处理软件。

独有的抗恶劣环境设计，满足外场测试要求。全金属机箱设计，有效消除 EMI（电磁干扰）和 RFI（射频干扰），确保测试精度。便携式抗恶劣环境设计，抗振动和冲击特性符合美军标 MIL－STD－810F；电磁兼容满足 CE 标准和美国波音公司机载标准。信号调理模块特有的交流隔离功能可以提供 350V 的过压保护（最高达 1000V）。

2.7.2 测试设备

电能质量测试装置作为电能质量测试系统的重要硬件组成部分，应满足现场环境的要求，风电机组处于风能资源丰富的地区，这些地区地域广

阔，维度跨度大，温度和湿度的变化巨大，各地域的地形、光照、风沙等条件也大不相同，因此为适应各种自然环境，表2－11给出了某测试设备的基本运行要求。

表2－11 某测试设备的基本运行要求

运行环境温度	－40～45℃
运行环境湿度	0～90%
海拔高度	0～2000m
额定工作电压	AC 220V
操作环境	Win XP Pro，Win7 with 32bit，Win7 with 64bit
冷却方式	空冷
存储空间	＞1TB
显示功能	自带显示器
其他	可移动，能够适应风场风沙、光照等环境。具备防震，抗电磁干扰能力

除了需要满足灵活便携、操作方便、适应各种不同运行环境等基本要求，还需具备高速采样能力，同步采样能力，及便于软件开发等要求。

（1）模拟信号采集。

1）采集通道数量＞9个。

2）输入为电压信号，AC、DC信号均可采集。

3）可实现所有通道同步采集。

4）采集通道可实现板卡化，即通道有故障时，可灵活更换，并且不影响其他通道的使用。

5）输入电压要求：

a. 高压输入＞500V（RMS），通道数＞3个；

b. 低压输入±10V，通道数＞6个。

（2）数字信号采集。可实现数字信号采集，采集通道数大于5个。

（3）采样频率。采样频率最高为50kHz，并可选100Hz、1kHz、4kHz、10kHz、20kHz、50kHz等不同采样频率。

（4）采样精度。所有通道均为0.2%或以上。

（5）电压输出。可输出 DC：9V（>6 路）、24V（>1 路）信号，其中 24V 电压信号，输出的开始时间、结束时间可设置、可控；电压输出的持续时间长度可设置、可控；控制时间等需在软件中实现，可通过编程实现控制功能。要求输出和控制的时间误差在 1ms 以下。

（6）通信功能。可实现远程操作、监控、数据传输。至少需配置以太网口（2 个，不同网段），USB 接口（2 个）。

2.7.2.1 信号处理装置

以某测试设备为例，其信号处理结构图如图 2－13 所示。装置通过采集板卡 DAQ 得到采集数据，并通过内部 RS－232 与 CPU 进行通信，CPU 进行处理后通过 PCI、USB、VGA 等方式与外部进行通信。

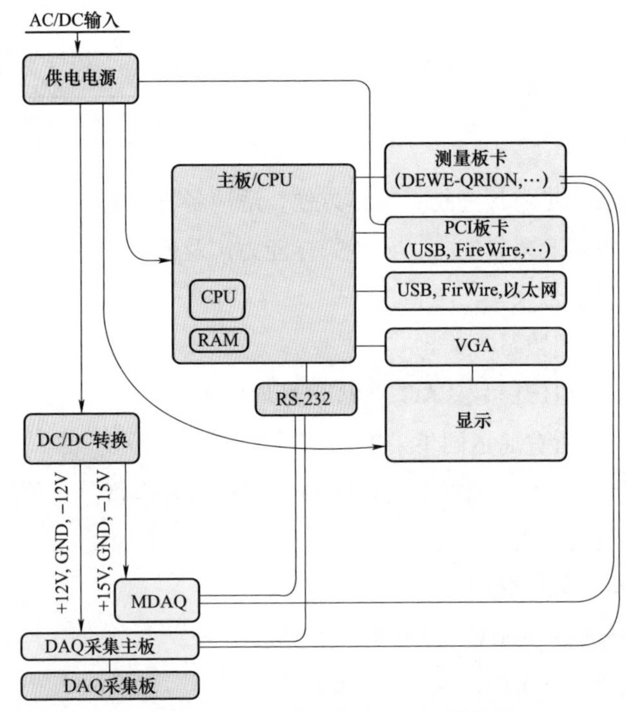

图 2－13　测试装置的信号处理结构图

模拟信号处理功能框图如图 2－14 所示。测得的信号可实现高输入阻抗无失真，并且允许 24 位分辨率和软件可编程速率高达 204.8kb/s 的高性能数据采集。

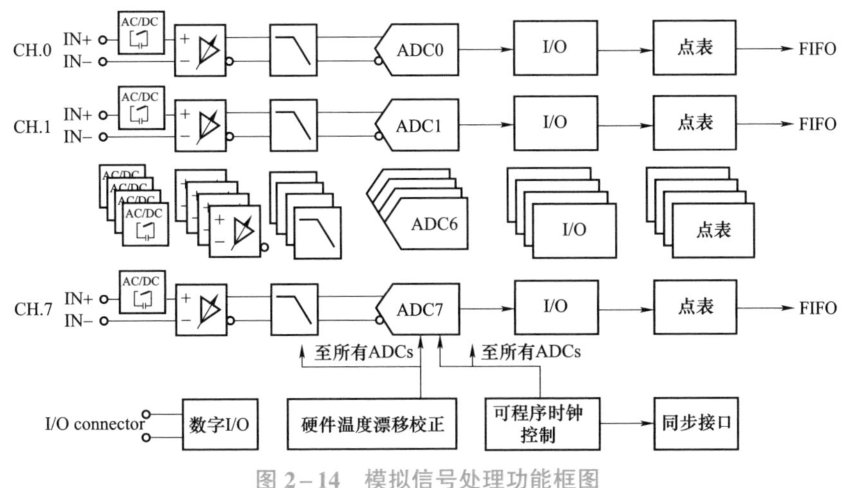

图 2-14　模拟信号处理功能框图

2.7.2.2　抗混叠滤波器

抗混叠滤波器（anti-alias filter）实际上就是一种模拟低通滤波器，是采集装置中十分重要的部分，直接影响着系统整体的精度、信噪比等性能指标。抗混叠滤波器用以在输出电平中把混叠频率分量降低到微不足道的程度。根据奈奎斯特采样定律，在对模拟信号进行离散化时，采样频率 f_2 至少应 2 倍于被分析的信号的最高频率 f_1，即 $f_2 \geqslant 2f_1$；否则可能出现因采样频率不够高，模拟信号中的高频信号折叠到低频段，出现虚假频率成分的现象。抗混叠滤波器的主要任务是根据滤波器的设计指标进行滤波器原型的选择和其阶数的选择，其主要功能是避免在系统采样过程中发生混叠现象，其指标也是从抗混叠过程提出的。抗混叠滤波器既不能完全避免混叠，也不需要完全避免混叠，根据奈奎斯特采样定理混叠将发生在 0 到采样频率的一半之间。图 2-15 为系统采样过程中频率混

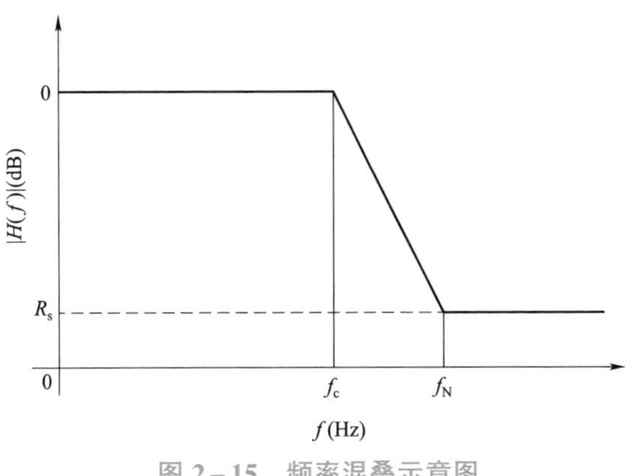

图 2-15　频率混叠示意图

叠示意图。图中，f_c为滤波器的截止频率，R_s为滤波器阻带衰减。

抗混叠滤波器设计的性能指标主要从阻带、过渡带、通带3方面考虑。任何一种实际滤波器的阻带衰减总不可能是0，也就是说无论如何提高采样频率也无法完全避免混叠现象；任何一种系统都是有一定精度的，对噪声的衰减也是有一定限度的。如图2-15所示，在实际的采样过程中，只要保证f_N处的阻带衰减R_s在许可的范围的内，就可以做到抗混叠滤波。优秀的抗混叠滤波器的过渡带(f_p-f_s)应该尽可能的窄，在图2-15中表现为f_N尽可能的小，这样可以放宽对采样频率的要求。其他条件相同的滤波器，过渡带越窄，避免混叠所要求的采样频率越低。另外，采集所关心的频率，一般是(0_p-f_c)频段，f_c-f_N最终需要通过数字信号处理方法如数字滤波技术将其剔除。过宽的过渡带将使系统传输过多的f_c-f_N频段的无用数据，将挤占系统有限的带宽。通带信号是系统采样的目标信号，应该保证最大限度地不失真。

因此，被测信号的最大频率应表示为采样率的一半，该最大频率也称为奈奎斯特频率。0Hz和奈奎斯特频率之间的带宽被称为奈奎斯特带宽。信号超出该频率范围不能由采样频率正确转换。

例如，当采样率是1kHz时，奈奎斯特频率是500Hz。如果输入信号是一个375Hz的正弦波，由此采集到的结果为375Hz的正弦波。输入信号是一个625Hz的正弦波，由此采集到的结果也是375Hz的正弦波。这是因为信号超过奈奎斯特频率（500Hz）。正弦波的代表频率是输入频率与采样率的最接近的整数倍（在本例中为1kHz）之间的差的绝对值。

又如：

输入正弦波2280Hz，采样频率为1kHz：$2280-2\times1000=280$Hz；

输入正弦波3890Hz，采样频率为1kHz：$4\times1000-3890=110$Hz。

当采样频率调制出来的奈奎斯特带宽恢复到0～500Hz的基带，它被称为混叠。这些信号可能有很多的成分（谐波）高于奈奎斯特频率。这些谐波被错误地混叠，加入准确采样的信号中，最终产生失真的数据。为阻止这些频率信号，因在采集时增加抗混叠滤波器。

装置每个输入通道具有2极的抗混叠低通滤波器，截止频率约为

250kHz。在如此高的截止频率下，可以获得希望得到的频率响应。数字抗混叠滤波器具有平稳的且无相位误差的频率响应，并且有一个非常急剧的下降接近截止频率（0.38～0.494 倍的采样率）。因此，装置的数字滤波器输出的重采样频率高于 24 位。图 2-16 为在不同采样率下输入信号的频率响应。由图可见，装置优化后的滤波器可以实现高频抗混叠并且具有平稳的频率响应。

2.7.2.3 信号调理放大器

信号调理放大器是本系统装置的重要部分之一。信号调理放大器可满足各种电压信号的调理要求，包括高电压和低电压。传感器输出信号为电压信号的都可以直接与信号调理放大器连接。

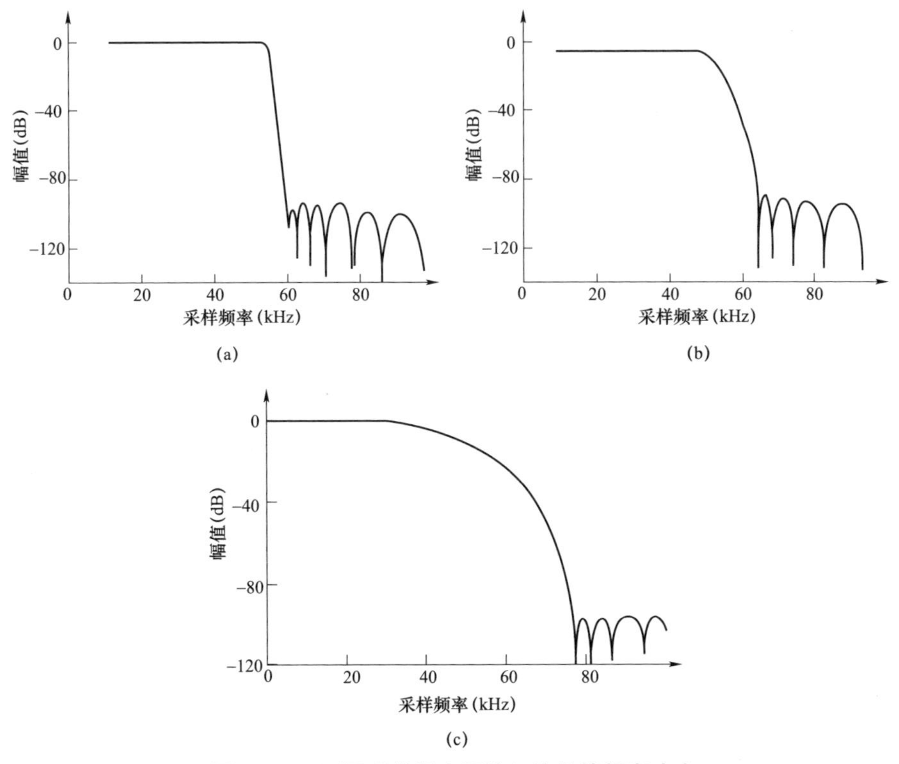

图 2-16 不同采样频率下输入信号的频率响应

（a）采样频率为 1k～51.2kHz；（b）采样频率为 51.2k～102.4kHz；（c）采样频率为 102.4k～200kHz

信号调理放大器分为带隔离或无隔离，单通道或多通道，系统集成型或模块型、独立型三大类。

信号调理放大器的输入范围及滤波频率均全量程可控可调。图 2-17 为高电压信号调理放大器内部结构图。图 2-18 为低电压信号调理放大器内部结构图。表 2-12 为信号调理放大器的主要参数。

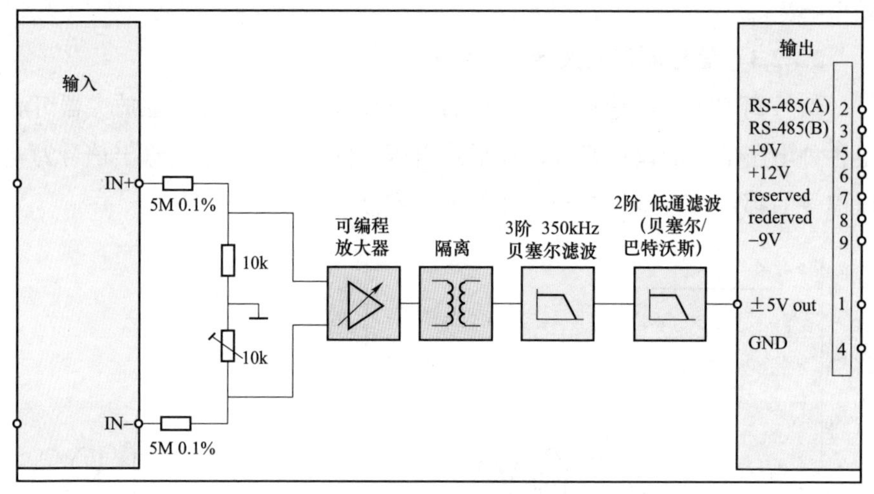

图 2-17 高电压信号调理放大器内部结构图

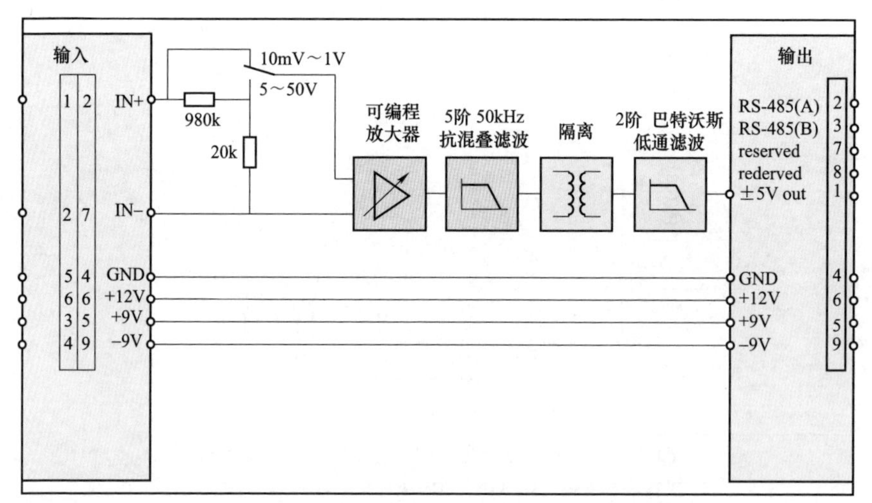

图 2-18 低电压信号调理放大器内部结构图

表 2-12 信号调理放大器的主要参数

模块类型	量程	带宽（BW） 滤波（LP：低通、HP：高通）	隔离（ISO） 过电压保护（OP）
高电压	±20，±50，±100，±200，±400，±800，±1400	BW：180kHz LP：10，30，100，300Hz 1，3，10，30，100，180kHz	ISO：1.8kV$_{RMS}$
低电压	±0.01，±0.1，±1，±5，±10，±50	BW：50kHz LP：10，100Hz 1，10，50Hz	ISO：1kV$_{RMS}$ OP：±500V$_{DC}$或300V$_{RMS}$

2.8 风电机组电能质量测试实例

由于风电机组电能质量与风速和电网特性的强相关性，常规电能质量测试方法不能完全适用于风电机组电能质量测试领域。根据前面阐述的风电机组电能质量测试程序进行现场测试，本节以某风电机组为例，介绍风电机组电能质量测试内容。

2.8.1 被测机组参数信息

被测风电机组通过0.69/35kV变压器接入风电场35kV线路，风电机组变压器高压侧的短路容量为330MVA。被测风电机组基本信息见表2-13。

表 2-13 风电机组基本信息

风电机组类型	3叶片、水平轴、上风向、变桨、变速、双馈异步
叶轮直径（m）	90.46
轮毂高度（m）	80
额定功率，P_n（kW）	1500
额定视在功率，S_n（kVA）	1578
额定电压，U_n（V）	690
额定电流，I_n（A）	1321
额定频率，f_n（Hz）	50
额定风速，v_n（m/s）	10

2.8.2 风电机组电能质量闪变测试结果

对被测机组进行连续运行状态工况闪变测试，采样频率为4kHz。为了计算闪变系数 c（ψ_k，v_a），需要建立虚拟电网，其参数如下：

1）$U_n = 690V$；

2）$S_{k, fic} = 20 \times S_n = 20 \times 1578kVA = 31.56MVA$；

3）ψ_k 分别为30°、50°、70°和85°。

将采集的时间序列代入虚拟电网，计算不同电网阻抗角和不同年平均风速下的闪变系数 c（ψ_k，v_a）。表2-14为不同电网阻抗角 ψ_k（分别为30°、50°、70°、85°）和年平均风速 v_a（分别为6.0、7.5、8.5m/s和10m/s）下算得的闪变系数 c（ψ_k，v_a）。

表2-14 连续运行下闪变测试结果

电网阻抗角，ψ_k（°）	30	50	70	85
年平均风速，v_a（m/s）	闪变系数 c（ψ_k，v_a）			
6.0	2.82	2.68	2.82	3.45
7.5	2.93	2.73	2.82	3.45
8.5	3.00	2.81	2.82	3.45
10.0	3.06	2.82	2.82	3.44

对被测机组进行切入工况下闪变测试，风电机组在以下两种情况下进行切换操作测试：

1）在切入风速下启动；

2）在额定风速下启动。

每种切换操作重复进行5次，采样频率为10kHz，测试期间风电机组运行模式为：无功功率设定值控制，$Q=0$。

为了计算闪变阶跃系数 k_f（ψ_k）和电压变动系数 k_u（ψ_k），需要建立虚拟电网，其参数如下：

1）$U_n = 690V$；

2）$S_{k, fic} = 50 \times S_n = 50 \times 1578kVA = 78.90MVA$；

3）ψ_k 分别为30°、50°、70°和85°。

将采集的时间序列代入虚拟电网，计算出不同电网阻抗角下的闪变阶

跃系数 k_f（ψ_k）和电压变动系数 k_u（ψ_k）。表 2－15 和表 2－16 为被测机组分别在切入风速启动和额定风速或更高风速启动下闪变测试结果。

表 2－15　切换操作（切入风速启动）下闪变测试结果

切换操作情况	切入风速启动			
最大切换操作数目，N_{10}	10			
最大切换操作数目，N_{120}	120			
电网阻抗角，ψ_k（°）	30	50	70	85
闪变阶跃系数，k_f（ψ_k）	0.10	0.09	0.09	0.09
电压变动系数，k_u（ψ_k）	0.24	0.18	0.13	0.12

表 2－16　切换操作（额定风速或更高风速启动）下闪变测试结果

切换操作情况	额定风速或更高风速启动			
最大切换操作数目，N_{10}	1			
最大切换操作数目，N_{120}	12			
电网阻抗角，ψ_k（°）	30	50	70	85
闪变阶跃系数，k_f（ψ_k）	0.13	0.15	0.16	0.17
电压变动系数，k_u（ψ_k）	0.98	0.75	0.44	0.20

2.8.3　风电机组电能质量谐波测试结果

对被测机组进行连续运行状态工况谐波测试，采样频率为 40kHz。各有功功率区间采集的 10min 数据列功率区间分布表如表 2－17 所示。图 2－19 为测试期间风电机组输出有功功率变化情况。

表 2－17　10min 数据列功率区间分布表

有功功率区间（额定功率的百分比，%）	10min 数据列数量	有功功率区间（额定功率的百分比，%）	10min 数据列数量
－5～5	40	55～65	40
5～15	40	65～75	40
15～25	40	75～85	40
25～35	40	85～95	40
35～45	40	95～105	40
45～55	40	—	—

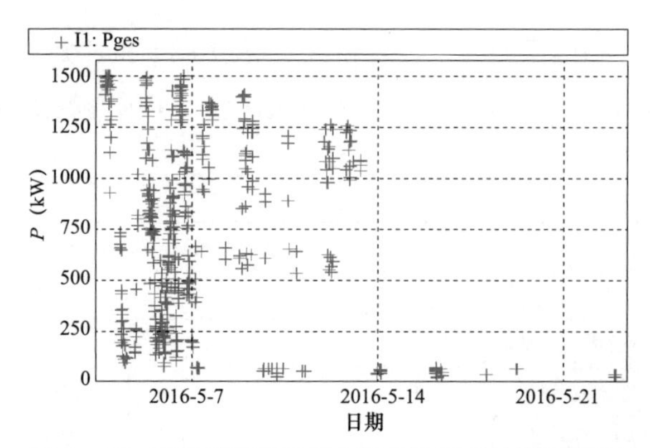

图 2-19 测试期间风电机组输出有功功率变化情况

表 2-18 为被测风电机组运行在无功功率设定值控制模式（$Q=0$）时各次谐波电流和电流谐波总畸变率，表 2-19 为各功率区间电流间谐波，表 2-20 为各功率区间电流高频分量。

表 2-18 各功率区间各次谐波电流和电流谐波总畸变率

P_{bin}（%）	-5～5	5～15	15～25	25～35	35～45	45～55	55～65	65～75	75～85	85～95	95～105
h	I_h（%）	I_h（%）	I_h（%）	I_h（%）	I_h（%）	I_h（%）	I_h（%）	I_h（%）	I_h（%）	I_h（%）	I_h（%）
2	1.83	1.86	2.02	1.85	1.73	1.57	1.73	1.70	1.73	1.79	1.75
3	0.62	0.53	0.38	0.41	0.42	0.46	0.43	0.44	0.45	0.46	0.43
4	0.67	0.64	0.70	0.69	0.66	0.68	0.66	0.66	0.64	0.65	0.60
5	2.01	1.38	1.46	1.46	1.48	1.40	1.42	1.74	1.73	1.39	1.44
6	0.74	0.79	0.81	0.84	0.80	0.76	0.79	0.78	0.77	0.77	0.70
7	1.15	0.93	0.96	0.97	0.98	0.91	0.75	0.83	0.82	0.70	0.63
8	0.36	0.37	0.39	0.39	0.37	0.37	0.40	0.40	0.38	0.40	0.37
9	0.23	0.22	0.22	0.23	0.27	0.25	0.23	0.23	0.22	0.22	0.20
10	0.16	0.15	0.16	0.16	0.19	0.16	0.18	0.19	0.20	0.21	0.20
11	0.34	0.29	0.32	0.30	0.31	0.30	0.24	0.26	0.25	0.23	0.20
12	0.14	0.11	0.11	0.12	0.14	0.13	0.17	0.13	0.12	0.00	0.00
13	0.15	0.00	0.00	0.00	0.14	0.17	0.17	0.16	0.18	0.13	0.10
14	0.00	0.00	0.00	0.00	0.00	0.11	0.19	0.00	0.00	0.00	0.00

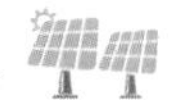

续表

P_{bin} (%)	-5～5	5～15	15～25	25～35	35～45	45～55	55～65	65～75	75～85	85～95	95～105
h	I_h (%)	I_h (%)	I_h (%)	I_h (%)	I_h (%)	I_h (%)	I_h (%)	I_h (%)	I_h (%)	I_h (%)	I_h (%)
15	0.11	0.10	0.00	0.10	0.12	0.14	0.16	0.19	0.22	0.22	0.19
16	0.26	0.38	0.52	0.58	0.63	0.44	0.61	0.62	0.62	0.64	0.49
17	0.16	0.21	0.00	0.00	0.00	0.00	0.00	0.00	0.00	0.00	0.00
18	0.13	0.13	0.00	0.00	0.00	0.00	0.00	0.00	0.00	0.00	0.00
19	0.00	0.11	0.00	0.00	0.00	0.00	0.00	0.00	0.00	0.00	0.00
20	0.00	0.00	0.00	0.00	0.00	0.00	0.00	0.00	0.00	0.00	0.00
21	0.11	0.11	0.12	0.10	0.15	0.00	0.00	0.00	0.11	0.00	0.00
22	0.17	0.15	0.16	0.13	0.20	0.12	0.00	0.00	0.00	0.00	0.00
23	0.10	0.14	0.16	0.14	0.13	0.13	0.12	0.13	0.13	0.12	0.12
24	0.00	0.10	0.11	0.13	0.11	0.10	0.10	0.00	0.10	0.10	0.00
25	0.00	0.00	0.00	0.00	0.00	0.00	0.00	0.00	0.00	0.00	0.00
26	0.00	0.00	0.00	0.00	0.00	0.00	0.00	0.00	0.00	0.00	0.00
27	0.00	0.00	0.00	0.00	0.00	0.00	0.00	0.00	0.00	0.00	0.00
28	0.11	0.00	0.00	0.00	0.00	0.00	0.00	0.00	0.00	0.00	0.00
29	0.00	0.00	0.00	0.00	0.00	0.00	0.00	0.00	0.00	0.00	0.00
30	0.00	0.00	0.00	0.00	0.00	0.00	0.00	0.00	0.00	0.00	0.00
31	0.00	0.00	0.00	0.00	0.00	0.00	0.00	0.00	0.00	0.00	0.00
32	0.00	0.00	0.00	0.00	0.00	0.00	0.00	0.00	0.00	0.00	0.00
33	0.00	0.00	0.00	0.00	0.00	0.00	0.00	0.00	0.00	0.00	0.00
34	0.00	0.00	0.00	0.00	0.00	0.00	0.00	0.00	0.00	0.00	0.00
35	0.00	0.00	0.00	0.00	0.00	0.00	0.00	0.10	0.17	0.29	0.28
36	0.00	0.00	0.00	0.00	0.00	0.10	0.00	0.00	0.00	0.00	0.00
37	0.00	0.00	0.00	0.00	0.00	0.00	0.00	0.00	0.12	0.20	0.19
38	0.11	0.11	0.12	0.11	0.11	0.11	0.12	0.11	0.11	0.11	0.11
39	0.00	0.00	0.00	0.00	0.00	0.00	0.00	0.00	0.00	0.00	0.00
40	0.00	0.00	0.00	0.00	0.00	0.00	0.00	0.00	0.00	0.00	0.00
41	0.00	0.00	0.00	0.00	0.00	0.00	0.00	0.00	0.12	0.19	0.19

续表

P_{bin}（%）	−5～5	5～15	15～25	25～35	35～45	45～55	55～65	65～75	75～85	85～95	95～105
h	I_h（%）	I_h（%）	I_h（%）	I_h（%）	I_h（%）	I_h（%）	I_h（%）	I_h（%）	I_h（%）	I_h（%）	I_h（%）
42	0.00	0.00	0.00	0.00	0.00	0.00	0.00	0.11	0.14	0.15	0.16
43	0.00	0.00	0.00	0.00	0.00	0.00	0.00	0.00	0.00	0.00	0.00
44	0.00	0.00	0.00	0.00	0.00	0.00	0.00	0.00	0.00	0.00	0.00
45	0.00	0.00	0.00	0.00	0.00	0.00	0.00	0.00	0.00	0.00	0.00
46	0.00	0.00	0.00	0.00	0.00	0.00	0.00	0.00	0.00	0.00	0.00
47	0.00	0.00	0.00	0.00	0.00	0.00	0.00	0.00	0.00	0.00	0.00
48	0.00	0.00	0.00	0.00	0.00	0.00	0.00	0.00	0.00	0.00	0.00
49	0.00	0.00	0.00	0.00	0.00	0.00	0.00	0.00	0.00	0.00	0.00
50	0.00	0.00	0.00	0.00	0.00	0.00	0.00	0.00	0.00	0.00	0.00
THC（%）	2.65	2.77	2.93	2.86	2.69	2.62	2.71	2.66	2.65	2.72	2.63

表 2－19　　各功率区间电流间谐波

P_{bin}（%）	−5～5	5～15	15～25	25～35	35～45	45～55	55～65	65～75	75～85	85～95	95～105
f(Hz)	I_h（%）	I_h（%）	I_h（%）	I_h（%）	I_h（%）	I_h（%）	I_h（%）	I_h（%）	I_h（%）	I_h（%）	I_h（%）
75	0.32	0.42	0.44	0.40	0.42	0.55	0.54	0.53	0.52	0.52	0.51
125	0.17	0.18	0.21	0.13	0.19	0.20	0.22	0.28	0.42	0.59	0.60
175	0.00	0.11	0.15	0.10	0.11	0.00	0.00	0.10	0.12	0.13	0.14
225	0.00	0.00	0.00	0.18	0.22	0.15	0.15	0.13	0.15	0.15	0.18
275	0.00	0.00	0.13	0.13	0.15	0.26	0.33	0.26	0.24	0.21	0.18
325	0.00	0.00	0.00	0.16	0.20	0.18	0.21	0.25	0.32	0.45	0.48
375	0.00	0.00	0.00	0.00	0.10	0.18	0.24	0.17	0.13	0.00	0.00
425	0.00	0.00	0.00	0.00	0.00	0.11	0.12	0.15	0.19	0.27	0.28
475	0.00	0.00	0.00	0.14	0.00	0.00	0.00	0.00	0.00	0.00	0.00
525	0.00	0.00	0.00	0.00	0.18	0.12	0.00	0.00	0.00	0.00	0.00
575	0.00	0.00	0.00	0.13	0.11	0.17	0.11	0.00	0.00	0.00	0.00

续表

P_{bin}（%）	−5～5	5～15	15～25	25～35	35～45	45～55	55～65	65～75	75～85	85～95	95～105
f（Hz）	I_h（%）	I_h（%）	I_h（%）	I_h（%）	I_h（%）	I_h（%）	I_h（%）	I_h（%）	I_h（%）	I_h（%）	I_h（%）
625	0.00	0.00	0.00	0.00	0.20	0.13	0.20	0.19	0.13	0.10	0.00
675	0.00	0.00	0.00	0.00	0.11	0.20	0.17	0.22	0.30	0.38	0.42
725	0.00	0.00	0.00	0.00	0.00	0.14	0.26	0.26	0.18	0.15	0.13
775	0.17	0.26	0.19	0.18	0.27	0.34	0.38	0.52	0.71	0.92	1.05
825	0.17	0.23	0.00	0.11	0.00	0.00	0.00	0.10	0.12	0.15	0.17
875	0.16	0.17	0.00	0.00	0.00	0.00	0.00	0.00	0.00	0.00	0.00
925	0.16	0.15	0.00	0.00	0.00	0.00	0.00	0.00	0.00	0.00	0.00
975	0.12	0.13	0.11	0.00	0.00	0.00	0.00	0.00	0.00	0.00	0.00
1025	0.13	0.10	0.12	0.00	0.00	0.00	0.00	0.00	0.00	0.00	0.00
1075	0.14	0.15	0.16	0.13	0.13	0.11	0.00	0.12	0.00	0.00	0.00
1125	0.11	0.11	0.13	0.12	0.12	0.11	0.00	0.00	0.11	0.00	0.00
1175	0.11	0.13	0.14	0.15	0.13	0.13	0.12	0.13	0.12	0.12	0.12
1225	0.00	0.00	0.00	0.13	0.00	0.00	0.00	0.00	0.00	0.00	0.00
1275	0.00	0.00	0.00	0.12	0.00	0.00	0.00	0.00	0.00	0.00	0.00
1325	0.00	0.00	0.00	0.00	0.00	0.00	0.00	0.00	0.00	0.00	0.00
1375	0.00	0.00	0.00	0.00	0.13	0.00	0.00	0.00	0.00	0.00	0.00
1425	0.00	0.00	0.00	0.00	0.00	0.00	0.00	0.00	0.00	0.00	0.00
1475	0.00	0.00	0.00	0.00	0.00	0.11	0.00	0.00	0.00	0.00	0.00
1525	0.00	0.00	0.00	0.00	0.00	0.00	0.00	0.00	0.00	0.00	0.00
1575	0.00	0.00	0.00	0.00	0.00	0.00	0.13	0.00	0.00	0.00	0.00
1625	0.00	0.00	0.00	0.00	0.10	0.00	0.14	0.00	0.00	0.00	0.00
1675	0.00	0.00	0.00	0.00	0.12	0.00	0.11	0.00	0.00	0.00	0.00
1725	0.00	0.00	0.00	0.00	0.00	0.00	0.00	0.11	0.14	0.16	0.16
1775	0.00	0.00	0.00	0.00	0.00	0.00	0.00	0.00	0.11	0.11	0.15
1825	0.00	0.00	0.00	0.00	0.00	0.00	0.00	0.00	0.00	0.12	0.12
1875	0.00	0.00	0.00	0.00	0.00	0.00	0.10	0.00	0.00	0.00	0.10
1925	0.23	0.24	0.24	0.14	0.17	0.13	0.14	0.16	0.19	0.21	0.22
1975	0.30	0.31	0.32	0.19	0.20	0.12	0.12	0.13	0.14	0.15	0.15

表 2-20　　各功率区间电流高频分量

P_{bin} (%)	-5～5	5～15	15～25	25～35	35～45	45～55	55～65	65～75	75～85	85～95	95～105
f (kHz)	I_h (%)	I_h (%)	I_h (%)	I_h (%)	I_h (%)	I_h (%)	I_h (%)	I_h (%)	I_h (%)	I_h (%)	I_h (%)
2.1	0.40	0.42	0.42	0.27	0.31	0.23	0.25	0.29	0.36	0.41	0.44
2.3	0.00	0.00	0.00	0.00	0.00	0.00	0.00	0.00	0.00	0.00	0.11
2.5	0.00	0.00	0.00	0.00	0.00	0.00	0.00	0.00	0.00	0.00	0.00
2.7	0.00	0.00	0.00	0.00	0.00	0.00	0.00	0.00	0.00	0.00	0.00
2.9	0.00	0.00	0.00	0.00	0.00	0.00	0.00	0.00	0.00	0.00	0.00
3.1	0.00	0.00	0.00	0.00	0.00	0.00	0.00	0.00	0.00	0.00	0.00
3.3	0.00	0.00	0.00	0.00	0.00	0.00	0.00	0.00	0.00	0.00	0.00
3.5	0.00	0.00	0.00	0.00	0.00	0.00	0.00	0.00	0.00	0.00	0.00
3.7	0.00	0.00	0.00	0.00	0.00	0.00	0.00	0.00	0.00	0.00	0.00
3.9	0.44	0.44	0.49	0.50	0.45	0.43	0.42	0.47	0.51	0.54	0.54
4.1	0.43	0.43	0.49	0.50	0.45	0.44	0.43	0.48	0.52	0.55	0.55
4.3	0.00	0.00	0.00	0.00	0.00	0.00	0.00	0.00	0.00	0.00	0.00
4.5	0.00	0.00	0.00	0.00	0.00	0.00	0.00	0.00	0.00	0.00	0.00
4.7	0.00	0.00	0.00	0.00	0.00	0.00	0.00	0.00	0.00	0.00	0.00
4.9	0.00	0.00	0.00	0.00	0.00	0.00	0.00	0.00	0.00	0.00	0.00
5.1	0.00	0.00	0.00	0.00	0.00	0.00	0.00	0.00	0.00	0.00	0.00
5.3	0.00	0.00	0.00	0.00	0.00	0.00	0.00	0.00	0.00	0.00	0.00
5.5	0.00	0.00	0.00	0.00	0.00	0.00	0.00	0.00	0.00	0.00	0.00
5.7	0.00	0.00	0.00	0.00	0.00	0.00	0.00	0.00	0.00	0.00	0.00
5.9	0.15	0.14	0.15	0.14	0.13	0.10	0.00	0.11	0.13	0.15	0.15
6.1	0.14	0.13	0.14	0.13	0.12	0.00	0.00	0.11	0.14	0.15	0.15
6.3	0.00	0.00	0.00	0.00	0.00	0.00	0.00	0.00	0.00	0.00	0.00
6.5	0.00	0.00	0.00	0.00	0.00	0.00	0.00	0.00	0.00	0.00	0.00
6.7	0.00	0.00	0.00	0.00	0.00	0.00	0.00	0.00	0.00	0.00	0.00
6.9	0.00	0.00	0.00	0.00	0.00	0.00	0.00	0.00	0.00	0.00	0.00

续表

P_{bin}（%）	−5～5	5～15	15～25	25～35	35～45	45～55	55～65	65～75	75～85	85～95	95～105
f（kHz）	I_h（%）	I_h（%）	I_h（%）	I_h（%）	I_h（%）	I_h（%）	I_h（%）	I_h（%）	I_h（%）	I_h（%）	I_h（%）
7.1	0.00	0.00	0.00	0.00	0.00	0.00	0.00	0.00	0.00	0.00	0.00
7.3	0.00	0.00	0.00	0.00	0.00	0.00	0.00	0.00	0.00	0.00	0.00
7.5	0.00	0.00	0.00	0.00	0.00	0.00	0.00	0.00	0.00	0.00	0.00
7.7	0.00	0.00	0.00	0.00	0.00	0.00	0.00	0.00	0.00	0.00	0.00
7.9	0.11	0.11	0.11	0.11	0.12	0.10	0.12	0.00	0.00	0.00	0.00
8.1	0.10	0.11	0.11	0.11	0.12	0.10	0.12	0.00	0.00	0.00	0.00
8.3	0.00	0.00	0.00	0.00	0.00	0.00	0.00	0.00	0.00	0.00	0.00
8.5	0.00	0.00	0.00	0.00	0.00	0.00	0.00	0.00	0.00	0.00	0.00
8.7	0.00	0.00	0.00	0.00	0.00	0.00	0.00	0.00	0.00	0.00	0.00
8.9	0.00	0.00	0.00	0.00	0.00	0.00	0.00	0.00	0.00	0.00	0.00

2.8.4 风电机组电能质量电网保护测试结果

对被测风电机组开展电网保护测试，表 2−21 为电网保护测试结果，给出了被测风电机组保护水平的设定值和实际测量值以及脱网时间的设定值和实际测量值。

表 2−21　电网保护测试结果

测试内容	保护水平		动作时间（ms）	
	设定值	测量值	设定值	测量值
过电压	480V	480V	2000	2210
欠电压	360V	356V	2000	2050
过频率	52.5Hz	52.6Hz	1000	1340
欠频率	47.5Hz	47.5Hz	1000	1190

第 3 章

风力发电机组功率控制测试技术

电力系统是实时能量平衡的动力系统，通过发电功率控制来平衡负荷波动，从而保障系统按照预期频率、电压稳定运行。因此，包括风电在内的各类电源都应该具备快速的有功、无功调节能力并能够跟踪负荷侧时刻变化的需求，实时调整功率输出，进而维持电网的频率、电压稳定。无论是双馈型风电机组还是全功率变流型风电机组，均通过电力电子变流装置并网发电，自身实现了有功功率和无功功率的解耦控制。风电机组可以通过变桨控制和发电机转速控制等方式来调节有功功率输出，另外也可以通过调节功率因数、给出设定值等方式来调节无功功率输出，具备良好的有功、无功调节能力。在单台风电机组具备功率控制能力的基础上，风电场便可通过自动发电控制系统（AGC）和自动电压控制系统（AVC）实现整场功率控制，从而对电力系统频率和电压稳定起到良好的支撑作用，可以在一定范围内满足电网对实现发电侧与用户侧实时功率平衡的要求。因此，具备良好的功率控制能力是风电作为系统合格电源的必然要求，而功率控制测试则是掌握和验证风电功率控制能力必备的技术手段。

本章简要介绍了国外风电并网标准对有功功率控制、无功功率控制的要求，解读了我国风电并网标准中功率控制的相关内容，在探讨几种主流风电机组的并网控制原理和有功功率及无功功率调节技术基础上，重点阐述了风电机组有功功率控制与无功功率控制测试与评价技术，并分别给出了双馈型风电机组与全功率变流型风电机组的典型测试实例。

3.1 风电机组并网运行要求

风电机组作为接入电网的发电单元，其有功、无功功率的调节控制主要依据所接入电网的相关规定。目前一些风力发电发展比较成熟、装机容量较大的国家，为协调风电的大规模接入与电网接纳能力、系统安全稳定运行之间的关系，已制定了相关的风电并网标准（grid code），用以规范风电机组/风电场接入行为，保证整个电网的安全稳定运行。这些标准主要是针对风电场的运行条件（电压、频率等）、动态响应特性（频率响应特性、电压响应特性）、自动调节能力（有功、无功、频率、电压的调节范围和调节速度等）、故障运行条件（低电压穿越特性、高电压穿越特性）以及和电网调度之间的信息交互（包括电气信息、风能信息等）控制接口等方面制定了详细的标准。在这些风电并网标准中，涉及风电机组功率控制技术的主要包括：

（1）电网对风电机组电压/无功控制的要求。当系统电压在一定范围内变化时，风电机组需要具有保持最大有功输出或者削减有功输出的能力；风电场/机组的自动电压调节能力；风电场/风电机组的无功输出能力，即在不同的有功输出功率下，风电机组需要有相应的无功输出能力。

（2）电网对风电机组运行频率/有功控制的要求。电网频率发生不同程度的偏差后，风电机组必须保证相应的持续并网运行时间；风电机组的频率响应特性，即风电机组需要具有根据电网频率控制相应的有功输出的能力，以配合系统频率调节；风电机组的有功功率输出斜率的控制，即风电机组需要具有控制有功输出变化速度的能力。

下面将重点介绍国内外主要的风电机组/风电场并网标准中对有功功率、无功功率控制的具体要求。

3.1.1 国外风电机组并网控制要求

考虑到风电并网对电力系统的影响，世界上发展风电较早的国家都先后制定了符合各自国情的风电并网标准。2000 年，丹麦 Eltra 输电公司颁布了并网规定，用于规范接入输电网络的风电场技术要求；2002 年，爱尔兰国家电网公司制定了风电场接入电网技术规定，苏格兰输配电公司和苏格兰水电公司联合提出了风电场接入电网的技术规定；2003 年，德国 E.ON 输电网公司颁布了接入高压电网的并网标准，规定了对接入其高压电网的、包含风电在内的电源的通用技术要求；2005 年，美国联邦能源监管委员会（FERC）颁布第 661 号法令《风电并网规程》。随着风电的发展，各个国家的风电并网标准也在不断修订和完善。

由于电源结构、负荷特性、电网强度等具体情况不同，不同国家的风电并网标准中提出的技术要求并不完全相同，但却无一例外地都强调了风电场必须具备一定的有功功率控制、无功功率控制能力。

3.1.1.1 风电场有功功率控制

电力系统是一个需要维持发电、用电功率实时平衡的系统，系统中电力供应或需求的变化都会导致系统暂时的功率不平衡，从而影响系统运行状态。基于确保系统频率恒定，防止输电线路过载，确保故障情况下系统稳定的考虑，各国风电并网标准都对风电场有功功率控制提出了要求。

各国标准均规定风电场在连续运行、启动和停机时必须具有控制有功功率的能力，其中的基本要求是：① 控制最大功率变化率；② 在电网特殊情况下限制甚至切除风电场的输出功率。另外，国外许多风电并网标准还规定了风电场应具有降低有功功率和参与系统一次调频的能力，并规定了降低功率的范围和响应时间，以及参与一次调频的调节系统技术参数。

德国 E.ON 公司并网标准规定，在最小输出功率以上的任何功率运行区间内，风电场功率输出都必须能在降低出力的状态下运行，并允许以恒定每分钟为额定功率 10%的速度调节。同时，标准要求当电网运行频率高于 50.2Hz 时，风电机组的有功功率必须以 40%P_M/Hz（P_M 为当前功率）的梯度降低；当电网频率恢复到 50.05Hz 时，可以再提高发电功率。

丹麦的风电并网标准要求风电场出力必须能限制在额定功率 20%～100%随机设置的某个值上，其上行和下行调节速度应可设置为每分钟 10%～100%额定功率。另外，丹麦 Energinet 输电网公司发布了对于装机容量在 25MW 以上的风电场的技术规定，其中对风电场的有功控制提出了具体的要求，如风电场有功输出需要具备频率响应能力，功率绝对值控制能力，升速率限制控制能力。

（1）风电场应具备频率响应功能，即当电网频率偏离额定值50Hz时，风电场应自动调节有功输出来维持电网频率稳定。风电场对频率的测量精度应在实际频率的±10mHz以内，标准差应达到±5mHz。频率调节的范围应为（47.00～52.00）Hz，精度为10mHz或更高。

（2）风电场应具备有功限制功能，例如有功备用控制功能，此功能是用来避免故障状态下，风电场输出的不平衡与过载接入公共输电网。

有功绝对值限制，该功能是对风电场的有功输出设定一个最高限值以防止在极端情况下的过载。

旋转备用限制，该功能主要是建立起备用调整容量以备向上调节有功以符合频率控制的需要。

升速率限制，该功能是为了当风速变化或有功设定值变化时，对有功功率输出值的最大变化速度进行限制，以防止太过迅速地有功突变给电网稳定带来影响。

3.1.1.2 风电场无功配置和电压控制

风电场向电网输送有功功率的同时，还要从电网内吸收无功功率，从而影响到系统电压稳定。按电力系统无功分层分区平衡原则，风电场所消耗的无功需要由风电场的无功电源来提供；在系统需要支持时，大容量的风电场还应能向电网中注入所需无功电流，以维持风电场并网点电压稳定。风电场无功配置原则与电压控制要求是所有风电并网技术性文件的基本内容，目的是保证风电场并网点的电压水平和系统电压稳定。丹麦Energinet公司标准规定风电场应安装无功补偿装置以保证无功功率可控，另外风电场还需具有通过风电场控制系统对全场的无功进行调节的能力。

Energinet公司发布的对于装机容量在25MW以上的风电场的技术规定，其中对风电场的无功控制模式提出了具体的要求，即固定无功功率值控制模式，功率因数控制模式与电压控制模式，这三种模式在同一时间内只能运行一种。

（1）恒无功控制，该模式要求风电场在忽略有功的情况下输出恒定的无功，并且要求风电场能接受精度为1kvar的无功设定值指令。

（2）功率因数控制，该模式要求风电场的无功输出与有功输出为固定的比例关系，并且要求风电场能接受精度为0.001的功率因数设定值指令。

（3）电压控制，该模式要求风电场通过对无功输出进行相应调节来使并网点电压维持在电压参考值附近，电压调节应可以在固定的电压范围内进行，并且要求风电场能接受精度为0.1kV的电压设定值指令。

德国E.ON公司标准规定风电场根据自身容量需要配置相应的无功补偿装置，风电场功率因数应在超前0.950到滞后0.925之间可调，电压水平不同时的要求也不同；美国FERC标准规定风电场具有控制并网点功率因数在超前0.95到滞后0.95之间的能力，同时根据系统要求配置相应的无功补偿装置。

对于风电场的电压控制，德国E.ON公司并网标准要求，正常运行时，根据电压等级的不同，风电场要将并网点电压控制在如下范围：① 380kV电压等级，－8%～＋11%；② 220kV电压等级，－12%～＋11%；③ 110kV电压等级，－13%～＋12%。如果并网点电压降低并保持在0.85标幺值以下，且从系统吸收无功，则风电场必须在0.5s延时后从电网切除。

3.1.2　我国风电机组并网控制要求

我国于2005年12月12日颁布了《风电场接入电力系统技术规定》（GB/Z 19963—2005），考虑到当时国内风力发电尚在发展初期，风电机组制造产业处于起步阶段，该标准对风电场的技术要求不高。

从2009年开始，我国启动了风电并网国家标准的修订工作。标准修订过程中借鉴了国际先进经验，同时充分考虑了国内风电发展的实际情况，2011年12月修订后的《风电场接入电力系统技术规定》（GB/T 19963—2011）发布，并于2012年6月1日起实施。

3.1.2.1　风电场有功功率控制基本要求

风电场应配置有功功率控制系统，具备有功功率调节能力。

当风电场有功功率在总额定出力的20%以上时，对于场内有功出力超过额定容量的20%的所有风电机组，能够实现有功功率的连续平滑调节，并参与系统有功功率控制。

风电场应能够接收并自动执行电力系统调度机构下达的有功功率及有

功功率变化的控制指令，风电场有功功率及有功功率变化应与电力系统调度机构下达的给定值一致。

（1）正常运行情况下有功功率变化。风电场有功功率变化包括 1min 有功功率变化和 10min 有功功率变化。在风电场并网以及风速增长过程中，风电场有功功率变化应当满足电力系统安全稳定运行的要求，其限值应根据所接入电力系统的频率调节特性，由电力系统调度机构确定。

风电场有功功率变化最大限值见表 3－1，该要求也适用于风电场的正常停机。允许出现因风速降低或风速超出切出风速而引起的风电场有功功率变化超出有功功率变化最大限值的情况。

表 3－1　正常运行情况下风电场有功功率变化最大限值　（MW）

风电场装机容量	10min 有功功率变化最大限值	1min 有功功率变化最大限值
＜30	10	3
30～150	装机容量/3	装机容量/10
＞150	50	15

（2）紧急控制。在电力系统事故或紧急情况下，风电场应根据电力系统调度机构的指令快速控制其输出的有功功率，必要时可通过安全自动装置快速自动降低风电场有功功率或切除风电场；此时风电场有功功率变化可超出电力系统调度机构规定的有功功率变化最大限值。

1）电力系统事故或特殊运行方式下要求降低风电场有功功率，以防止输电设备过载，确保电力系统稳定运行。

2）当电力系统频率高于 50.2Hz 时，按照电力系统调度机构指令降低风电场有功功率，严重情况下切除整个风电场。

3）在电力系统事故或紧急情况下，若风电场的运行危及电力系统安全稳定，电力系统调度机构应按规定暂时将风电场切除。

事故处理完毕，电力系统恢复正常运行状态后，风电场应按调度指令并网运行。

3.1.2.2 风电场无功容量配置与电压控制

（1）无功电源。风电场的无功电源包括风电机组及风电场无功补偿装置。风电场安装的风电机组应满足功率因数在超前 0.95 至滞后 0.95 的范围内动态可调。

风电场要充分利用风电机组的无功容量及其调节能力；当风电机组的无功容量不能满足系统电压调节需要时，应在风电场集中加装适当容量的无功补偿装置，必要时加装动态无功补偿装置。

（2）无功容量配置。风电场的无功容量应按照分（电压）层和分（电）区基本平衡的原则进行配置，并满足检修备用要求。

对于直接接入公共电网的风电场，其配置的容性无功容量能够补偿风电场满发时场内汇集线路、主变压器的感性无功及风电场送出线路的一半感性无功之和，其配置的感性无功容量能够补偿风电场自身的容性充电无功功率及风电场送出线路的一半充电无功功率。

对于通过 220kV（或 330kV）风电汇集系统升压至 500kV（或 750kV）电压等级接入公共电网的风电场群中的风电场，其配置的容性无功容量能够补偿风电场满发时场内汇集线路、主变压器的感性无功及风电场送出线路的全部感性无功之和，其配置的感性无功容量能够补偿风电场自身的容性充电无功功率及风电场送出线路的全部充电无功功率。

风电场配置的无功装置类型及其容量范围应结合风电场实际接入情况，通过风电场接入电力系统无功电压专题研究来确定。

（3）风电场电压控制基本要求。风电场应配置无功电压控制系统，具备无功功率调节及电压控制能力。根据电力系统调度机构指令，风电场自动调节其发出（或吸收）的无功功率，实现对风电场并网点电压的控制，其调节速度和控制精度应能满足电力系统电压调节的要求。

为了维护所接入电网的运行安全性与稳定性，各国的电网运营商都对一定规模以上的风电场提出了具体的有功功率控制要求与无功功率控制要求以确保风电场并网点的频率稳定与电压稳定。风电场要实现电网运营商对功率控制的要求，除了控制部分风电机组的运行状态在场站级别对有功输出进行调节，以及加装无功补偿装置对场站的无功输出进行调节以外，还需要依靠单台风电机组的功率控制来实现有功功率、无功功率的输出调节。

3.2 风电机组运行控制技术

风电机组的有功功率控制主要是为了实现额定风速下的最大风功率捕获以及额定风速以上的限功率和限速控制。在传统风力发电机组中，基于最优功率给定的功率反馈控制、基于模糊控制器的最优参考转速推理等控制算法实现了额定风速下的最大风能捕获；在高于额定风速时，依靠变桨距控制调节风轮吸收的气动功率以达到恒定的功率输出。

3.2.1 风电机组的最大功率跟踪控制技术

为了提高风能利用效率，实现每个风速点风力发电机组的最大功率捕获，需要进行最大功率跟踪（MPPT）控制。一般而言，风力发电机组的 MPPT 控制策略可分为功率闭环控制（PSF）、转矩闭环控制（TSF）以及爬山法控制（HCS）等。

其中，HCS 是通过发电机转速扰动并根据其输出功率的变化来相应调整发电机的转速增量，从而搜索出风电机组的最大功率点。HCS 方案无须风速检测，也避免了对风电机组空气动力特性的实验测量，实现方案较为简单，但由于风电机组输出瞬时功率受风轮惯性的影响，因此 HCS 方案一般应用于惯性较小的小功率风力发电系统。而对于兆瓦级容量的风电机组，由于系统各部件具有较大的惯性常数，HCS 方案难以实现准确的最大功率点跟踪。

对于大型风电机组而言，一般可采用功率闭环控制（PSF）和转矩闭环控制（TSF）来实现 MPPT 控制。PSF 方案通过快速跟踪风电机组主控系统下发的功率指令来实现 MPPT 控制。考虑到发电机功率 P 与其转矩 T 的关系 $P=T\Omega$，因此实际的风电机组主控常以转矩指令下发变流器，通过转矩跟踪控制来实现风电机组的最大功率点控制，即 TSF 方案。

而风电机组主控系统的功率或转矩指令则是通过相应的算法获得的。实际上，当风电机组装机完成之后，其叶片设计常数 C_f、叶片半径 R 等本身固有的特性也基本固定，风能利用系数 C_p 主要受桨距角 β 和叶尖速比 λ 的影响。当风况和风电机组基本参数已知的情况下，可以根据检测的风况和转速条件建立风力机模型，如图 3－1 所示。可见，根据风电机组的 C_p、n、v 和 ρ 等参数即可计算出发电机实时响应风轮的功率或转矩给定指令。

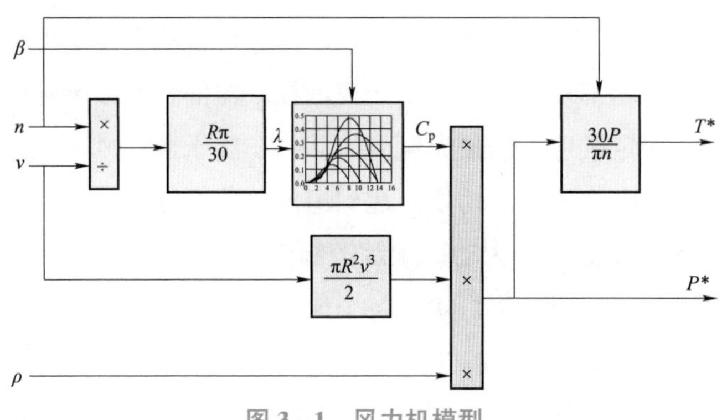

图 3－1 风力机模型

为了实现风电机组最大风能的捕获控制。需要研究风电机组的最佳功率系数 C_{p_max}。风电机组的 C_p 与 λ 之间的曲线簇（典型风电机组 C_p 特性）如图 3－2 所示。对于一台风电机组而言，在桨距角 β 和空气密度 ρ 一定时，总有一个最佳叶尖速比 λ（一个特定的转速 n），对应着最佳功率系数 C_{p_max}。换言之，对于一个特定的风况（风速 v 和空气密度 ρ 一定），风电机组只有在一个特定的转速 n 运行时，才可能获得最高的风能转换效率。

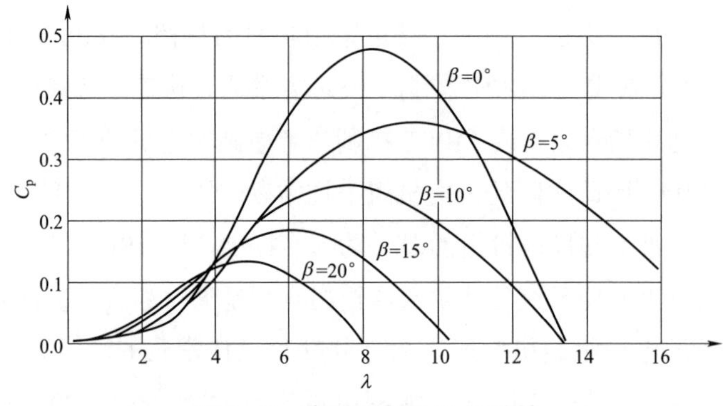

图 3－2 典型风电机组 C_p 特性

显然，在同一个风况条件下，不同发电机转速对应风轮不同的输出功率，实现最大功率 P_{opt} 曲线的跟踪，理论上必须在风况变化时及时调整转速 n，以保持最佳叶尖速比。

在不同的风况条件下，实现最大功率跟踪时的发电机最佳转速均有所不同。一般而言风电变流器具有较快的功率或转矩跟踪响应，因此风况检测的准确性将直接影响最大功率跟踪控制的准确性。

目前，大多数风电机组均由位于机舱顶部的风速仪和风向标来为控制系统提供风速信号，但由于风轮处于三维时变的风场环境中，风速在整个风力机旋转平面上分布不同，而且受湍流、塔架、风剪差、地表粗糙度等因素的影响,因此基于风速仪测量得到的风速调节转速和功率是不精确的。实际上，风速仪测量的风速也只是风速仪所在位置点的风速，这与整个风轮旋转平面的有效风速有很大差别，因此整个风轮的有效风速不能通过直接测量获取，只有根据风速仪和风向标实时获取的参数，结合风电场的风速模型，对实时采集的风速信号进行在线分析以及风况预测，从而获得相应的风速和空气密度信号，再根据风电机组模型实现转矩或功率的指令值计算。

3.2.2　风电机组气动功率控制技术

风电机组叶片的空气动力学特性与飞机机翼非常相似。叶片之所以能在风的作用下发生转动，就是因为流经叶片非迎风面的空气流速度比其流经迎风面的空气流速度更快，这将产生推动叶片旋转的升力。叶片的攻角几乎决定了风力机产生的升力和转矩。因此，它是一种控制和调节捕获风能的有效手段。对于大型风电机组而言，有三种控制捕获风能的空气动力学手段可以使用：被动失速、主动失速和变桨距控制技术。

3.2.2.1　被动失速调节

对于采用被动失速控制技术的风电机组，其叶片将以最优（额定）攻角被固定在转子轮毂上面，由于此时风轮桨叶与轮毂刚性连接，因此也被称为定桨距失速。被动失速是风电机组最简单的功率控制方式，由空气动力学理论可知，若风速小于或等于风电机组额定值，具有额定攻角的叶片可从风场中捕获最大功率。当风速超过其额定值时，强风可导致叶片的背风面产生表面湍流。因此，随着风速的增加，产生的升力将会衰减直至消失，从而降低了风轮的转速。这一现象被称为“失速”。虽然失速现象不利于风电机组的运行，但它却为限制风轮捕获功率、防止风电机组损坏提供了一种有效的手段。图 3－3 给出了被动失速控制的工作原理，其中高于额定风速的风能产生的失速升力 $F_{w, stall}$ 低于额定升力 $F_{w, rated}$。

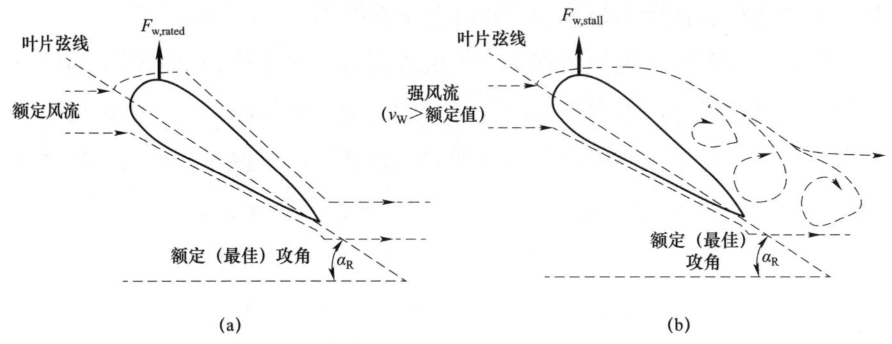

图 3－3　额定风速和高于额定风速条件下的被动失速控制

（a）额定风速；（b）高于额定风速

为确保仅在风速超过其额定值的条件下才发生失速现象，应对风轮叶片剖面进行空气动力学设计。同时，为保证叶片的失速过程具有渐进性而不发生突变，大型风电机组的叶片通常沿着其纵轴方向存在一定的扭角。被动的失速控制型风电机组不需要复杂的变桨距执行机构，整机结构简单、成本低、鲁棒性较强，但其叶片的空气动力学设计却较为复杂。如图 3－4（a）所示，被动失速控制可能无法保持恒定的捕获功率 P_M。而且，在某些风速条件下，风电机组的捕获功率可能会超过其额定功率，这是所不期望的特性。同时，失速条件随风速增加由桨叶根部逐渐形成，和快速调桨动作相比，能够减轻对系统的功率冲击。然而，被动失速调节会影响低风速下的风能利用率，不能起到辅助机组启动的作用，且随着机组功率等级提高、叶片增长，其失速动态特性不易控制，因此被动失速调节方式较少应用在兆瓦级以上的大型风电机组中。

3.2.2.2　主动失速调节

对于采用主动失速控制技术的风电机组，不仅较高的风速可引发失速

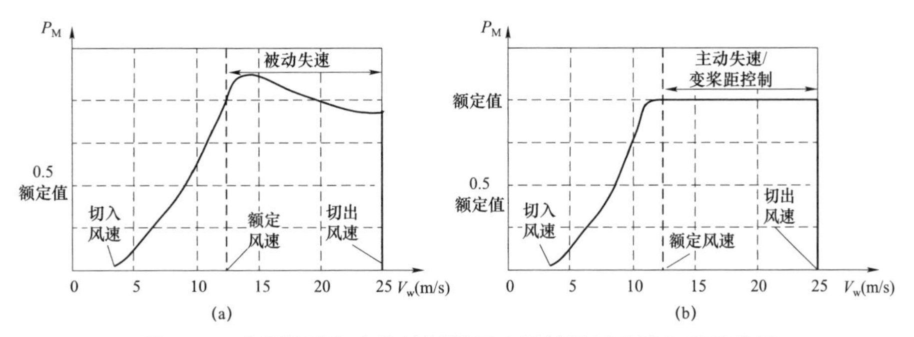

图 3-4　典型失速和变桨控制型风力机的机械功率与风速曲线

（a）被动失速控制型风力机；（b）主动失速或变桨距控制型风力机

现象，叶片攻角的增加也会导致失速现象的发生。这样一来，采用主动失速控制技术的风电机组必须采用具有变桨距控制机构的可调节型叶片。当风速超过其额定值时，应对叶片进行控制，通过调节其迎风面积，进而降低其捕获功率。因此，可通过调整叶片攻角的方法，将风电机组的捕获功率维持在其额定值。

图 3-5 是从定性的角度给出了主动失速控制的原理。当叶片完全转至迎风面时，即图中采用虚线绘制的叶片位置，叶片与风之间的相互作用力将全部消失，进而使得风轮停止旋转。为避免过高的风速损坏风电机组，当风速高于切出风速时，可使用这一方法完成停机操作。

如图 3-5（b）所示，当风速高于额定风速时，采用主动失速控制技术，风电机组可将捕获功率维持在其额定值处。采用主动失速控制技术的大型兆瓦级风电机组已投运。

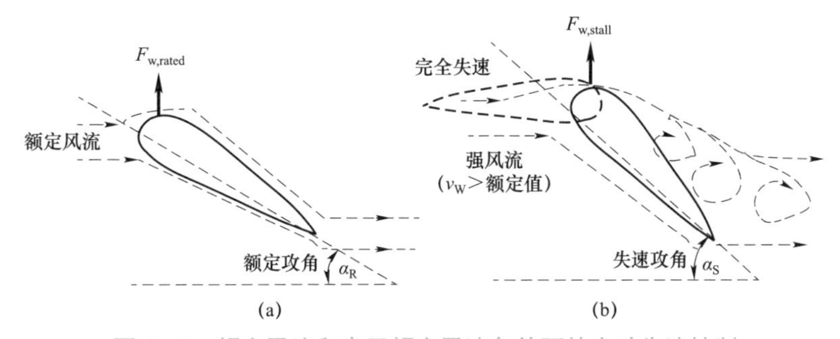

图 3-5　额定风速和高于额定风速条件下的主动失速控制

（a）额定风速；（b）高于额定风速

3.2.2.3 变桨距调节

与主动失速控制技术相似，采用变桨距控制技术的风电机组风轮轮毂上采用了可调节型叶片。当风速超过其额定值时，变桨距控制器将减小叶片的攻角，直至完全顺桨。随着叶片前后压力差的减小，叶片的升力也将随之减小。

图 3－6 给出了变桨距控制的工作原理。当风速小于或等于其额定值时，叶片将被保持在额定（最佳）攻角 α_R 处。若风速高于额定值，叶片攻角将减小，升力 $F_{w,\ pitch}$ 也将随之变小。当叶片处于完全顺桨状态时，叶片的攻角将对准风向，如图 3－6（b）中以虚线绘制的叶片角度。此时，风电机组将停止转动，且将被机械制动器锁住，并进入到保护状态。图 3－6（b）给出了变桨距控制机构的性能曲线，在高于额定风速条件下，对风力机捕获的功率可以进行控制。

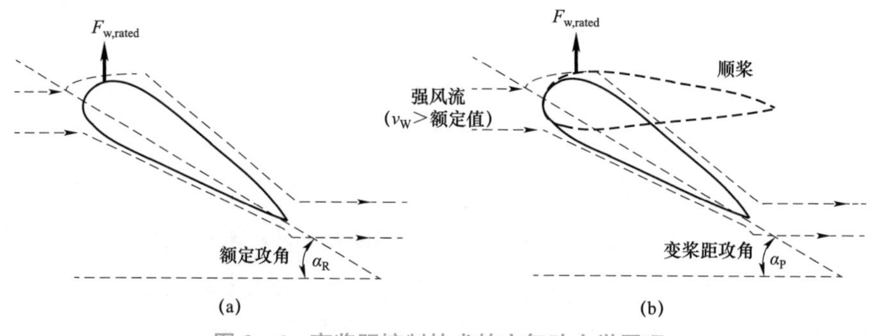

图 3－6　变桨距控制技术的空气动力学原理

（a）额定风速；（b）高于额定风速

变桨距控制和主动失速控制技术，均是以风电机组对叶片的角度控制为基础的。两者的区别在于，当采用变桨距控制技术时，叶片将被旋转至背风方向，从而导致升力的降低；而主动失速控制，则将叶片转至迎风方向，通过风场湍流来降低叶片的升力。被动失速控制技术主要用于早期的定速风力发电机，此后，该技术逐步发展为主动失速控制技术。与主动失速控制技术相比，变桨距控制技术具有更快的响应速度和更好的可控性，目前已被广泛应用于大型风力发电系统中。

3.2.3 风电机组并网控制过程

风电机组可以分为两种类型：恒速恒频风电机组和变速恒频风电机组。目前在役的风电机组主要有鼠笼型异步风电机组、双馈型风电机组、全功率变流型风电机组。其中鼠笼型异步风电机组的气动功率控制主要依靠被动失速或主动失速来调节，属于恒速恒频机组；双馈型与全功率变流型风电机组的气动功率控制主要依靠变桨距来调节，属于变速恒频风电机组。

3.2.3.1 恒速恒频风电机组

恒速恒频风电机组主要指鼠笼式异步型风电机组是并网型风力发电机组的传统型式，其功率一般在 1000kW 以下。其定子为三相对称绕组，转子为两端都短接的鼠笼式绕组，转子电流由转子切割定子旋转磁场的相对运动而产生。当转子速度完全等于定子旋转磁场的速度（同步转速）时，两者之间没有相对运动，也就没有转子感应电流。转子和风轮之间通过多极增速齿轮箱连接，定子绕组通过升压变压器直接连到电网上。这种风电机组的发电机正常运行在超同步状态，转速可变范围很小，输出的频率和电网相同。

鼠笼式异步发电机主要用于恒速恒频发电系统，此系统的主要优点是其结构简单、可靠，成本较低，切入风速低而且并网后，整个系统的机械和电气部分工作频率变化范围很小，控制也相对容易。最主要的缺点是其速度只能在高于同步转速很小的范围内变化，通过定桨距失速方式控制风轮，使发电机的转速保持在恒定的数值，发电效率低。当风速变动时，输入风能的变化会反应在机电转矩上，容易使叶片、齿轮箱和发电机轴产生疲劳，并容易造成叶轮和发电机之间的机械震荡。在正常工况下，属笼异步发电机会从电网吸收无功，因此需要额外配置无功补偿装置。当发生电网故障时，鼠笼异步发电机若不脱网，还会从电网吸收大量无功，加剧电网电压的跌落，不具备低压穿越功能。若要实现低压穿越，还需要安装额外的电力电子装置，将会使其可靠性降低，并增加运行成本。

由于恒速恒频发电系统的缺点，它不适用于兆瓦级机组，目前兆瓦级风电机组均采用变速恒频发电系统，主要为双馈异步风电机组或全功率变流型风电机组。

3.2.3.2 变速恒频风电机组

变速恒频风电机组包括双馈异步型风电机组和全功率变流型风电机组。

（1）双馈异步型风电机组。目前，采用双馈异步发电机（doubly-fed induction generator，DFIG）的风电机组是并网型变速恒频风电机组的主要类型之一。此类型的风电机组具有定、转子两套绕组，其定子直接与电网相连、转子通过一个三相电力电子变频器实现交流励磁，商业转子励磁变流器采用技术最成熟的背靠背式（Back-to-Back）两电平电压型 PWM 变流器（或改进的串、并联结构），按其位置可分别称为网侧变流器和转子侧变流器。

为了确保变速恒频运行，当风速发生变化、发电机转速变化时，可控制转子励磁电流的频率使定子频率恒定，即

$$f_1 = f_2 + n_p f_m \tag{3-1}$$

式中 f_1——电网频率（Hz）；

f_2——转子电流频率（Hz）；

f_m——转子旋转频率（Hz），$f_m = n_m/60$，n_m 为发电机机械转速（r/min）；

n_p——发电机极对数。

根据机电能量转换原理，若要获取稳定的能量转换，DFIG 定、转子的旋转磁场必须相对静止，即要求转子实际转速与转子励磁产生的旋转磁场转速之和/差等于定子旋转磁场的转速，即发电机的同步速，当发电机转速小于同步速时，即处于亚同步状态，转子励磁产生的旋转磁场方向与转速方向相同，此时 DFIG 转子通过转子励磁变流器从电网吸收转差功率；当发电机转速大于同步速时，即处于超同步状态，转子励磁产生的旋转磁场方向与转速方向相反，此时 DFIG 转子绕组通过转子励磁变频器向电网馈入转差功率；当发电机转速等于同步速时，即处于同步状态，此时励磁变频器向转子提供直流励磁，DFIG 发电机相当于同步发电机运行。由式（3－1）可知，当发电机组转速变化时，即 $n_p f_m$ 变化，可控制励磁电流频率 f_2 变化，以保证 f_1 恒定不变，即实现变速恒频发电运行。

双馈异步型风电机组的变速恒频运行、有功、无功功率独立调节均是

通过网侧、转子侧变流器的控制来实现的。其中，网侧变流器的主要任务：① 保证其良好的输入特性，即输入电流波形接近正弦，谐波含量少，功率因数符合要求，理论上可获得任意可调的功率因数，为整个风电机组的功率因数控制提供了另一个途径；② 保证直流母线电压的稳定，这是两PWM变流器正常工作的前提，也是通过对输入电流的有效控制来实现的。转子侧变流器的主要作用：① 给 DFIG 的转子提供励磁分量电流，从而可以调节 DFIG 定子侧所发出的无功功率；② 通过控制 DFIG 转子电流的转矩分量以控制 DFIG 的电磁转矩或转速，进而控制 DFIG 定子侧所发出的有功功率，使 DFIG 运行在风电机组的最佳功率曲线上，实现最大风能追踪（捕获）运行。

（2）全功率变流型风电机组。近年来，采用全功率变流器及多极永磁同步发电机的风电机组越来越受到重视。采用多极永磁同步发电机是为了省去传统风电机组中的变速齿轮箱。直驱永磁同步风电机组采用全功率并网变流器与电网连接，实现了发电机与电网之间完全隔离。由于省去了单位故障停机时间较长且较难维护的变速齿轮箱，机组传动链得到了简化，整体效率得到了提升。由于永磁同步发电机和风力机的直接耦合，发电机转速和风力机转速保持一致且都很低，根据各地区平均风速的不同，这类永磁同步发电机额定转速一般在十几转/分至几十转/分。通过最新设计的多极永磁同步发电机，其转子外圆与定子内径与普通电励磁同步发电机相比，尺寸大大增加。但多极永磁同步发电机由于不需要励磁（转子永磁体提供磁场），无励磁损耗，发电机效率可以提高；转子上没有滑环，运行更安全可靠。通过控制这种全功率并网变流器，使永磁同步发电机随着风速变化做相应的变速运行，实现最大风能的捕获；同时在电网侧灵活的实现有功、无功功率的独立调节。

（3）两种变速恒频风电机组类型对比。由于永磁同步发电机不像双馈异步发电机存在运行滑差的限制问题，其切入风速更低，在低风速下的利用效率更高。另外，永磁步发电机和电网之间通过全功率变流器实现了解耦，因而电网故障不会直接影响到永磁同步发电机本身的运行，所以其应对电网低压故障的能力更强，与双馈感应发电机相比，更容易实现低电压穿越功能。但在电网高压故障下，无论是双馈风机还是全功率风机，电网都是通过网侧变流器抬高直流母线电压。直驱永磁同步风力发电机的定子绕组通过全功率并网变流器接入电网，全功率机组并网变流器的功率要略大于发电机的额定功率，高压穿越的实现成本和技术难度更高，对开关频率整数次谐波的滤波要求也更高，因而这种机组的总成本较双馈感应发电机组稍高一些。

3.3 风电机组有功功率控制能力测试

风电机组的有功功率控制由电气部分有功功率控制和机械部分有功功率控制两部分组成，即变流器控制和变桨距控制。变流器有功功率控制一般可以在几个至十几个周期内完成（即几十至几百毫秒）；变桨距有功功率控制的时间当量则为秒级（一般来说风电机组紧急停机变桨调节速度最高为 10° /s，正常停机变桨速度为 5° /s，而正常变桨调节速度约为 2° /s）。因此在测试风电机组的有功功率控制时，其时间当量应选择为几百毫秒，这样既可以体现有功功率的电气调节部分又可以体现其机械调节部分。基于以上分析，在测试风电机组的有功功率特性时，可选用以 0.2s 为时间当量的有功功率平均值输出。

风电场的有功功率控制功能主要依靠风场内各台风电机组来实现，这也就要求风电机组具备相应的功能，为确保风电机组具备此类功能需要对其进行相关测试。针对风电机组有功功率控制能力的测试和评估依照《风力发电机组　电能质量测量和评估方法》（GB/T 20320—2013）中有功功率升速率限制控制和设定值控制的测试要求来进行。

3.3.1 升速率限制控制测试

风力发电机组以升速率限制控制模式运行的能力测试结果以图表形式表示。图表中要说明 10min 测试周期内，当斜率值为每分钟 10%额定功率时对应可用有功功率输出及有功功率测量值。

按照条款要求应对升速率限制控制进行测试，并采用下列测试程序。

（1）风力发电机组从停机状态开始启动。

（2）斜率设定为10% P_n/min，此处 P_n 为机组额定功率。

（3）测试应在风力发电机组并网运行10min后进行。

（4）整个测试过程中，可用有功功率输出至少应为额定功率的50%。

（5）在机组输出端测量有功功率。

测量过程中测量系统配置如图2－11所示，使用的风速计、电压及电流传感器规格要求见表2－10。风速测量结果以利用测试周期内的1Hz数据得到的时间序列图表示。

可用有功功率输出可从风力发电机组控制系统中读取，如果从风力发电机组控制系统读取此数据不易实现，可采用基于测量风速结合风力发电机组的功率曲线得出的近似值。

3.3.2　有功功率设定值控制测试

风力发电机组以有功功率设定值控制模式运行的能力测试结果以图表形式表示。图表中应给出风力发电机组的有功功率设定值从额定功率的100%以20%额定功率为步长逐步降至额定功率20%期间，风力发电机组的可用有功功率输出及有功功率测量值。有功功率设定值调整如图3－7所示。

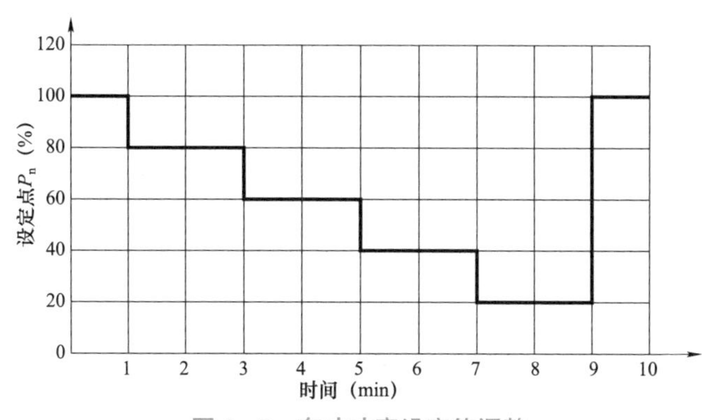

图3－7　有功功率设定值调整

风力发电机组参与自动频率控制计划的能力与其以有功功率设定值控制模式运行的能力密切相关。例如，现代风电场可通过不断改进单台风力发电机组的有功功率设定值使其达到要求的频率响应来参与自动频率控制。

测试风力发电机组的有功功率设定值控制能力时，采用下列程序：

（1）进行测试时，每个测试周期为10min。

（2）为获得尽可能快的响应，测试期间升速率限制控制无效。

（3）如图 3－7 中所示，设定值信号从 100%以 20%的步长依次降至 20%，每个设定值运行时间为2min。

（4）整个测试过程中，可用有功功率输出至少应为额定功率的90%。

（5）在机组输出端测量有功功率。

测量过程中测量系统配置如图 2－11 所示，使用的风速计、电压及电流传感器规格要求见表 2－10。风速测量结果以利用测试周期内的 1Hz 数据得到的时间序列图表示。

可用有功功率输出可从风力发电机组控制系统中读取，如果从风力发电机组控制系统读取此数据不易实现，可采用基于测量风速结合风力发电机组的功率曲线得出的近似值。

3.4 风电机组无功功率控制能力测试

风电机组的无功功率控制包括变流器控制和单机无功补偿装置控制。变流器功率控制的时间大概为几百毫秒，而单机无功补偿装置的动作时间当量则为秒级。因此在测试风电机组的无功功率控制时，其时间当量应选择为几百毫秒，在测量风电机组的无功功率输出时应两者兼顾，故选择 0.2s 的无功功率平均值，这样既可以体现无功功率的电气调节部分又可以体现无功补偿装置动作部分。

风电场的无功功率控制功能除依靠场站级的无功功率补偿装置来实现以外还需要风场内各台风电机组通过无功功率控制功能来实现，为确保风电机组具备此类功能需要对其进行相关测试。针对风电机组有功功率控制能力的测试和评估依照《风力发电机组　电能质量测量和评估方法》（GB/T 20320—2013）中无功功率能力和设定值控制的测试要求进行。

3.4.1　无功功率设定值为零时无功能力测试

仅采集连续运行状态下的数据；

在风力发电机组输出端测量有功功率和无功功率；

对于每个 10%功率区间，至少应采集 30 个 1min 有功功率及无功功率时间序列的测量数据；

在每个 1min 时间周期内，利用区块平均将采样数据转换为 1min 平均值；

按照区间方法对 1min 平均值进行统计，有功功率区间分别为 0、10%、…、90%、100%额定功率时对应的无功功率平均区间值。此处，0、10%、…、90%、100%为有功功率区间的中点。

3.4.2　最大感性无功功率能力和最大容性无功功率能力测试

测量风力发电机组的最大感性无功功率时，风力发电机组运行模式应设置为整个功率范围内对应感性无功功率最大的运行模式；测量风力发电机组的最大容性无功功率时，风力发电机组运行模式应设置为整个功率范围内对应容性无功功率最大的运行模式。

这两种设定模式均应采用下列程序进行测试：

仅采集连续运行状态下的数据；

在风力发电机组输出端测量有功功率和无功功率；

对于每个 10%功率区间，至少应采集 30 个 1min 有功功率及无功功率时间序列的测量数据；

在每个 1min 时间周期内，利用区块平均将采样数据转换为 1min 平均值；

按照区间方法对 1min 平均值进行统计，有功功率区间分别为 0、10%、…、90%、100%额定功率时对应的无功功率平均区间值。此处，0、10%、…、90%、100%为有功功率区间的中点。

3.4.3　无功功率设定值控制测试

描述无功功率设定值控制的图表要求如下：

（1）应说明无功设定值为零、有功功率输出分别为 0、10%、20%、…、100%时对应的无功功率测量值。

（2）有功功率和无功功率为 1min 平均值。有功功率输出大概为额定功率的 50%，相关测量结果为 1min 平均值。无功功率为 0.2s 平均数据。

注：风力发电机组参与自动电压控制计划的能力与其以无功功率设定值控制模式运行的能力密切相关。例如，现代风电场可通过不断改进单台风力发电机组的无功功率设定值使其达到要求的电压响应来参与自动电压控制。

风力发电机组无功功率设定值控制特性的现场测试内容及要求如下。

（1）仅对连续运行状态下的测量数据进行采样。

（2）在风力发电机组输出端测量有功功率和无功功率。

（3）测量数据中每个 10%功率区间至少应采集 30 个 1min 有功功率及无功功率的时间序列。

（4）在每个 1min 时间周期内，利用区块平均将采样数据转化为 1min 平均数据。

（5）根据分组方法对 1min 平均数据进行整理，在表格中说明有功功率输出分别为 0、10%、…、90%、100%额定功率时相应的无功功率。此处，0、10%、…、90%、100%为有功功率区间的中点。

无功功率阶跃变化期间进行测量时采用下列程序。

（1）仅对连续运行状态下的测量数据进行采样。

（2）在风力发电机组输出端测量有功功率和无功功率。

（3）有功功率输出大概为额定功率的 50%。

（4）无功功率采样数据为 0.2s 平均值。

（5）无功功率测量结果以图表形式表示，图中结果为 0.2s 平均数据及相应无功功率设定值。

按照图 3－8 设定风电场无功功率设定值变化曲线，风电机组有功功率输出分别为额定功率的 0、10%、…、90%、100%时，测试风电机组跟踪无功功率设定值的运行能力并给出测试曲线。无功功率设定值变化曲线如图 3－8 所示，风电机组的无功功率设定值从零降至风电机组能提供的感性无功功率最大值，运行一段时间后，风电机组的无功功率设定值设定为风电机组能提供的容性无功功率最大值，运行一段时间后，无功功率设定值再次设定为零，每个控制点应持续运行 2min，其无功功率测量输出为 0.2s

平均值。

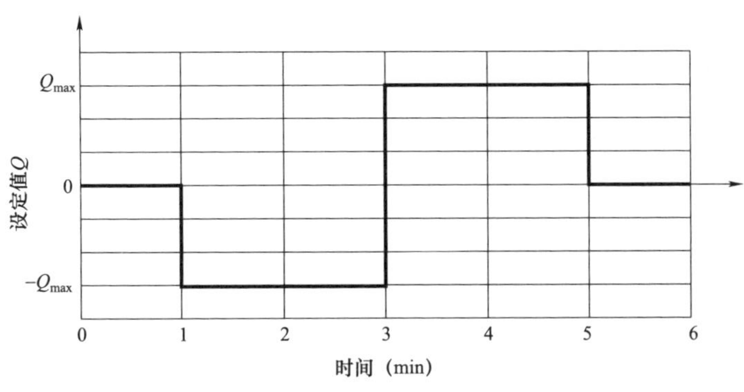

图 3－8　无功功率设定值变化曲线

3.5 风电机组功率控制测试实例

3.5.1 双馈型风电机组测试实例

双馈型风电机组基本信息见表 3－2。

表 3－2　双馈型风电机组基本信息

风电机组类型	3 叶片、水平轴、上风向、变桨、变速、双馈异步
叶轮直径（m）	121
轮毂高度（m）	80
额定功率，P_n（kW）	2500
额定视在功率，S_n（kVA）	2632
额定电压，U_n（V）	690
额定电流，I_n（A）	2202
额定频率，f_n（Hz）	50
额定风速，v_n（m/s）	9

3.5.1.1 有功功率控制能力测试

（1）有功功率升速率限制。采样频率为 10kHz。测试期间风电机组运行模式为：有功功率升速率限制设定为 10% P_n/min。测试期间有功功率设定值、测量值及风速如图 3－9 所示。

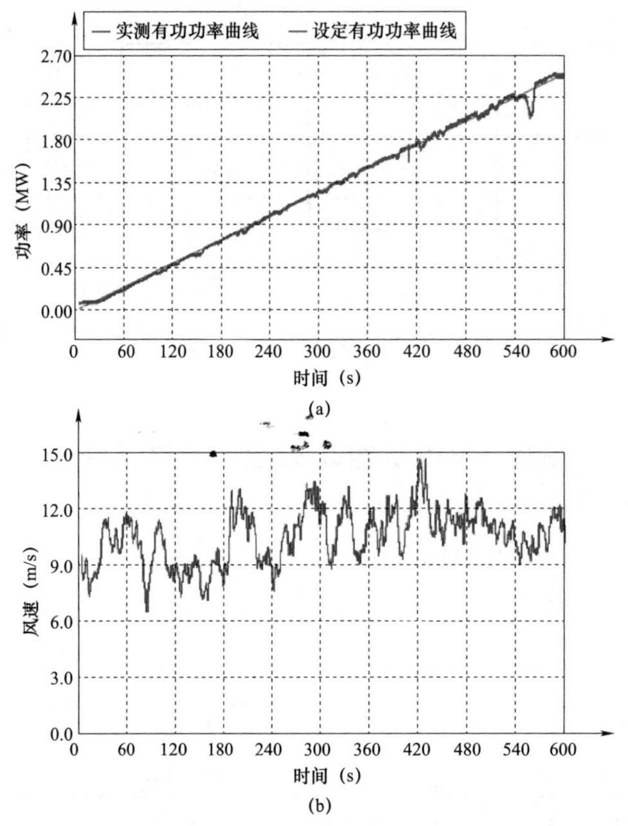

图 3－9　测试期间有功功率设定值、测量值及风速

（a）有功功率升速率限制和测量值的时间序列；

（b）有功功率升速率限制测试期间风速时间序列

（2）有功功率设定值控制。采样频率为 10kHz。测试期间风电机组运行模式为：有功功率设定值控制模式。测试期间有功功率设定值、测量值及风速如图 3－10 所示。

3.5.1.2　无功功率控制能力测试

（1）最大感性无功功率。采样频率为 40kHz，存储频率为 4kHz。测试期间风电机组的运行模式为：最大感性无功模式。表 3－3 所示为在该运行模式下采集到的各有功功率区间内的 1min 数据列个数、有功功率平均值、

无功功率平均值及对应功率因数。图 3－11 所示为风电机组运行在该模式时 60s 平均有功功率与无功功率的散点图。

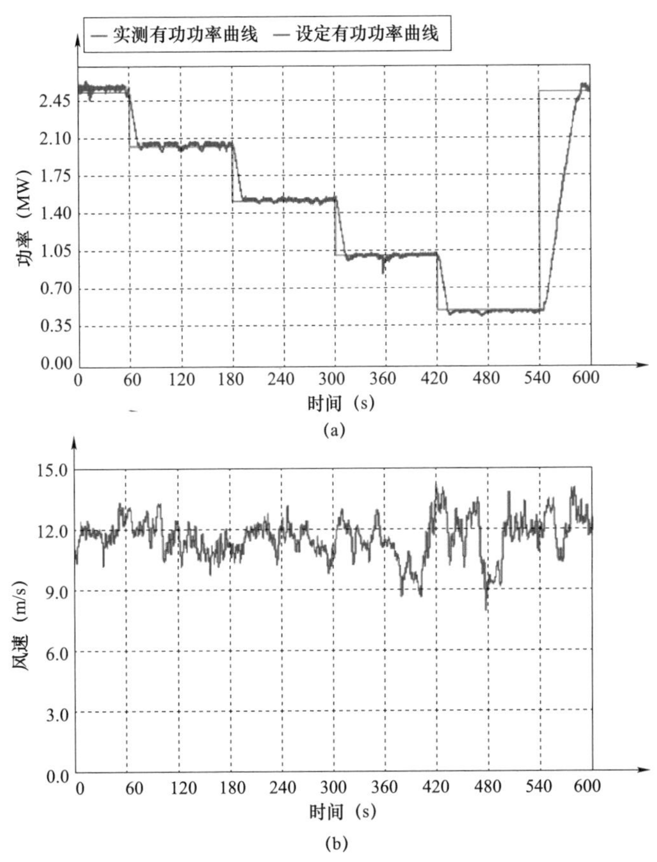

图 3－10 测试期间有功功率设定值、测量值及风速

（a）有功功率设定值和测量值的时间序列；

（b）有功功率设定值控制测试期间风速测量值的时间序列

表 3－3 风电机组最大感性无功能力测试结果

有功功率区间 P_n（%）	1min 数据列个数	有功功率平均值（kW）	无功功率平均值（kvar）	功率因数
－5～5	278	87.7	－32.7	0.94
5～15	411	240.5	－82.5	0.95
15～25	247	491.3	－165.5	0.95

续表

有功功率区间 P_n（%）	1min 数据列个数	有功功率平均值（kW）	无功功率平均值（kvar）	功率因数
25～35	200	738.4	–248.6	0.95
35～45	162	1014.9	–341.8	0.95
45～55	173	1255.1	–424.3	0.95
55～65	193	1503.2	–507.9	0.95
65～75	179	1742.9	–588.2	0.95
75～85	144	2013.4	–678.2	0.95
85～95	211	2259.3	–760.4	0.95
95～105	942	2494.7	–838.8	0.95

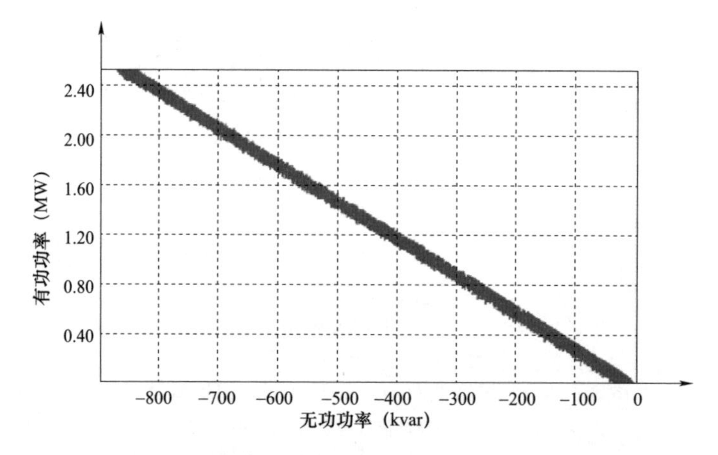

图 3–11　最大感性无功模式时 60s 平均有功功率与无功功率的散点图

（2）最大容性无功功率。采样频率为 40kHz，存储频率为 4kHz。测试期间风电机组的运行模式为：最大容性无功模式。表 3–4 所示为在该运行模式下采集到的各有功功率区间内的 1min 数据列个数、有功功率平均值、无功功率平均值及对应功率因数。图 3–12 所示为风电机组运行在该模式时 60s 平均有功功率与无功功率的散点图。

表 3-4　　风电机组最大容性无功能力测试结果

有功功率区间 P_n（%）	1min 数据列个数	有功功率平均值（kW）	无功功率平均值（kvar）	功率因数
-5～5	236	75.7	31.9	0.92
5～15	412	234.5	84.2	0.94
15～25	356	489.0	167.8	0.95
25～35	227	745.4	249.3	0.95
35～45	128	991.7	325.8	0.95
45～55	156	1245.8	405.9	0.95
55～65	224	1502.1	487.4	0.95
65～75	184	1749.4	567.1	0.95
75～85	174	2008.2	650.4	0.95
85～95	150	2240.6	724.7	0.95
95～105	214	2499.0	806.8	0.95

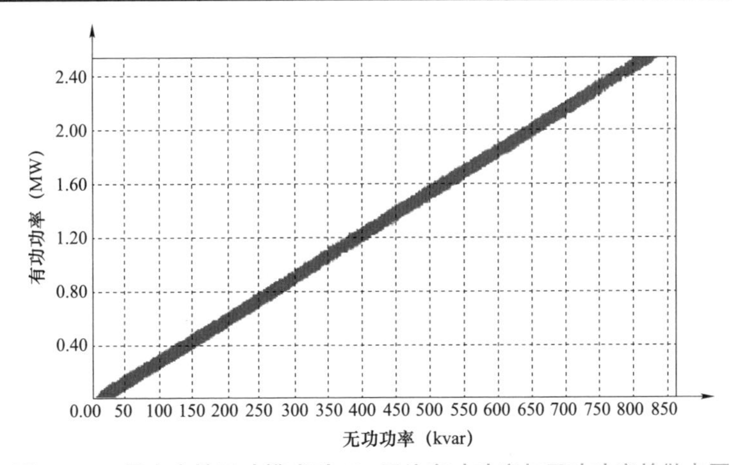

图 3-12　最大容性无功模式时 60s 平均有功功率与无功功率的散点图

（3）无功功率设定值为零。采样频率为 40kHz，存储频率为 4kHz。测试期间风电机组的运行模式为：无功功率设定值控制模式，$Q=0$。表 3-5 所示为在该运行模式下采集到的各有功功率区间内的 1min 数据列个数、有功功率平均值、无功功率平均值及对应功率因数。图 3-13 所示为风电机组运行在该模式时 60s 平均有功功率与无功功率的散点图。

表 3-5　　风电机组无功功率功率设定值为零测试结果

有功功率区间 P_n（%）	1min 数据列个数	有功功率平均值（kW）	无功功率平均值（kvar）	功率因数
-5～5	249	76.2	2.2	1.00
5～15	394	253.1	2.7	1.00
15～25	346	479.4	3.0	1.00
25～35	189	740.3	0.6	1.00
35～45	156	998.3	-2.3	1.00
45～55	165	1254.3	-4.7	1.00
55～65	163	1500.1	-7.3	1.00
65～75	183	1742.2	-9.1	1.00
75～85	178	2004.1	-11.3	1.00
85～95	191	2248.6	-13.4	1.00
95～105	2118	2509.2	-16.1	1.00

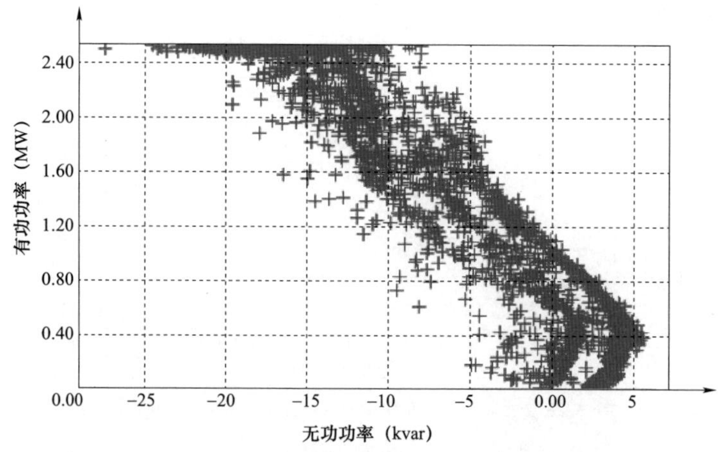

图 3-13　无功功率功率设定值为零时 60s 平均有功功率与无功功率的散点图

（4）无功功率设定值控制。采样频率为 10kHz。测试期间风电机组运行模式为：无功功率设定值控制模式，无功功率阶跃变化。测试期间无功功率阶跃变化设定值、测量值及有功功率如图 3-14 所示。

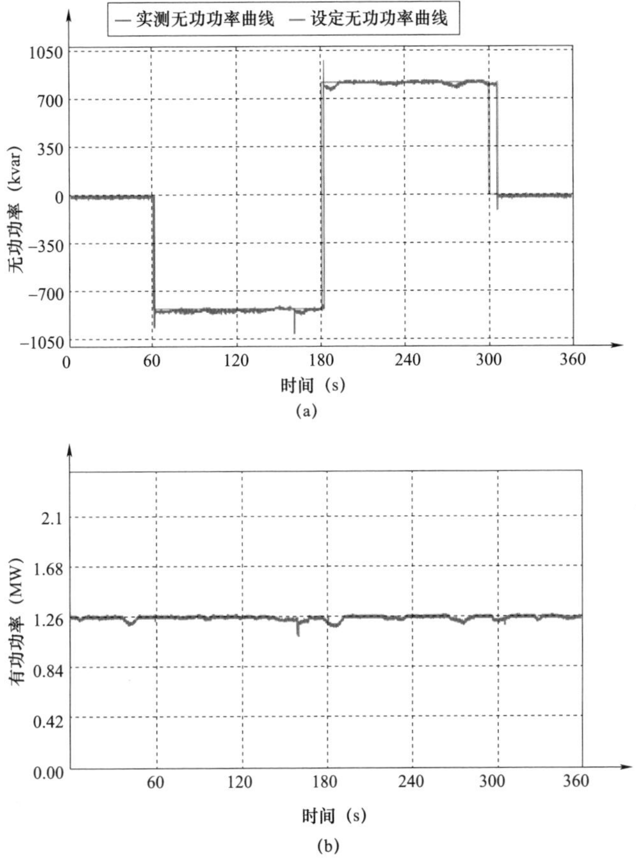

图 3-14 无功功率阶跃变化设定值、测量值及有功功率

（a）无功功率阶跃变化设定值与测量值的时间序列；

（b）无功功率阶跃变化测试期间有功功率的时间序列

3.5.2 直驱型风电机组测试实例

直驱型风电机组基本信息见表 3-6。

表 3-6 直驱型风电机组基本信息

风电机组类型	3 叶片、水平轴、上风向、变桨、变速、永磁直驱
叶轮直径（m）	121
轮毂高度（m）	90
额定功率，P_n（kW）	2500
额定视在功率，S_n（kVA）	2632
额定电压，U_n（V）	690

续表

风电机组类型	3 叶片、水平轴、上风向、变桨、变速、永磁直驱
额定电流，I_n（A）	2202
额定频率，f_n（Hz）	50
额定风速，v_n（m/s）	9.3

3.5.2.1 有功功率控制能力测试

（1）有功功率升速率限制。采样频率为 10kHz。测试期间风电机组运行模式为：有功功率升速率限制设定为 10% P_n/min。测试期间有功功率设定值、测量值及风速如图 3－15 所示。

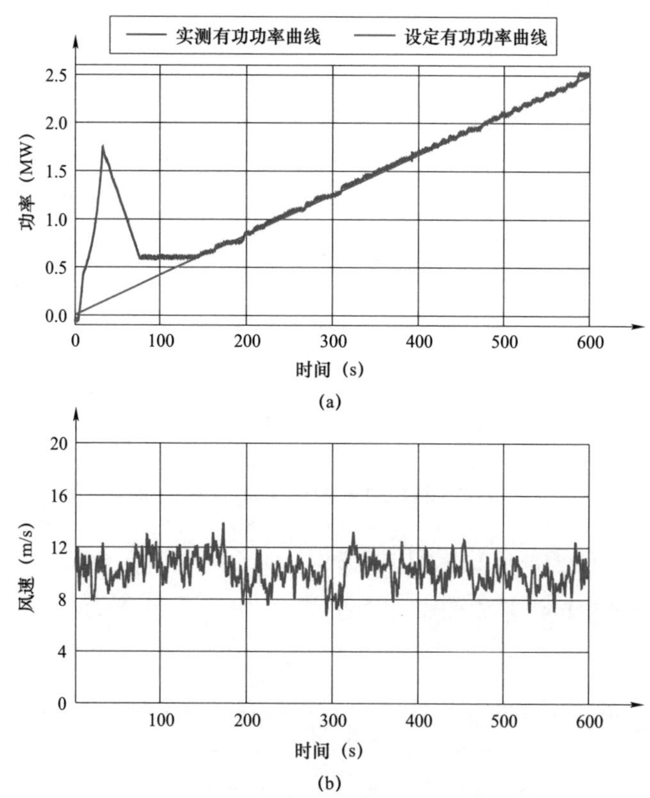

图 3－15 测试期间有功功率设定值、测量值及风速

（a）有功功率升速率限制和测量值的时间序列；

（b）有功功率升速率限制测试期间风速时间序列

（2）有功功率设定值控制。采样频率为10kHz。测试期间风电机组运行模式为：有功功率设定值控制模式。测试期间有功功率设定值、测量值及风速如图3－16所示。

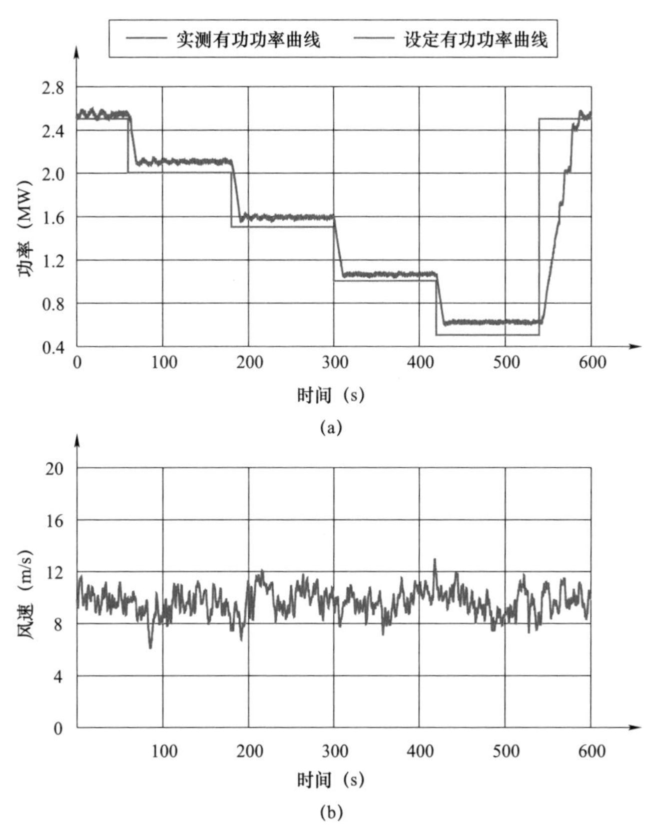

图3－16 测试期间有功功率设定值、测量值及风速

（a）有功功率设定值和测量值的时间序列；（b）有功功率设定值控制测试期间风速测量值的时间序列

3.5.2.2 无功功率控制能力测试

（1）最大感性无功功率。采样频率为40kHz，存储频率为4kHz。测试期间风电机组的运行模式为：最大感性无功模式。表3－7所示为在该运行模式下采集到的各有功功率区间内的1min数据列个数、有功功率平均值、无功功率平均值及对应功率因数。图3－17所示为风电机组运行在该模式时60s平均有功功率与无功功率的散点图。

表 3-7　　风电机组最大感性无功能力测试结果

有功功率区间 P_n（%）	1min 数据列个数	有功功率平均值（kW）	无功功率平均值（kvar）	功率因数
-5～5	345	71.3	-8.6	0.99
5～15	495	231.6	-18.7	1.00
15～25	305	497.0	-95.5	0.98
25～35	223	741.0	-197.9	0.97
35～45	153	997.8	-290.8	0.96
45～55	141	1249.6	-378.0	0.96
55～65	160	1484.6	-458.5	0.96
65～75	133	1741.7	-547.7	0.95
75～85	101	2011.6	-613.3	0.96
85～95	67	2263.2	-617.4	0.96
95～105	65	2455.9	-619.9	0.97

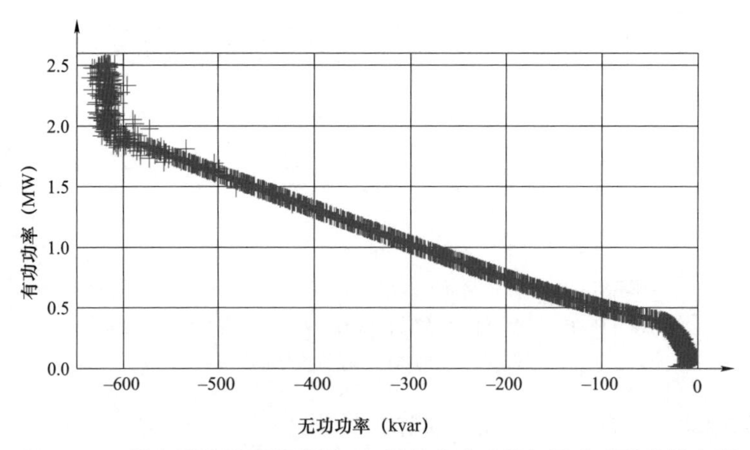

图 3-17　最大感性无功模式时 60s 平均有功功率与无功功率的散点图

（2）最大容性无功功率。采样频率为 40kHz，存储频率为 4kHz。测试期间风电机组的运行模式为：最大容性无功模式。表 3-8 所示为在该运行模式下采集到的各有功功率区间内的 1min 数据列个数、有功功率平均值、无功功率平均值及对应功率因数。图 3-18 所示为风电机组运行在该模式时60s平均有功功率与无功功率的散点图。

表3－8　风电机组最大容性无功能力测试结果

有功功率区间 P_n（%）	1min数据列个数	有功功率平均值（kW）	无功功率平均值（kvar）	功率因数
－5～5	244	77.2	3.8	1.00
5～15	504	230.0	20.4	1.00
15～25	293	484.9	105.7	0.98
25～35	151	737.8	211.2	0.96
35～45	151	993.1	301.9	0.96
45～55	171	1247.4	387.1	0.96
55～65	130	1492.3	468.2	0.95
65～75	160	1767.8	558.3	0.95
75～85	143	1977.1	623.9	0.95
85～95	71	2236.1	705.1	0.95
95～105	51	2476.1	778.2	0.95

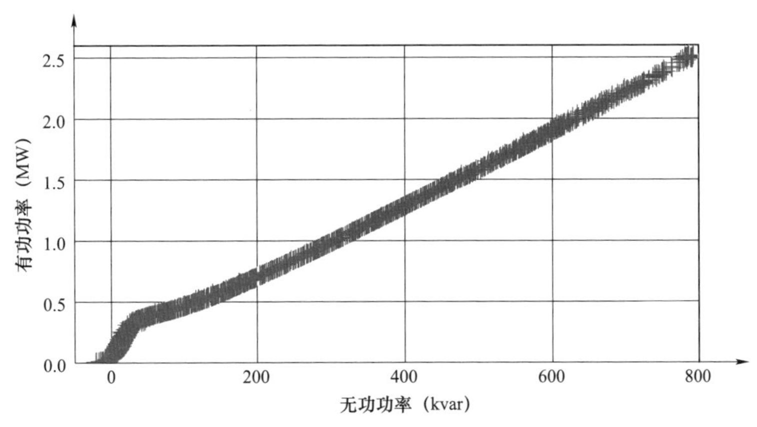

图3－18　最大容性无功模式时60s平均有功功率与无功功率的散点图

（3）无功功率设定值为零。采样频率为40kHz，存储频率为4kHz。测试期间风电机组的运行模式为：无功功率设定值控制模式，$Q=0$。表3-9所示为在该运行模式下采集到的各有功功率区间内的1min数据列个数、有功功率平均值、无功功率平均值及对应功率因数。图3-19所示为风电机组运行在该模式时60s平均有功功率与无功功率的散点图。

表3-9　风电机组无功功率功率设定值为零测试结果

有功功率区间 P_n（%）	1min数据列个数	有功功率平均值（kW）	无功功率平均值（kvar）	功率因数
-5～5	425	69.6	7.6	0.99
5～15	441	249.2	-2.8	1.00
15～25	243	448.0	-13.1	1.00
25～35	157	772.0	-29.6	1.00
35～45	204	983.7	-41.0	1.00
45～55	162	1230.7	-54.5	1.00
55～65	117	1496.9	-69.6	1.00
65～75	95	1751.8	-84.8	1.00
75～85	129	2003.5	-98.9	1.00
85～95	139	2249.8	-113.7	1.00
95～105	994	2500.2	-129.5	1.00

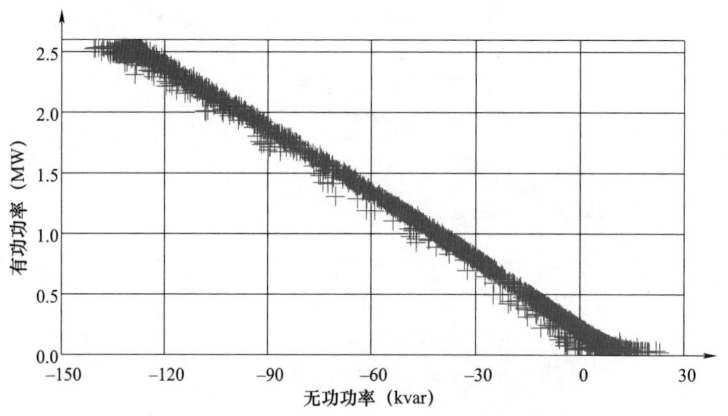

图3-19　无功功率设定值为零时60s平均有功功率与无功功率的散点图

（4）无功功率设定值控制。采样频率为10kHz。测试期间风电机组运行模式为：无功功率设定值控制模式，无功功率阶跃变化。测试期间无功功率阶跃变化设定值、测量值及有功功率如图3－20所示。

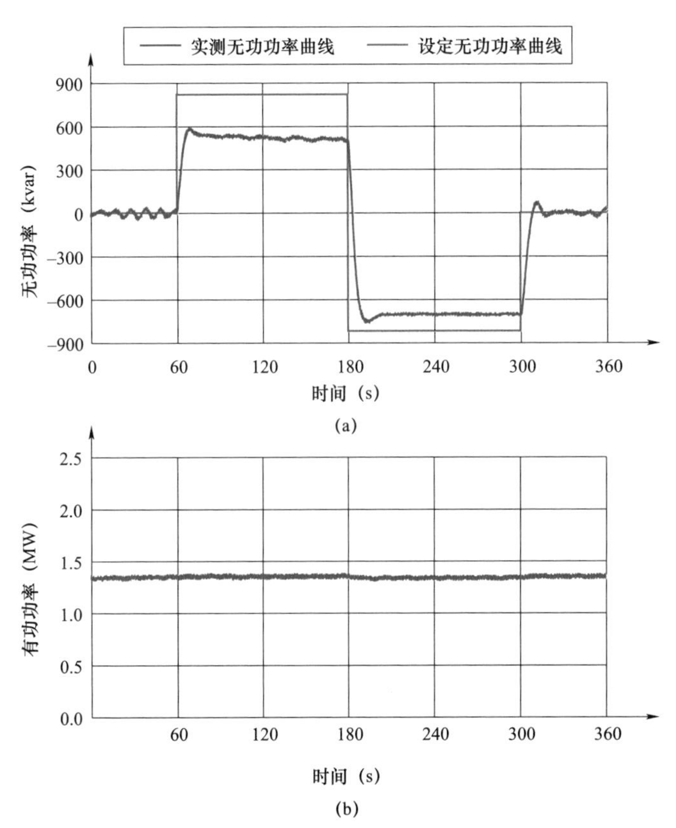

图3－20 无功功率阶跃变化设定值、测量值及有功功率

（a）无功功率阶跃变化设定值与测量值的时间序列；

（b）无功功率阶跃变化测试期间有功功率的时间序列

第 4 章

风力发电机组电网适应性测试技术

风电机组作为电源之一，其运行特性在影响电网电能质量的同时，也难免受到电网扰动的影响。在电力系统实际运行中，系统的电压并非理想的正弦波，而是实时变化的，为此电能质量系列国家标准系统地规定了电力系统的电压、频率、三相电压不平衡、闪变与谐波等的运行范围，要求接入电力系统的装置或系统在该范围内应保持正常运行。而我国风电大多建设在电网末端，电能质量较差，风电须具备一定的电压、频率、三相电压不平衡、闪变与谐波的耐受能力。风电机组电网适应性反映了在国家标准规定的电力系统正常运行范围内（包括电网电压偏差、频率偏差、三相电压不平衡、闪变与谐波等运行指标），风电机组应对电网扰动的适应能力。通过开展风电机组电网适应性测试，可客观评价风电机组对电网扰动的适应能力，有利于电力系统的安全稳定运行。

本章结合电力系统电能质量相关标准要求，介绍了几种常见电网扰动的基本形式及其影响，说明了风电机组电网适应性的基本内涵，重点阐述了风电机组电网适应性测试基本原理、测试装备方案及控制、测试方法、数据处理及评价技术，最后给出了风电机组电网适应性典型测试实例。

4.1 电网适应性基本概念

在我国现实电网环境下，风电系统对真实电网环境的适应能力已成为现代风电技术进一步发展中必须认真考虑的重要因素。例如，河南某风场

投运以来，风电机组在调试、运行过程中常出现三相电流不平衡故障而脱网，直接影响到风电场的安全稳定运行及其经济效益。该地区承担着陇海铁路的大量牵引机车站供电任务，当陇海铁路有机车通过时所造成的大量单相负荷形成的不平衡电流会对风电场接入电源点的电能质量造成冲击，引起电网三相电压不平衡度增加，风电机组输出三相电流值相差较大，超过风电机组相应保护定值，保护动作跳闸停机。测试结果表明，该风电场所接电力系统的电能质量符合国家相关标准规定，但风电机组仍不能正常运行。

风电机组电网适应性，即风电机组在电网电压偏差、频率偏差、三相电压不平衡、电压波动和闪变、谐波电压情况下的响应特性。简而言之，电网适应性是在电网一定的波动范围内风电机组的耐受能力。风电机组电网适应性来源于GB/T 19963风电场运行适应性的要求，风电机组电网适应性是风电场具备运行适应性的必要条件。

理想的电网电压应该是标准的正弦波，具有额定的幅值和频率，并且三相对称。然而受到从发电到用电环节中各种非理想因素的影响，电网电压其中一相或几相的幅值、频率、波形可能会偏离额定值，包括电压偏差、频率偏差、三相电压不平衡、电压波动和闪变、谐波电压。

（1）电压偏差。电压偏差是实际运行电压对系统标称电压的偏差相对值，常以百分数表示。

《电能质量　供电电压偏差》（GB/T 12325）规定：“35kV及以上供电电压的正、负偏差的绝对值之和不超过标称电压的10%，20kV及以下三相供电电压偏差为标称电压的±7%，220V单相供电电压允许偏差为标称电压的+7%、−10%。”

《风电场接入电力系统技术规定》（GB/T 19963）要求：当风电场并网点电压在标称电压的90%～110%之间时，风电机组应能正常运行；当风电场并网点电压超过标称电压的110%时，风电场的运行状态由风电机组的性能确定。

对设备来说，当供电电压出现电压偏差时，其运行参数和寿命将受到影响，影响的程度视电压偏差大小、持续的时间长短和设备的状况而异。

对于双馈型风电机组，机端电压降低会引起双馈型风电机组定转子电流增大，导致发电机绕组及变流器发热，长期运行会缩短机组寿命；同时电流的大幅波动造成电磁转矩的剧烈振荡，对风电机组主轴、齿轮箱等机械系统产生很大的扭切应力冲击，严重危害机组的安全。

（2）频率偏差。频率偏差即系统频率的实际值和标称值之差。

我国电力系统的标称频率为 50Hz，《电能质量 电力系统频率偏差》（GB/T 15945）中规定："电力系统正常运行条件下频率偏差限值为±0.2Hz，当系统容量较小时，偏差限值可以放宽到±0.5Hz。"

《风电场接入电力系统技术规定》（GB/T 19963）要求，风电场应在表 4－1 所示电力系统频率范围内按规定运行。

表 4－1　　风电场在不同电力系统频率范围内的运行规定

电力系统频率范围	要　求
低于 48Hz	根据风电场内风电机组允许运行的最低频率而定
48～49.5Hz	每次频率低于 49.5Hz 时要求风电场具有至少运行 30min 的能力
49.5～50.2Hz	连续运行
高于 50.2Hz	每次频率高于 50.2Hz 时，要求风电场具有至少运行 5min 的能力，并执行电力系统调度机构下达的降低出力或高周切机策略，不允许停机状态的风电机组并网

频率稳定与电力系统的功率平衡直接相关，电力系统的功率不平衡量，将转换为发电机组的速度（频率）偏差，即转换为全系统机组的动能形式，功率缺额将导致全系统机组转速降低，系统频率下降，功率过剩将导致全系统频率上升。由于风能的随机性与不可预测性，风电场的出力是不可控的，它与系统时刻变化的负荷一起影响着电力系统的功率平衡。当电力系统频率发生变化时，普通异步电机转差出现变化，电枢反应相应变化，因而机组与电网交换的有功与无功发生变化。同时，由于力矩的不平衡，异步电机转速将发生变化，最终达到稳定的转差率，功率交换也达到稳定值。

对于双馈型风电机组，其有 2 种典型的运行状态，即超同步运行和次同步运行。风速较大时，风电机组运行在超同步状态，此时转子转速大于同步转速，定子和转子同时向系统提供功率输出。若系统频率降低，由于转子转速是受到转子侧变流器控制的，依靠定转子之间的弱电磁耦合释放的动能非常小，转子转速有降低趋势。相反，风速较低时，风电机组运行在次同步状态，此时转子转速小于同步转速，定子向系统输出功率，而转子要吸收一定的功率。如果此时系统频率略有升高，同样由于双馈型风电机组转子转速受到变流器控制，由于定转子之间的耦合关系，转子会吸收较少的电磁功率，转速小幅提高。

（3）三相电压不平衡。三相电压不平衡即三相电压在幅值上不同或相位差不是120°，或兼而有之，一般用不平衡度表示。三相电压不平衡度可用电压负序基波分量或零序基波分量与正序基波分量的方均根百分比表示。由于国家标准（GB/T 15543）低压系统零序电压限值暂不做规定，因此电网适应性仅考核负序电压不平衡。

《电能质量　三相电压不平衡》（GB/T 15543）规定，在电网正常运行时，电力系统公共连接点负序电压不平衡度不超过2%，短时不得超过4%；对接入公共连接点的每个用户引起该点负序电压不平衡度允许值一般为1.3%，短时不超过2.6%。

负荷不对称、线路阻抗不对称以及瞬时不对称电压跌落是造成三相电网不平衡的主要因素，这些因素的影响在薄弱电网中尤其突出。由于双馈发电机的定子直接与电网连接，电网电压不平衡对双馈型风电机组影响很大。

1）三相定子电压不对称，将使得风电机组输出三相电流不平衡，进一步加剧电网电压的不平衡；

2）发电机绕组损耗增加，引起绕组不均衡发热；

3）负序电流引起风电机组功率出现波动，有功功率波动导致直流母线电压产生波动，使得功率器件的电压、电流应力增加；

4）较大的波动电流流入直流母线电容，引起严重的温升，恶化电解电容的性能，进一步影响电解电容使用寿命；

5）电磁转矩出现波动，导致齿轮箱、轴承等机械部件受到应力不稳定，加剧机械部件疲劳，严重影响齿轮箱使用寿命；

6）由于风电机组受力不均匀，会导致机舱以及塔筒振动，影响机组寿命；

7）机械部件的振动引起低频噪声污染；

8）三相电压严重不平衡会引起转子过压和过流，导致变流器失去控制能力，若无特别措施，风电机组将不得不从电网解列。

在电网三相电压平衡时，目前风电机组普遍采用的传统矢量控制方式，无论是电网电压定向还是定子磁链定向，均能在正序同步速旋转坐标系中通过比例—积分（PI）控制器实现对电流 d_{q} 分量的精确控制。在电网三相不平衡时，交流电流中的负序成分将转换成正序同步速旋转坐标系中两倍电网频率成分，由于 PI 控制器对该频率成分控制能力有限，双馈型风电机组无法有效抑制电网电压三相不平衡所带来的影响。

（4）电压波动和闪变。电压波动是电压方均根值（有效值）一系列的变动或连续的改变。闪变实质上是白炽灯的照度随着电压波动而变化时，人眼对白炽灯照度变化的一种主观视感。因此，电压波动是电压变化的一种物理现象，而闪变是人们对照度波动的主观感受。

《电能质量　电压波动和闪变》（GB/T 12326）规定，电力系统公共连接点，在系统正常运行的较小方式下，以一周（168h）为测量周期，所有长时间闪变值 P_{lt} 都应满足表 4－2 闪变限值的要求。

表 4－2　　闪变限值

P_{lt}	
≤110kV	＞110kV
1	0.8

研究表明，0.1～35Hz 频率范围内的电压波动将引起人眼可觉察到的闪变问题，而电压闪变容易导致风电机组电磁转矩的波动和机械轴系的震动，长此以往，将不断累积机械传动系统的疲劳载荷，缩短机组运行寿命。

与此同时，风电机组自身也会产生电压波动和闪变，由于自身结构的

影响，风电机组在连续运行过程中将引起电压波动，这种连续的电压波动可能会引起相对较严重的闪变问题。风电机组并网运行引起的电压波动源于其波动的功率输出，而输出功率的波动主要是由风速的快速变化以及塔影效应、风剪切、偏航误差等因素引起的。

（5）谐波电压。谐波电压，即对周期性交流电压进行傅里叶级数分解，得到频率为基波频率大于 1 整数倍的分量。《电能质量　公共电网谐波》（GB/T 14549）规定，公共电网谐波电压限值应满足表 4－3 的要求。

表 4－3　　公共电网谐波电压（相电压）

<table>
<tr><th rowspan="2">电网标称电压（kV）</th><th rowspan="2">电压总谐波畸变率（%）</th><th colspan="2">各次谐波电压含有率（%）</th></tr>
<tr><th>奇次</th><th>偶次</th></tr>
<tr><td>0.38</td><td>5.0</td><td>4.0</td><td>2.0</td></tr>
<tr><td>6</td><td rowspan="2">4.0</td><td rowspan="2">3.2</td><td rowspan="2">1.6</td></tr>
<tr><td>10</td></tr>
<tr><td>35</td><td rowspan="2">3.0</td><td rowspan="2">2.4</td><td rowspan="2">1.2</td></tr>
<tr><td>66</td></tr>
<tr><td>110</td><td>2.0</td><td>1.6</td><td>0.8</td></tr>
</table>

针对双馈型风电机组而言，当电网中含有谐波电压分量时，该电网谐波将通过定子侧侵入电机内部，降低机组的运行效率，主要表现在以下方面。

1）电网谐波的存在将使得双馈型风电机组定子电压和电流中均包含对应次数的谐波分量，从而引起转子电流谐波相应地增加，导致电机产生附加损耗和温升。

2）电机内部各电磁量中包含的谐波分量将导致双馈型风电机组输出功率及电磁转矩产生倍频脉动，从而引起机械振动，降低发电机的出力和使用效率，缩短使用寿命。

3）双馈型风电机组定、转子谐波电流的存在将引起谐波磁链增加，同时在异步电机定子等值阻抗中产生更大的压降，从而使定子电压中的谐波增大，形成恶性循环，导致电网谐波畸变越来越剧烈，危及其他用电设备。

目前，风电机组对电网扰动的适应能力普遍较弱，风电机组脱网事故多有发生。因此在国家标准要求范围内，应增强风电机组电网抗扰性，保障风电机组长期稳定运行。

4.2 风电机组电网适应性测试系统

风电机组电网适应性测试系统包括电网扰动发生装置以及电压互感器、电流互感器、数据采集系统等测量设备。电网扰动发生装置用于产生电压偏差、频率偏差、三相电压不平衡、电压波动和闪变、谐波电压，数据采集系统用于测试数据的记录、计算及保存。

风电机组电网适应性测试的测试点位于风电机组升压变压器的高压侧。将电网扰动发生装置串在风电机组出口变压器高压侧与电网之间，电网适应性测试原理如图 4－1 所示。通过专用的控制系统设定电网适应性测试的内容和参数，在测试系统风电机组侧产生一定的扰动，模拟电网扰动，同时测试过程不会对电网产生任何影响。电网扰动发生装置可以在风电机组侧产生不同程度的电压波动、频率波动、电压畸变和三相电压不平衡。

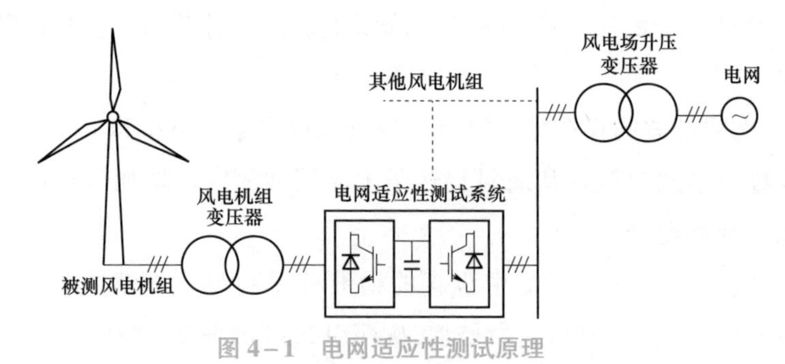

图 4－1　电网适应性测试原理

根据《风电机组电网适应性测试规程》（NB/T 31054—2014），电网适应性测试装置的运行条件和主要技术指标应满足：

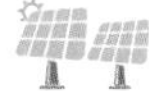

1）测试装置的额定容量不小于被测风电机组的额定容量；

2）测试装置接入电网产生的影响应在国家标准允许的范围内；

3）测试装置进行空载测试时输出的电压偏差、频率偏差、三相电压不平衡、电压波动和闪变及谐波电压等性能指标与负载测试时的最大允许偏差见表4－4；

4）电压偏差调节范围，应覆盖测试内容，电压输出步长小于等于1% U_n；

5）频率偏差调节范围，应覆盖测试内容，频率输出步长小于等于0.1Hz；

6）三相电压不平衡度，应覆盖测试内容，且幅值或相位可调，三相电压不平衡度输出步长小于等于0.1%；

7）电压闪变输出能力应覆盖测试内容；

8）谐波电压输出能力应覆盖测试内容。

表4－4　电网适应性测试装置空载与负载测试输出性能指标最大允许偏差

序号	测试内容	性能指标	最大允许偏差
1	电压偏差适应性	线电压有效值	±1% U_n
2	频率偏差适应性	频率	±0.1Hz
3	三相电压不平衡适应性	三相电压不平衡度	±0.5%
4	闪变适应性	短时间闪变值 P_{st}	±0.5
5	谐波电压适应性	电压总谐波畸变率	±0.5%

4.2.1 电网扰动发生装置基本原理

电网扰动发生装置是风电机组电网适应性测试系统的核心部分。电网扰动发生装置结构形式如图4－2所示，包括输入单元、能量转换单元、输出单元以及检测控制单元。输入、输出单元主要由各种电磁开关和EMI滤波器组成，用于控制电路的通断和防止电磁干扰；能量转换单元利用各种转换方法，将输入的电网电压转换为幅值可变、频率可调以及包含高次谐波的交流电压以模拟各种电网情况，是实现电网扰动发生装置功能的核心部分；控制以及测量单元主要用于产生控制中所需的给定电压波形，测量电路中的电气参数以及控制模拟器内部程序的运行。

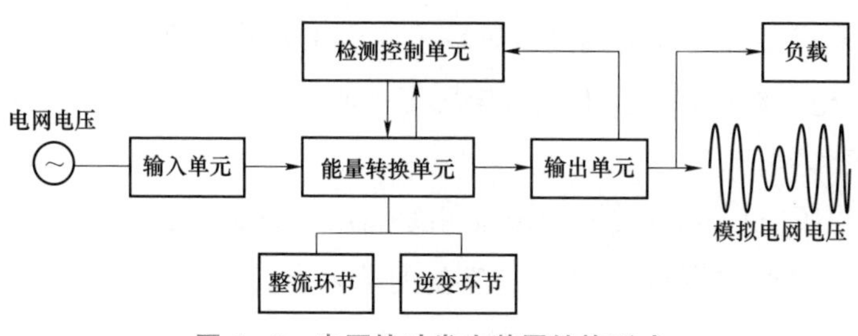

图 4－2　电网扰动发生装置结构形式

对于能量转换单元而言，又必须包含两个环节：

（1）整流环节，作用是将输入的电网电压转换成直流电，为后级的逆变环节提供稳定的直流电压；

（2）逆变环节，作用是将整流环节产生的直流电压转换成交流电压输出，模拟电网电压的正常情况以及各种故障情况。

4.2.2　电网扰动发生装置拓扑方案

随着风电机组单机容量的不断增大，研制大容量电网适应性测试装置已成为必然趋势。考虑能量的双向流动，目前电网扰动发生装置拓扑方案主要有以下三种：

（1）690V 全功率变流方案。在系统额定电压一定的情况下，可以通过提升系统的电流等级，来提高系统容量，图 4－3 为基于 690V 全功率变流器的电网扰动装置拓扑。系统本体输入、输出均为 690V，包括整流器、直流母线电容、母线过压抑制器和逆变器部分；逆变器部分又包括基波及低次谐波部分、高次谐波部分及输出耦合器部分。

对于 10MVA 及以上的大容量电网适应性测试装置，变流器主体部分仍采用上述电路结构，并利用多个变流器单元呈并联形式向负载或电网送出功率，即提高电流等级，从而提高变流器的功率容量。采用这种两电平低压方案，主体结构简单，但需要多个变流器单元并联运行，增加了控制的难度，且可能引起环流问题，相关工艺要求高、散热压力大，并且难以保证可靠性。

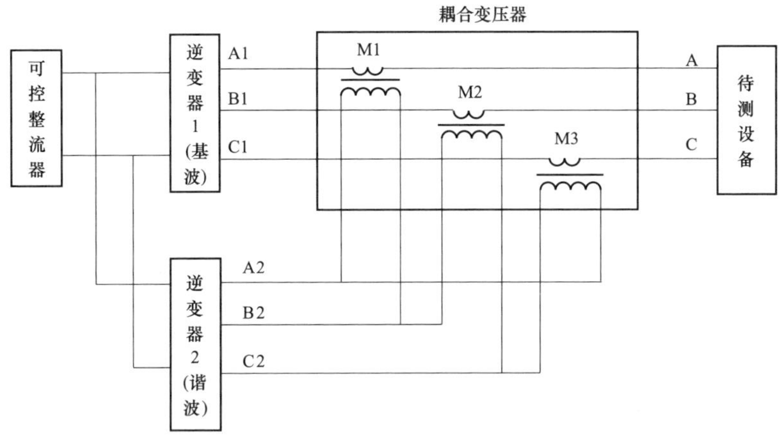

图4-3　690V全功率变流器的主体结构

（2）三电平3300V全功率变流方案。为提高电网扰动发生装置的容量，还可以通过提升装置本体部分的电压方式，如采用三电平技术将其电压提升至3300V电压等级，其电路结构如图4-4所示。

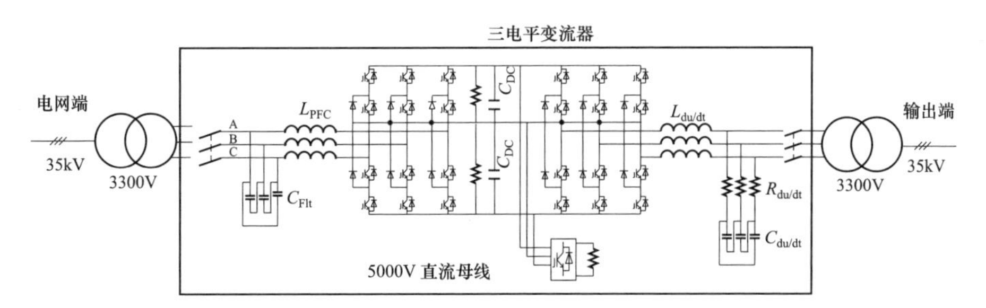

图4-4　三电平3300V的全功率变流器电路结构

这种三电平中压方案，其拓扑结构及控制相对简单，但需采用4500V的非通用IGBT器件，成本较高，且扩展性不好。同时由于高压器件开关频率较低，难以实现2～25次谐波输出。

（3）级联链式变流方案。同样采用输入、输出变压器配合，将本体部分的输入、输出电压提升至中高压级别来降低内部电流，并通过变流器级联降低开关器件的承受电压，图4-5为基于四象限级联链式变流器的电网扰动装置系统拓扑。其中本体部分的电压可提升至10kV以上，开关器件仍可采用1700V通用IGBT，系统容量可扩展到10MW以上，具有良好的

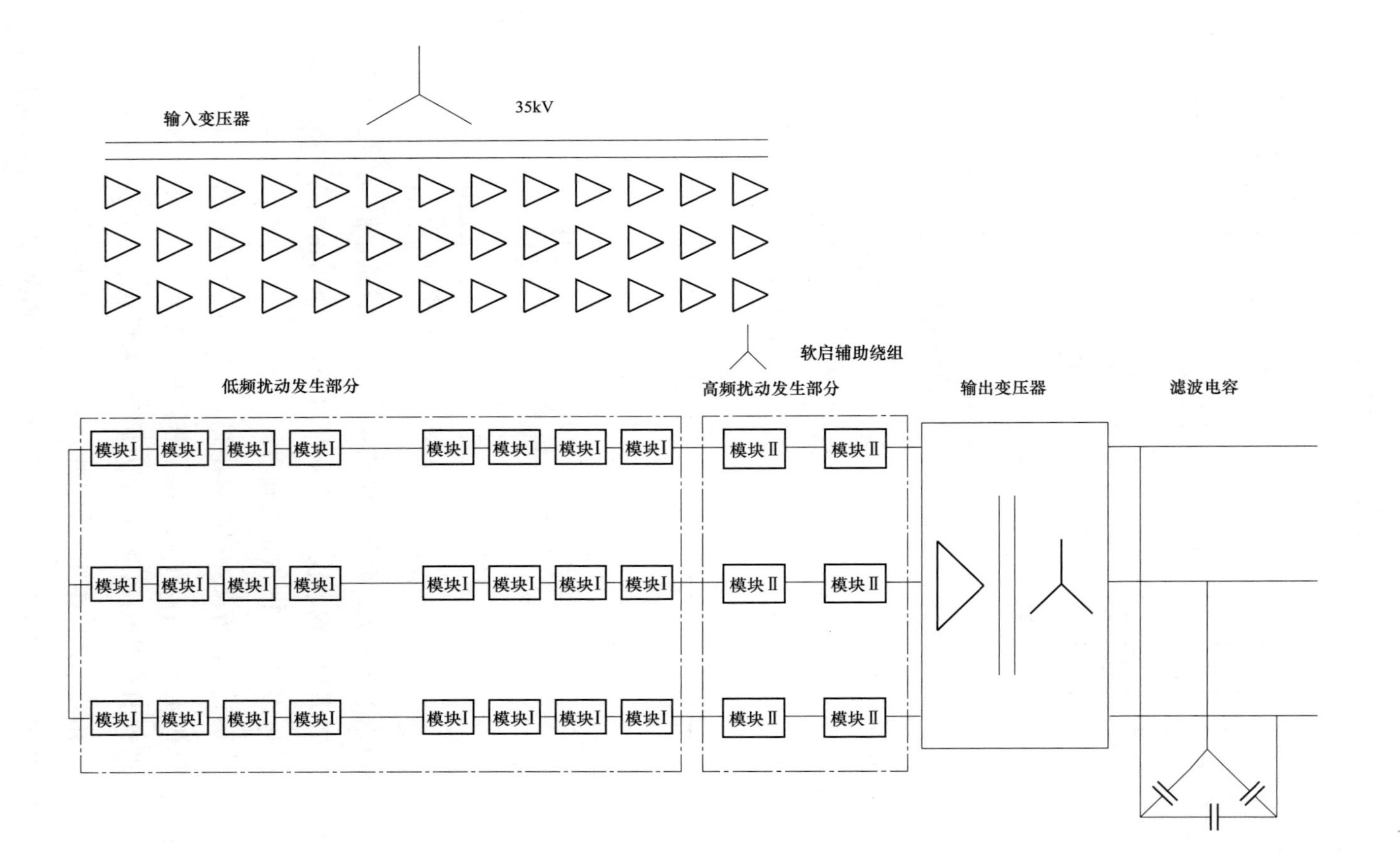

图 4－5　基于四象限级联链式变流器的电网扰动装置系统拓扑

拓展性。但是，该方案输入降压变压器需更改为多绕组变压器，系统结构与控制也较为复杂，且需注意功率模块之间的绝缘设计。

由于级联系统控制的复杂性和装置多功能、高性能的严格要求，该方案宜采用分布式控制系统，其关键是高速的内部总线和光纤通信系统。分布式控制系统基于数字信号处理器（Digital Signal Processor，简称 DSP），采用全数字矢量控制技术和现代智能控制技术结合，可实现对输出电压、频率、波形及其变化率实施精确控制，进而保证系统优良特性。

4.2.3　电网扰动发生装置控制策略

以前节级联式拓扑为例，电网扰动发生装置在功率单元的设计上，采用四象限级联型多电平变流器拓扑。其每一个功率单元，输入端采用三相电压型 PWM 整流器，中间采用直流母线结构，输出端为 H 桥逆变器，即构成四象限功率单元，其拓扑如图 4－6 所示。

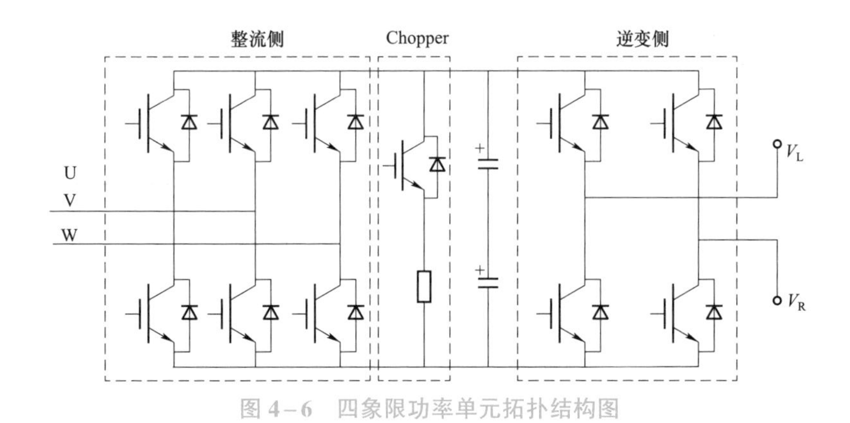

图 4－6　四象限功率单元拓扑结构图

根据图 4－6 可知，功率单元主要包括整流侧、chopper 模块和逆变侧，chopper 模块的作用是吸收低电压故障时的能量，防止母线电压升高，下面主要介绍整流侧、逆变侧的控制及总体控制逻辑。

4.2.3.1　整流侧控制方法

功率单元整流侧为三相电压型 PWM 整流器，其等效电路图如图 4－7 所示。在三相电压型 PWM 整流器控制系统设计中，按电流的回馈方式不同，可以分为直接电流控制与间接电流控制两种方式。间接电流控制（亦称幅相控制）方式是基于稳态的电流控制方法，虽然简单且不需要检测电网电流，但动态响应较慢，存在瞬态直流电流偏移，尤其是瞬态过冲电流几乎是稳态值的两倍。所以目前实用化的整流器均是带电流内环或状态反馈的直接电流控制方式。目前通常采用电压外环和电流内环相结合的双闭环控制方式。电压外环保证稳定的直流输出，电流内环主要用于提高系统的动态性能，以及提供及时的限流保护，增强系统抗冲击负荷的能力。

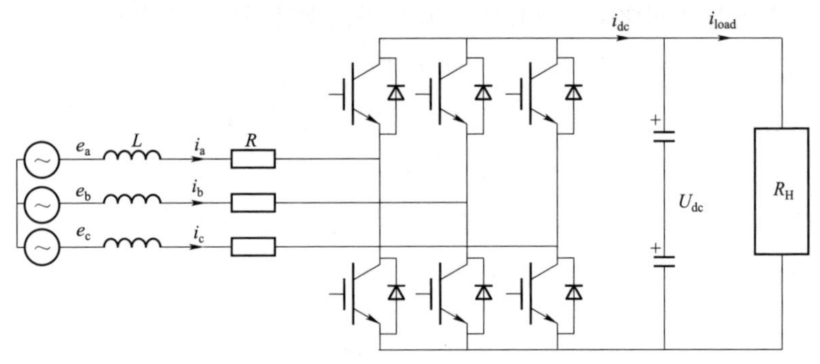

图 4-7　三相 PWM 整流器等效电路图

根据三相 PWM 整流器的电路图和坐标变换理论，若以电网电压 d 轴定向，可以得到基于并网点电压定向的同步旋转 dq 坐标系下三相 PWM 整流器的数学模型

$$\begin{cases} e_d = Ri_d + L\dfrac{di_d}{dt} - \omega Li_q + u_d \\ e_q = Ri_q + L\dfrac{di_q}{dt} + \omega Li_d + u_q \\ C\dfrac{dU_{dc}}{dt} = (S_d i_d + S_q i_q) - i_{load} \end{cases} \tag{4-1}$$

式中　e_d、e_q——电网电压的 d 轴、q 轴分量，其中 e_q 为 0；

i_d、i_q——输入电流的 d 轴、q 轴分量，即有功电流、无功电流；

u_d、u_q——整流变流器交流侧输出电压的 d 轴、q 轴分量；

S_d、S_q——开关函数的 d 轴、q 轴分量；

ω——电网角速度。

从三相 PWM 整流器的旋转坐标模型方程可看出，三相 PWM 整流器的

dq 轴变量相互耦合，因而给控制器设计带来一定的困难。为此，通过前馈解耦控制策略，当电流调节器采用 PI 调节时，三相 PWM 整流器电流内环控制方程见式（4－2）。PWM 整流器的主要控制目标就是使直流侧母线电压稳定，因此在电流内环中只需要控制有功电流 i_d，无功电流参考值 i_q^*设置为 0。

$$\begin{cases} u_d = -\left(K_{iP} + \dfrac{K_{iI}}{s}\right)(i_d^* - i_d) + \omega L i_q + e_d \\ u_q = -\left(K_{iP} + \dfrac{K_{iI}}{s}\right)(i_q^* - i_q) - \omega L i_d + e_q \end{cases} \tag{4-2}$$

式中　K_{iP}、K_{iI}——电流环 PI 调节器的比例、积分系数。

电压外环的控制目标是为了稳定三相 PWM 整流器直流侧电压，根据直流侧电压参考值与反馈值之间的误差计算得 d 轴电流参考量，即

$$i_d^* = \left(K_{vP} + \frac{K_{vI}}{s}\right)(U_{dc}^* - U_{dc}) \tag{4-3}$$

式中　K_{vP}、K_{vI}——电压环 PI 调节器的比例、积分系数。

根据式（4－2）和式（4－3），可得三相电压型 PWM 整流器的系统控制框图如图 4－8 所示。三相电压型 PWM 整流器采用电压空间矢量脉宽调制（Space Vector Pulse Width Modulation，简称 SVPWM）方法控制其开关器件的通断。

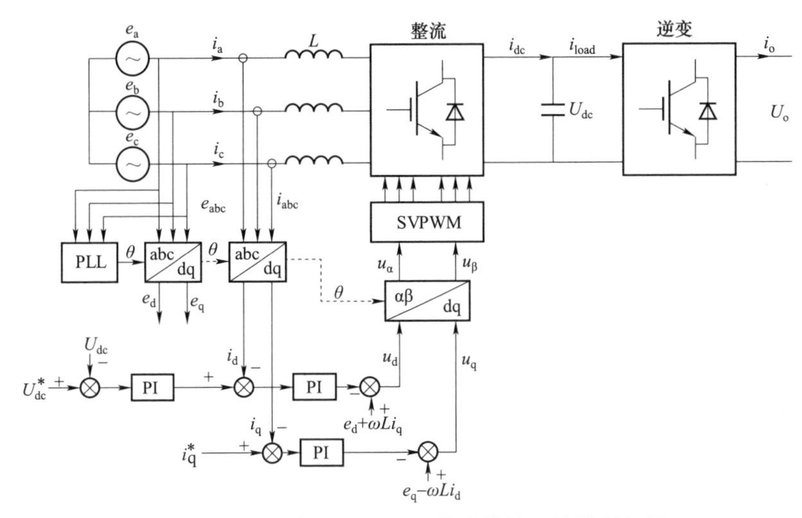

图 4－8　三相电压型 PWM 整流器的系统控制框图

SVPWM 实际上是对常规 SPWM 方法的一种改进，即在正弦调制信号上注入零序三次分量，它作为常规 SPWM 的一种改进方法，直流电压利用率高，同等条件下具有较低的开关频率，有效地降低了变流器的开关损耗，因此更有利于采用 DSP 数字控制技术。SVPWM 的主要思想是以三相对称正弦波电压供电时三相对称电动机定子理想磁链圆为参考标准，以三相逆变器不同开关模式作适当的切换，从而形成 PWM 波，并以所形成的实际磁链矢量来追踪其准确磁链圆。从电源的角度看，传统的 SPWM 方法生成一个可调频调压的正弦波电源，而 SVPWM 方法将逆变系统和异步电机看作一个整体来考虑，模型比较简单，也便于微处理器的实时控制。

可将基于 SVPWM 控制的变流器用如图 4－9 所示的模型来表示，图中的小方框既可以表示三相负载，也可以表示三相电源。

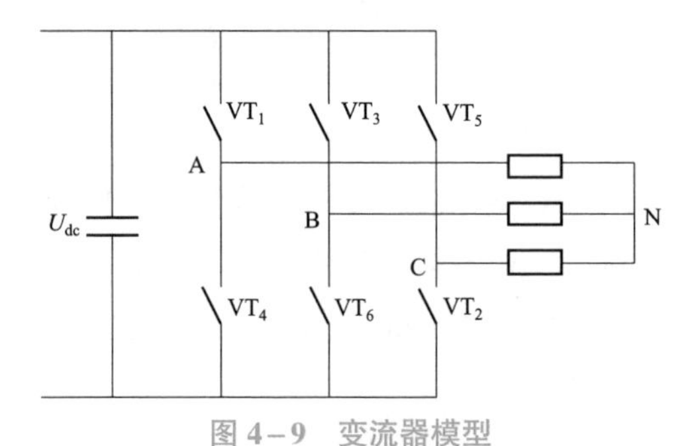

图 4－9　变流器模型

图 4－9 中变流器采用 180° 导通型换流器件，上桥臂器件导通用数字“1”，下桥臂器件导通用数字“0”，有 8 种工作状态，这 8 种状态按照 ABC 相序依次排列如图 4－10 所示，可分别表示为：001、010、011、100、101、110 以及 111 和 000，最后两种状态下变流器没有输出电压因此被视为无效状态即为零向量。

从图 4－10 可以看出复平面被 6 个有效矢量和 2 个零矢量分为 6 个扇区，空间中任何电压矢量都可以由该电压所在扇区相邻的两个基本电压矢量来合成。

以扇区 I 为例，基本电压矢量 $\vec{U}_1$、$\vec{U}_2$ 合成电压矢量 $\vec{U}_s$ 的过程如图 4－11 所示，$\vec{U}_1$、$\vec{U}_2$ 的作用时间 T_1、T_2 可由式（4－4）算出

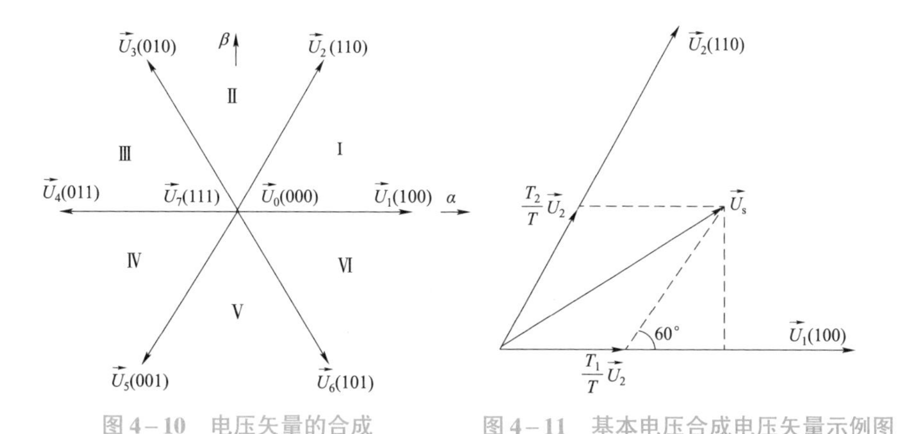

图4-10　电压矢量的合成　　　　图4-11　基本电压合成电压矢量示例图

$$
\begin{cases}
u_{\alpha}=\dfrac{T_1}{T}\left|\vec{U}_1\right|+\dfrac{T_2}{2T}\left|\vec{U}_2\right| \\
u_{\beta}=\dfrac{\sqrt{3}T_2}{2T}\left|\vec{U}_2\right|
\end{cases}
\tag{4-4}
$$

式中　T——PWM调制周期；

u_{α}、u_{β}——整流器交流侧输出电压的α轴、β轴分量。

根据SVPWM调制原理可知，SVPWM模块主要完成以下工作：计算空间电压矢量；判断矢量所在扇区；计算扇区有效矢量与作用时间；生成IGBT驱动信号。以下为具体步骤。

（1）确定参考电压矢量所在的扇区。根据给定电压空间矢量在空间三相坐标系的投影的正负可以判断该电压空间矢量位于哪个扇区。u_{α}、u_{β}两相静止坐标系下的电压分量，记u_a、u_b、u_c为其在三相坐标系上的投影标量

$$
\begin{cases}
u_a=u_{\beta} \\
u_b=-\dfrac{1}{2}u_{\beta}+\dfrac{\sqrt{3}}{2}u_{\alpha} \\
u_c=-\dfrac{1}{2}u_{\beta}-\dfrac{\sqrt{3}}{2}u_{\alpha}
\end{cases}
\tag{4-5}
$$

根据这三个变量可得到扇区的信息：如果$u_a>0$，则$a=1$，否则$a=0$；如果$u_b>0$，则$b=1$，否则$b=0$；如果$u_c>0$，则$c=1$，否则$c=0$。计算

如下表达式

$$M = a + 2b + 4c \tag{4-6}$$

由式（4－6）可得 M 值与扇区号的关系如表 4－5 所示，根据表 4－5 即可查出电压矢量所在的扇区。

表 4－5　　M 值与扇区号对应关系

M	1	2	3	4	5	6
扇区	Ⅱ	Ⅵ	Ⅰ	Ⅳ	Ⅲ	Ⅴ

（2）确定相邻两开关电压矢量的作用时间。因为 $\left|\vec{U}_1\right| = \left|\vec{U}_2\right| = 2U_{\mathrm{dc}}/3$，由式（4－4）可以计算出扇区Ⅰ（$M$=3）相邻电压矢量 $\vec{U}_1$、$\vec{U}_2$ 的作用时间 T_1 和 T_2，见式（4－7）

$$\begin{cases} T_1 = \dfrac{3u_\alpha - \sqrt{3}u_\beta}{2U_{\mathrm{dc}}}T \\ T_2 = \dfrac{\sqrt{3}u_\beta}{2U_{\mathrm{dc}}}T \end{cases} \tag{4-7}$$

同理可以计算出其他扇区相邻两电压矢量的作用时间，见表 4－6。

表 4－6　　相邻两矢量作用时间对应关系

M	1	2	3	4	5	6
T_1	Z	Y	－Z	－X	X	－Y
T_2	Y	－X	X	Z	－Y	－Z

其中

$$\begin{cases} X = \dfrac{\sqrt{3}u_\beta}{2U_{\mathrm{dc}}}T \\ Y = \dfrac{3u_\alpha + \sqrt{3}u_\beta}{2U_{\mathrm{dc}}}T \\ Z = \dfrac{-3u_\alpha + \sqrt{3}u_\beta}{2U_{\mathrm{dc}}}T \end{cases} \tag{4-8}$$

若出现饱和情况，即 $T_1+T_2>T$，则 T_1、T_2 需要进行调整，调整公式如下式

$$\begin{cases} T_1^* = \dfrac{T_1}{T_1+T_2}T \\ T_2^* = \dfrac{T_2}{T_1+T_2}T \end{cases} \tag{4-9}$$

对应三个上升沿的时刻依次为

$$\begin{cases} T_a = (T-T_1-T_2)/4 \\ T_b = T_a + T_1/2 \\ T_c = T_b + T_2/2 \end{cases} \tag{4-10}$$

（3）确定脉冲空间矢量的切换点。不同扇区的脉冲矢量的切换点不同，由表4－7求出切换点。

表4－7　比较器的赋值表

M	1	2	3	4	5	6
T_{cm1}	T_b	T_a	T_a	T_c	T_c	T_b
T_{cm2}	T_a	T_c	T_b	T_b	T_a	T_c
T_{cm3}	T_c	T_b	T_c	T_a	T_b	T_a

4.2.3.2　逆变侧控制方法

逆变电路根据直流侧电源性质的不同可分为两种：电压源型逆变电路（Voltage Source Inverter，VSI）和电流源型逆变电路（Current Source Inverter，CSI）。根据拓扑结构的不同，电压源型逆变电路又可以分为半桥逆变电路和全桥逆变电路（又称为H桥式逆变电路）。以下为H桥式逆变电路的主要特点。

（1）直流侧为电压源，或并联有大电容，相当于电压源；直流侧基本无脉动，直流回路呈现低阻抗。

（2）由于直流电压源的钳位作用，交流侧输出电压波形为矩形波，并且与负载阻抗角无关；而交流侧输出电流波形和相位因负载阻抗情况的不同而不同。

（3）当交流侧为阻感负载时需要提供无功功率，直流侧电容起缓冲无功能量的作用；为了给交流侧向直流侧反馈的无功能量提供通道，逆变器各桥臂都并联了反馈二极管。

（1）H 桥逆变器控制。H 桥逆变器电路图如图 4－12 所示，图中 U_{dc} 为直流母线电压，i_{load} 为直流侧电流；U_L、U_R 分别为 H 桥逆变器左桥臂和右桥臂中点对直流电容中点电压，即桥臂输出电压；U_o、i_o 分别为 H 桥逆变器输出电压和电流。

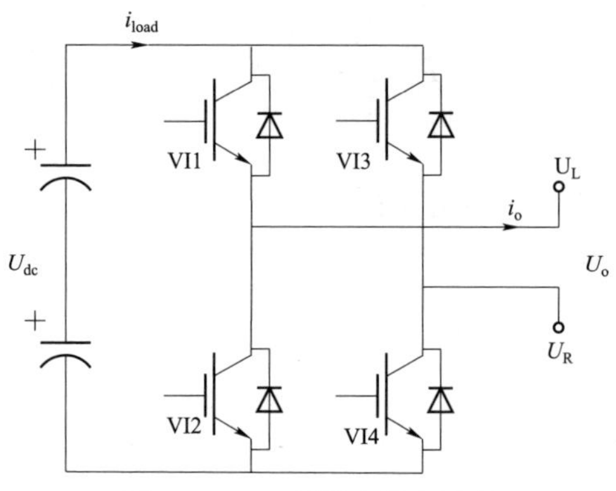

图 4－12　H 桥逆变器电路图

定义 S_1～S_4 分别为全控型开关器件的开关状态，由相应器件的驱动信号决定，其值为 1 时表示器件导通，为 0 时表示器件关断，其中，S_1，S_2 互补导通，S_3，S_4 互补导通。

定义 S_L、S_R 分别为左右桥臂状态变量，正常工作时只有两种状态 1 和－1，分别表示上桥臂导通和下桥臂导通，不考虑死区时与器件开关状态即驱动信号的对应关系为

$$S_L=\begin{cases}1 & S_1=1,S_2=0\\-1 & S_1=0,S_2=1\end{cases} \tag{4-11}$$

$$S_R=\begin{cases}1 & S_3=1,S_4=0\\-1 & S_3=0,S_4=1\end{cases} \tag{4-12}$$

左、右桥臂电压为

$$\begin{cases}U_L=S_LU_{dc}/2\\U_R=S_RU_{dc}/2\end{cases} \tag{4-13}$$

H桥输出逆变电压为

$$U_o = U_L - U_R = \frac{(S_L - S_R)U_{dc}}{2} = \begin{cases} U_{dc} & S_L = 1, S_R = -1 \\ 0 & S_L = 1, S_R = 1 \text{或} S_L = -1, S_R = -1 \\ -U_{dc} & S_L = -1, S_R = 1 \end{cases} \tag{4-14}$$

直流侧电流为

$$i_{load} = \frac{(S_L - S_R)i_o}{2} = \begin{cases} i_o & S_L = 1, S_R = -1 \text{或} S_L = -1, S_R = 1 \\ 0 & S_L = 1, S_R = 1 \text{或} S_L = -1, S_R = -1 \end{cases} \tag{4-15}$$

给定直流母线电压、驱动信号和负载之后，即可由式（4－14）和式（4－15）计算H桥逆变器的输出电压和直流侧电流，其中直流电流决定了四象限功率单元输入电流的大小和方向。

H桥逆变器控制基于PWM控制技术，PWM控制技术一般可以分为计算法和调制法。计算法是根据面积等效原理，通过给出的逆变电路的正弦波输出频率、幅值和半个周期内的脉冲数，精确的计算出PWM波形中的各脉冲的宽度和间隔。这种方法十分烦琐，当需要输出的正弦波的频率、幅值或相位变化时，结果都要变化，对处理器计算能力要求很高，因此一般采用调制法。调制法把希望输出的波形作为调制信号，把接受调制的信号作为载波，通过信号波的调制得到所期望的PWM波形。

通常采用等腰三角波作为载波，因为等腰三角波上任意一点的水平宽度和高度呈线性关系且左右对称，当它与任何一个平缓变化的调制信号波相交时，如果在交点时刻对电路中开关器件的通断进行控制，就可以得到宽度正比于信号波幅值的脉冲，这正好符合PWM控制的要求。在调制信号波为正弦波时，所得到的波形就是SPWM波形。正弦调制信号与三角载波信号对比生成SPWM波形如图4－13所示。

根据式（4－14），功率单元逆变侧输出电压是左右两个桥臂之差，左右桥臂的PWM生成方法有两种。

方法一：左右桥臂采用同一个调制波，两个桥臂载波相位互差180°，左桥臂采用常规双极性PWM方式，右桥臂采用常规双极性PWM后取反得到。

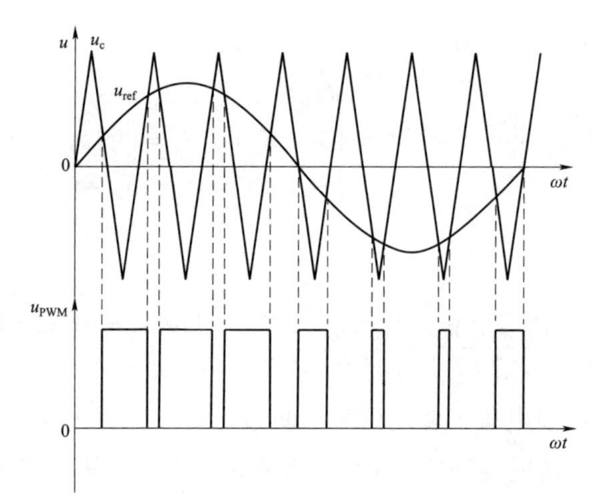

图 4-13　正弦调制信号与三角载波信号对比生成 SPWM 波形

方法二：左右桥臂采用同一个载波，两个桥臂调制波反相，左右桥臂均采用常规双极性 PWM 方式。方法二可减少所需载波数量，进而减少采样次数。

这两种方法是等效的，所生成 PWM 波是相同的，这两种调制方案可以使系统的输出开关频率提高一倍，而每个半桥只负责调制一半的直流母线电压。两种 PWM 调制方式对比如图 4-14 所示。

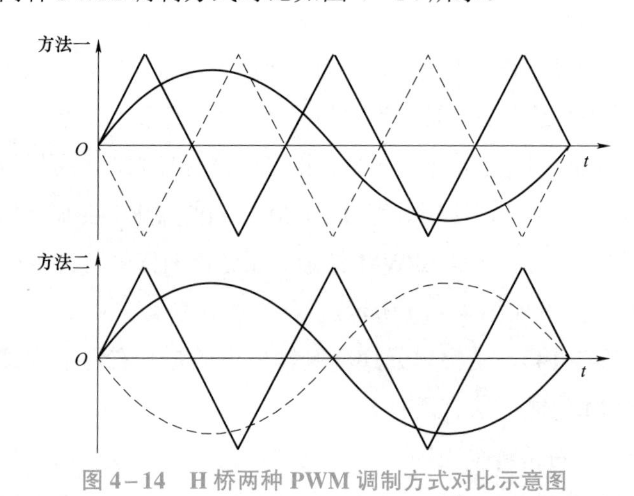

图 4-14　H 桥两种 PWM 调制方式对比示意图

综上，基于 SPWM 的逆变侧 H 桥变流器控制框图如图 4-15 所示。

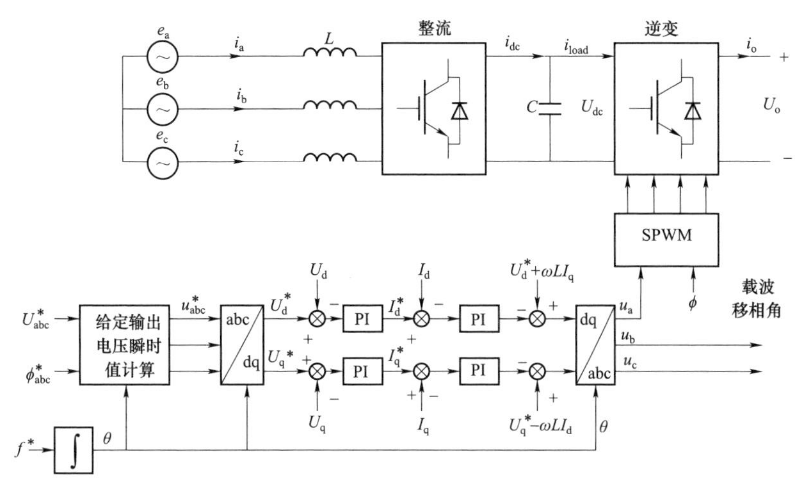

图 4－15　基于 SPWM 的逆变侧 H 桥变流器控制框图

（2）N 单元四象限级联型逆变器控制。四象限级联型逆变器输入端为隔离变压器，变压器二次侧输出端与各个功率单元输入端相连，各个功率单元输入端为并联关系。对于 N 单元电路结构，忽略线路压降，变压器变比取为 n:1，因此总输入电流为

$$\begin{cases} i_a = \dfrac{1}{n}\sum_{j=1}^{N} i_{aj} \\ i_b = \dfrac{1}{n}\sum_{j=1}^{N} i_{bj} \\ i_c = \dfrac{1}{n}\sum_{j=1}^{N} i_{cj} \end{cases} \tag{4-16}$$

式中　i_{aj}、i_{bj}、i_{cj}——第 j 级功率单元输入电流。

理想情况下，各个功率单元输入电流相同，式（4－16）简化为

$$\begin{cases} i_a = \dfrac{1}{n}\sum_{j=1}^{N} i_{aj} = \dfrac{N \cdot i_{aj}}{n} \\ i_b = \dfrac{1}{n}\sum_{j=1}^{N} i_{bj} = \dfrac{N \cdot i_{bj}}{n} \\ i_c = \dfrac{1}{n}\sum_{j=1}^{N} i_{cj} = \dfrac{N \cdot i_{cj}}{n} \end{cases} \tag{4-17}$$

由上式可知，四象限级联型逆变器的总输入电流为所有功率单元的输入电流之和除以变压器变比。

对于输出端，四象限级联型逆变器的每一相都采用多个低压小功率的H桥逆变单元，将其串联得到高电压输出。每个逆变单元都相互独立且采用独立的低压整流单元作为直流电源供电，四象限级联型逆变器拓扑结构如图4－16所示。

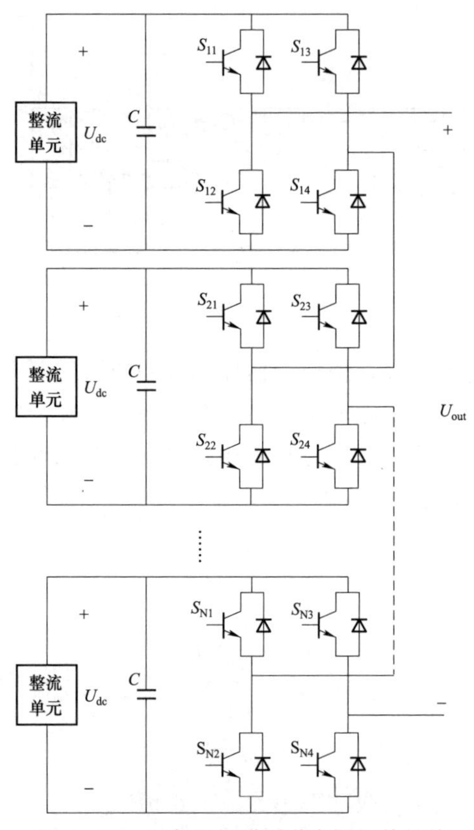

图4－16　四象限级联型逆变器拓扑结构

逆变器每相由N个三电平功率单元级联而成，各相电压由功率单元输出电压叠加而成，即

$$\begin{cases} u_{\mathrm{An}} = \sum_{j=1}^{N} u_{\mathrm{Aj}} \\ u_{\mathrm{Bn}} = \sum_{j=1}^{N} u_{\mathrm{Bj}} \\ u_{\mathrm{Cn}} = \sum_{j=1}^{N} u_{\mathrm{Cj}} \end{cases} \tag{4-18}$$

式中　u_{Aj}、u_{Bj}、u_{Cj}——第 j 级功率单元输出电压。

式（4-18）表明，只要增加功率单元级联数目，即可提高输出电压等级，而各个功率单元中的功率器件承受的电压保持不变。由于各个功率单元输出端级联，因此每相中各个功率单元的输出电流相同，并等于总输出相电流，即

$$\begin{cases} i_A = i_{Aj} = i_{Ak} \\ i_B = i_{Bj} = i_{Bk} \\ i_C = i_{Cj} = i_{Ck} \end{cases} \quad j = 1, \cdots, N; k = 1, \cdots, N \tag{4-19}$$

式中　i_{Aj}、i_{Bj}、i_{Cj}——第 j 级单元输出电流；

i_{Ak}、i_{Bk}、i_{Ck}——第 k 级单元输出电流。

由此可知，各个功率单元的电流等级与逆变器总的电流等级相近，各个功率单元的功率等级近似相同，可设计为相同的电路结构。

四象限级联型逆变器采用载波移相 SPWM 技术，该技术具有控制方案简单、电平阶数多、等效开环频率高、谐波含量小、传输带宽宽、控制线性度好的优点，是级联变频器普遍采用的方法。载波移相就是使每个功率单元的载波相差一个电角度，具体可以计算为

$$\Delta\alpha = 2\pi / N \tag{4-20}$$

式中　$\Delta\alpha$——相邻模块间载波移相角度；

N——每相级联的功率单元数。

各单元之间都不是同时输出，而是类似于三相交流电一样移相输出，最后在输出端进行错位叠加。载波移相原理示意图如图 4-17 所示。

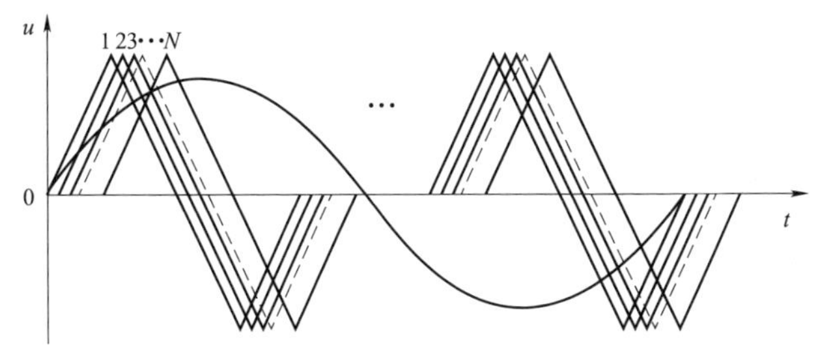

图 4-17　载波移相原理示意图

采用载波移相 SPWM 方案，H 桥级联式多电平逆变器的每个功率单元模块的 SPWM 信号均由一个三角载波与一个正弦波比较产生，所有的模块

正弦波都相同，但每个模块的三角载波与其相邻模块的三角载波之间有一定的相移。总输出电压每次变化的电压量只有一个单元的母线电压，但最终叠加出的波形幅值仍能达到 $N \times U_{dc}$，另外由于移相错位还使得整个系统的开环频率提高了 N 倍，大大减小了输出谐波。

4.2.3.3 系统总体控制逻辑

虽然整个系统采用的是级联的方式，将各个功率单元连接起来形成统一的整体，对外进行整流和逆变调制；但是在各个功率单元内，还是采用背靠背结构，将整流和逆变结合在一起，同时分析整流侧和逆变侧的工作状况，并做相应的调整。

系统上电后主程序的状态机流程如图 4－18 所示。

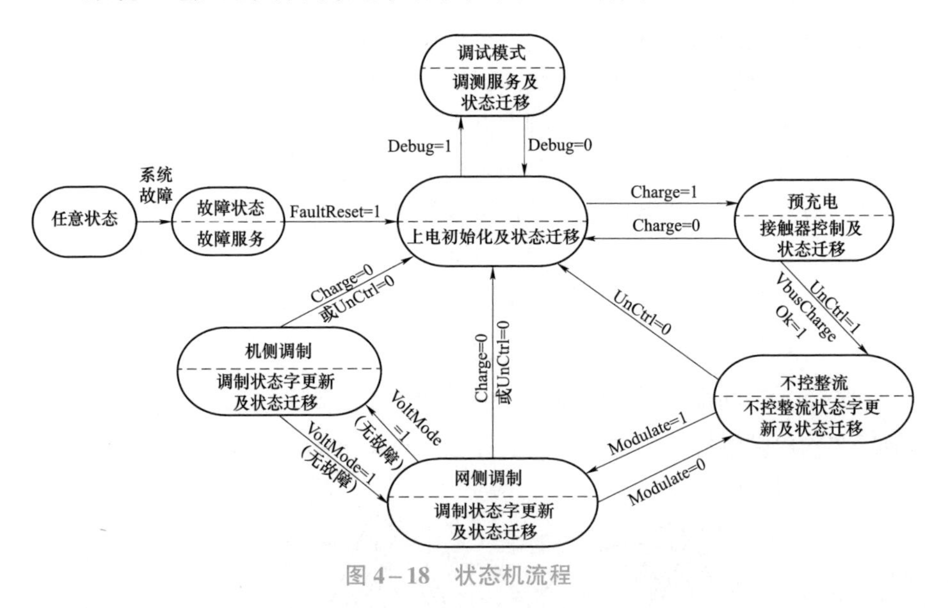

图 4－18　状态机流程

随着系统进入不同的状态中，会启用对应的程序来完成该状态下相应的动作。主程序流程图如图 4－19 所示。

上电后，系统首先进行初始化，检测各个模块是否正常。若正常则使能中断程序，中断程序逻辑如图 4－20 所示，其中断子程序流程图如图 4－21 所示。在启动看门狗定时器后，进入主程序的下一步骤。

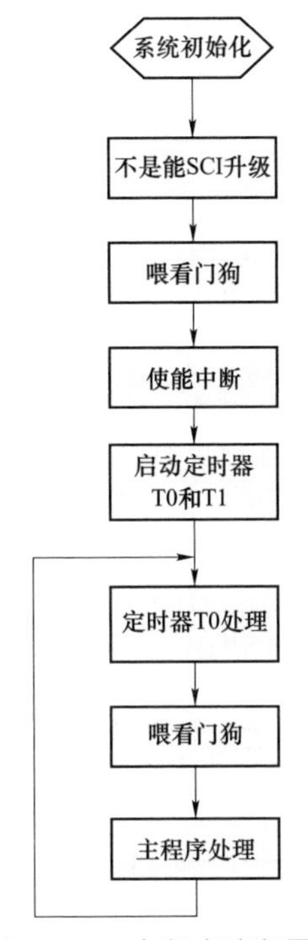

图 4－19　主程序流程图

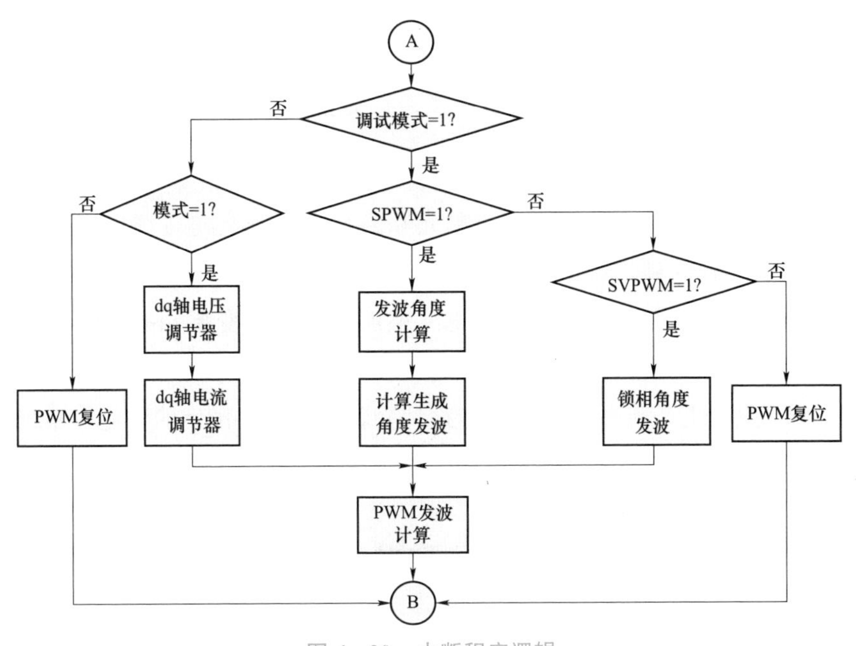

图 4－20　中断程序逻辑

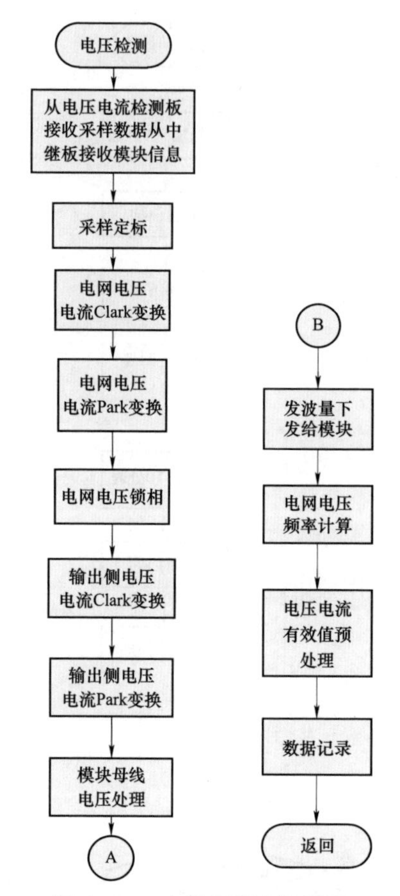

图 4－21　中断子程序流程图

由于采用背靠背结构，整流单元和逆变单元都会对母线电压产生影响。如果二者单独控制的话，可能会引起母线电压大幅波动，甚至产生谐振。因此在调节控制时，必须综合整流单元和逆变单元的实时工况，由主程序做统一调节。

以上各个程序流程在实时进行循环刷新，配合关键字的变化，系统在各个状态中切换，进而完成各种功能的实现。

4.3 风电机组电网适应性测试方法

《风电机组电网适应性测试规程》（NB/T 31054）规定，风电机组电

网适应性的测试主要包括电压适应性、频率适应性、三相电压不平衡适应性、闪变适应性和谐波适应性。测试程序包括空载测试和负载测试，空载测试的目的是确认电网扰动发生装置空载运行时对发电母线电压不产生影响，并分析装置空载电压输出特性是否满足标准要求。负载测试的目的是测试电网扰动发生装置的负载能力及风电机组的电网适应能力。本节重点介绍标准要求的测试内容和测试程序。

4.3.1　电压适应性测试方法

4.3.1.1　测试内容

利用测试装置在测试点产生要求的电压偏差，当测试点的供电电压偏差在 GB/T 12325 规定的限值范围内时，风电机组应能正常运行。风电机组电压偏差适应性测试内容如表 4－8 所示。

表 4－8　　风电机组电压偏差适应性测试内容

电压设定值（标幺值）	持续时间（min）
0.90	30
0.95	10
1.05	10
1.10	30

4.3.1.2　测试程序

（1）空载测试。在风电机组与电网断开的情况下，调节测试装置输出电压从 0.9～1.1 标幺值，电压调整的步长为额定电压的 1%，每个步长应至少持续 5s，记录每次调整时电压实测值和对应的调整参数。

（2）负载测试。测试时各电压设定值对应的调整参数应与空载测试时保持一致。风电机组设定为单位功率因数控制，测试过程中风电机组平均有功功率输出应在额定功率的 10%以上。测试时采用以下步骤：

a）在额定频率条件下保持风电机组正常运行，调节测试装置从额定电压开始以额定电压的 1%为步长逐步升高电压，每个步长应至少持续 20s，当电压升至 1.05 标幺值时，该点测试持续时间不小于 10min；继续以额定电压的 1%为步长逐步升高电压，每个步长应至少持续 20s，当电压升至 1.10

标幺值时，该点测试持续时间不小于 30min。测试过程中，若风电机组脱网，记录测试持续时间和风电机组脱网时间。

b）在额定频率条件下保持风电机组正常运行，调节测试装置从额定电压开始以额定电压的 1%为步长逐步降低电压，每个步长应至少持续 20s，当电压降至 0.95 标幺值时，该点测试持续时间不小于 10min；继续以额定电压的 1%为步长逐步降低电压，每个步长应至少持续 20s，当电压降至 0.90 标幺值时，该点测试持续时间不小于 30min。测试过程中，若风电机组脱网，记录测试持续时间和风电机组脱网时间。

c）记录测试结果。

4.3.2 频率适应性测试方法

4.3.2.1 测试内容

利用测试装置在测试点产生要求的频率偏差，当测试点的供电频率在 GB/T 19963 要求的运行范围内时，风电机组应能正常运行。风电机组频率偏差适应性测试内容如表 4－9 所示。

表 4－9 风电机组频率偏差适应性测试内容

<table>
<tr><th>频率范围</th><th>频率设定值</th><th>持续时间（min）</th></tr>
<tr><td>低于 48Hz</td><td>允许运行的最低频率</td><td>5</td></tr>
<tr><td>48～49.5Hz</td><td>48Hz</td><td>30</td></tr>
<tr><td rowspan="2">49.5～50.2Hz</td><td>49.5Hz</td><td>30</td></tr>
<tr><td>50.2Hz</td><td>30</td></tr>
<tr><td rowspan="2">高于 50.2Hz</td><td>允许运行的最高频率</td><td>5</td></tr>
<tr><td colspan="2">当电网频率高于 50.2Hz 时，在风电机组停机状态下启动风电机组，测试风电机组是否能够并网</td></tr>
</table>

4.3.2.2 测试程序

（1）空载测试。在风电机组与电网断开的情况下，调节测试装置输出频率从机组允许运行的最低频率至最高频率，频率调整的步长为 0.1Hz，每个步长应至少持续 5s，记录每次调整时频率实测值和对应的调整参数。

（2）负载测试。测试时各频率设定值对应的调整参数应与空载测试时保持一致。风电机组设定为单位功率因数控制，测试过程中风电机组平均有功功率输出应在额定功率的10%以上。测试时采用以下步骤：

a）在额定电压条件下保持风电机组正常运行，调节测试装置从额定频率开始以 0.1Hz 为步长逐步升高频率，每个步长应至少持续 20s，当频率升至 50.2Hz 时，该点测试持续时间不小于 30min；继续以 0.1Hz 为步长逐步升高频率，每个步长应至少持续 20s，当频率升至机组允许运行的最高频率时，该点测试持续时间不小于 5min。测试过程中，若风电机组脱网，记录测试持续时间和风电机组脱网时间。

b）在额定电压条件下保持风电机组正常运行，调节测试装置从额定频率开始以 0.1Hz 为步长逐步降低频率，每个步长应至少持续 20s，当频率降至 49.5Hz 时，该点测试持续时间不小于 30min；继续以 0.1Hz 为步长逐步降低频率，每个步长应至少持续 20s，当频率降至 48Hz 时，该点测试持续时间不小于 30min；继续以 0.1Hz 为步长逐步降低频率，每个步长应至少持续 20s，当频率降至风电机组允许运行的最低频率时，该点测试持续时间不小于 5min。测试过程中，若风电机组脱网，记录测试持续时间和风电机组脱网时间。

c）在额定电压条件下，调节测试装置输出频率为 50.3Hz，在风电机组停机状态下启动风电机组，测试风电机组是否能够并网。

d）记录测试结果。

4.3.3 三相电压不平衡适应性测试方法

4.3.3.1 测试内容

对风电机组三相电压不平衡适应性测试，NB/T 31054 仅考核负序不平衡情况。

利用测试装置在测试点产生要求的三相电压不平衡，当测试点的三相电压不平衡度在 GB/T 15543 规定的限值范围内时，风电机组应能正常运行。风电机组三相电压不平衡适应性测试内容如表 4－10 所示。

表 4-10　风电机组三相电压不平衡适应性测试内容

三相电压不平衡度设定值（%）	持续时间（min）
2.0	30
4.0	1

4.3.3.2 测试程序

（1）空载测试。在风电机组与电网断开的情况下，通过调整电压幅值或相位使三相电压不平衡度至指定值，符合三相电压不平衡适应性测试内容要求，记录每次调整时三相电压不平衡度实测值和对应的调整参数。

（2）负载测试。测试时三相电压不平衡度设定值对应的调整参数应与空载测试时保持一致。风电机组设定为单位功率因数控制，测试过程中风电机组平均有功功率输出应在额定功率的50%以上。测试时采用以下步骤：

a）在额定电压和额定频率条件下保持风电机组正常运行，调节测试装置使其输出负序电压不平衡度为2.0%，该点测试持续时间不小于30min；继续调节测试装置使其输出负序电压不平衡度为4.0%，该点测试持续时间不小于1min。测试过程中，若风电机组脱网，记录测试持续时间和风电机组脱网时间。

b）记录测试结果。

4.3.4 闪变适应性测试方法

4.3.4.1 测试内容

利用测试装置在测试点产生要求的电压波动和闪变，当测试点的闪变值在GB/T 12326规定的限值范围内时，风电机组应能正常运行。

风电机组闪变适应性测试内容参照GB/T 12326的规定，当测试点标称电压小于等于110kV时，确保测试点长时间闪变值P_{lt}不小于1；当测试点标称电压大于110kV时，确保测试点长时间闪变值P_{lt}不小于0.8。风电机组闪变适应性测试内容如表4-11所示。

表 4-11　风电机组闪变适应性测试

电压等级（kV）	长时间闪变值P_{lt}	持续时间（min）
≤110	1.0	10
>110	0.8	10

4.3.4.2　测试程序

（1）空载测试。在风电机组与电网断开的情况下，调节测试装置输出闪变值至指定值，符合闪变适应性测试内容要求，记录每次调整时短时间闪变值 P_{st} 的实测值和对应的调整参数。

（2）负载测试。测试时闪变设定值对应的调整参数应与空载测试时保持一致。风电机组设定为单位功率因数控制，测试过程中风电机组平均有功功率输出应在额定功率的 30%以上。测试时采用以下步骤：

a）在额定电压和额定频率条件下保持机组正常运行，设定与空载测试时相同的调整参数，持续 10min 后若风电机组未脱网则停止测试；若风电机组脱网，记录测试持续时间和风电机组脱网时间。

b）记录测试结果。

4.3.5　谐波电压适应性测试方法

4.3.5.1　测试内容

利用测试装置在测试点产生要求的谐波，当测试点的谐波电压在 GB/T 14549 规定的限值范围内时，风电机组应能正常运行。

风电机组谐波电压适应性测试内容参照 GB/T 14549 的规定，分别以电压总谐波畸变率、各次谐波电压含有率进行考核：

（1）以电压总谐波畸变率考核，利用测试装置设置奇、偶次谐波组合，设置电压总谐波畸变率，这种谐波组合下测试时间至少持续 10min。

（2）以各次电压谐波含有率考核，利用测试装置设置奇次谐波含有率，各次谐波下测试时间至少持续 2min。

（3）以各次电压谐波含有率考核，利用测试装置设置偶次谐波含有率，各次谐波下测试时间至少持续 2min。

4.3.5.2　测试程序

（1）空载测试。在风电机组与电网断开的情况下，调节测试装置输出电压总谐波畸变率和各次谐波电压含有率至指定值，符合谐波电压适应性测试内容要求，分别记录每次调整时电压总谐波畸变率及各次谐波电压含有率实测值和对应的调整参数。

（2）负载测试。测试时电压总谐波畸变率和各次谐波电压含有率对应的调整参数应与空载测试时保持一致。风电机组设定为单位功率因数控制，测试过程中风电机组平均有功功率输出应在额定功率的30%以上。测试时采用以下步骤：

a）在额定电压和额定频率条件下保持机组正常运行。

b）设定调整参数为空载测试时电压总谐波畸变率设定值所对应的调整参数，持续10min后若风电机组未脱网则停止测试；若风电机组脱网，记录测试持续时间和风电机组脱网时间。

c）恢复电压和频率为额定条件并保持机组正常运行，设置调整参数为空载测试时第3次谐波含有率设定值所对应的调整参数，持续2min后若风电机组未脱网则停止测试；若风电机组脱网，记录测试持续时间和风电机组脱网时间。

d）奇次谐波电压适应性测试方法与第c）步相同。

e）恢复电压和频率为额定条件并保持机组正常运行，设置调整参数为空载测试时第2次谐波含有率设定值所对应的调整参数，持续2min后若风电机组未脱网则停止测试；若风电机组脱网，记录测试持续时间和风电机组脱网时间。

f）偶次谐波电压适应性测试方法与第e）步相同。

g）记录测试结果。

4.4 风电机组电网适应性测试实例

电网适应性测试分为空载测试和负载测试。本节不对空载测试做介绍，主要示例某商业机组负载试验情况。测试机组为2MW双馈型风电机组，叶片长度99m，额定风速10.4m/s，详细信息如表4－12所示。

测试需要采集的数据包括：35kV供电母线侧三相电压、三相电流，扰动输出端测试母线侧三相电压、三相电流，风电机组出口变压器低压侧三相电压、三相电流及其被测风电机组的机舱风速信息。

测试量均以标幺值标注，基准值分别取为：电压 $U_b=35kV$，功率 $S_b=2.0MW$。

表 4－12　　风电机组信息

类　型		信　息
风电机组类型		3 叶片、水平轴、上风向、变桨、变速、双馈型
叶轮直径		99m
轮毂高度		80m
额定功率，P_n		2000kW
额定视在功率，S_n		2100kVA
额定电压，U_n		0.69kV
额定频率，f_n		50Hz
额定风速，v_n		10.4m/s
风电机组升压变压器	额定视在功率	3350kVA
	额定电压（中压侧）	36.75kV
	额定电压（低压侧）	0.69kV
	短路阻抗	8.84%
	负载损耗	28.148kW
	实际运行变比	34.757/0.657kV
	联结组别	Dyn11

4.4.1　电压偏差适应性

测试风电机组对电网电压偏差的适应能力。表 4－13 列出了风电机组在不同电压偏差下的运行情况，当电网扰动发生装置设定电压为 0.9 标幺值、0.95 标幺值、1.05 标幺值、1.1 标幺值，风电连续运行时间满足要求。测试期间风电机组升压变压器高压侧电压、有功功率和无功功率随时间变化曲线如图 4－22 所示，可以看出，机组升压变压器高压侧电压在额定电压的 90%～110%范围内时，风电机组正常并网运行，有功、无功功率无明显异常。

表 4－13　　风电机组电压偏差适应性

电压幅值设定值（标幺值）	电压幅值测量值（标幺值）	实际运行时间（min）	要求运行时间（min）	风电机组是否连续并网运行
0.90	0.893	34	≥30	是
0.95	0.943	13	≥10	是
1.05	1.042	13	≥10	是
1.10	1.090	34	≥30	是

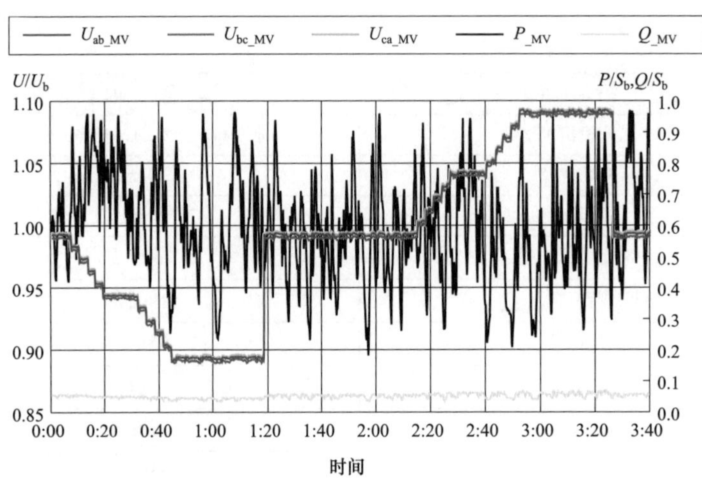

图 4-22　风电机组升压变压器高压侧电压、有功功率、无功功率随时间变化曲线

4.4.2　频率偏差适应性

测试风电机组对电网频率偏差的适应能力。表 4-14 列出了风电机组在不同频率偏差下的运行情况，当电网频率为 47.9Hz 时，风电机组实际运行 8min；当频率在 48～50.2Hz 范围内时，风电机组能正常运行 30min 以上；当电网频率高于 50.2Hz 时，在风电机组停机状态下启动风电机组，风电机组不能并网。测试期间风电机组升压变压器高压侧频率、有功功率和无功功率随时间变化曲线如图 4-23 和图 4-24 所示，测试频率在标准要求的范围内，风电机组均具有连续并网运行能力。

表 4-14　风电机组频率偏差适应性

频率范围	频率设定值（Hz）	频率测量值（Hz）	实际运行时间（min）	要求运行时间（min）	风电机组是否连续并网运行
低于 48Hz	47.9	47.89	8	≥5	是
48～49.5Hz	48.0	47.99	33	≥30	是
49.5～50.2Hz	49.5	49.49	32	≥30	是
	50.2	50.19	34	≥30	是
高于 50.2Hz	50.3	50.29	7	≥5	是
	当电网频率高于 50.2Hz 时，在风电机组停机状态下启动风电机组，测试风电机组不能并网				

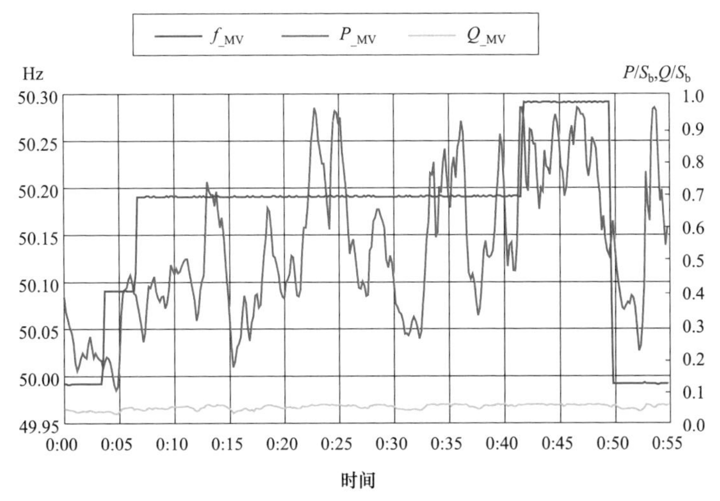

图 4－23　风电机组升压变压器高压侧频率、有功功率、无功功率（频率正偏差）随时间变化曲线

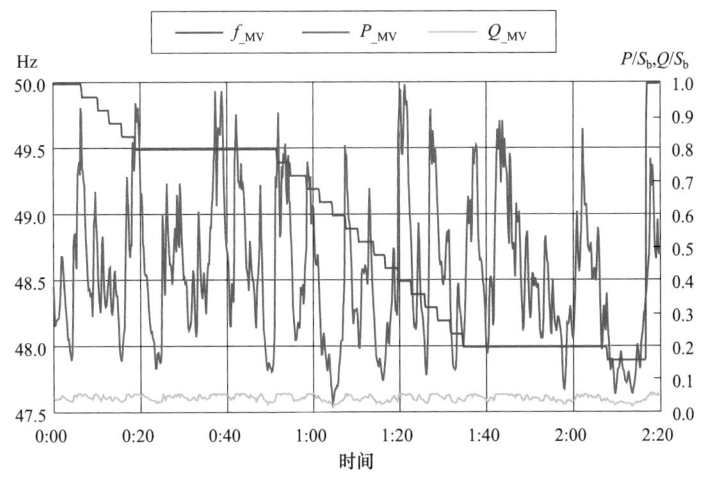

图 4－24　风电机组升压变压器高压侧频率、有功功率、无功功率（频率负偏差）随时间变化曲线

4.4.3　三相电压不平衡适应性

测试风电机组对电网三相电压不平衡的适应能力。表 4－15 列出了风电机组在不同电压不平衡度下的运行情况，当三相负序电压不平衡度设定为 2%时，风电机组并网连续运行 34min；当三相负序电压不平衡度设定为 4%时，风电机组并网连续运行 7min，均满足要求。测试期间风电机组升

压变压器高压侧三相负序电压不平衡度、三相负序电流不平衡度、有功功率和无功功率随时间变化曲线如图 4－25 所示，可以看出，三相负序电流不平衡度与三相负序电压不平衡度变化趋势一致，风电机组维持正常运行。

表 4－15　　风电机组三相电压不平衡带载测试记录

三相负序电压不平衡度设定值（%）	三相负序电压不平衡度测量值（%）	实际运行时间（min）	要求运行时间（min）	三相负序电流不平衡度测量值（%）	风电机组是否连续并网运行
2.0	1.88	34	≥30	1.03	是
4.0	3.76	7	≥1	1.40	是

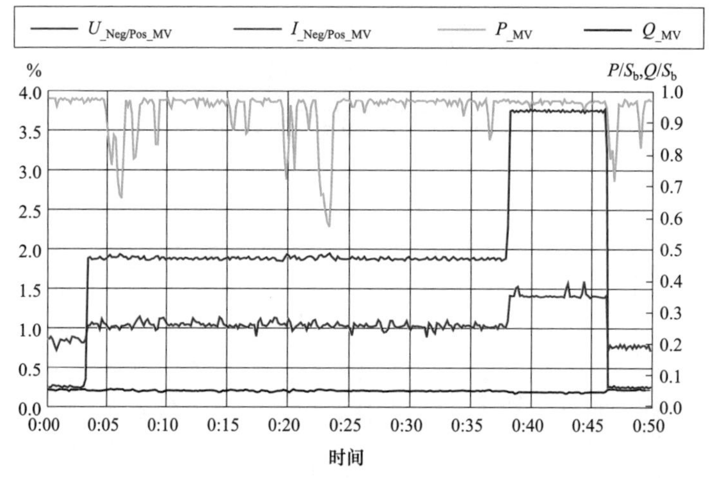

图 4－25　风电机组升压变压器高压侧电压不平衡度、电流不平衡度、有功功率、无功功率随时间变化曲线

4.4.4　闪变适应性

测试风电机组电网闪变的适应能力。表 4－16 列出了风电机组在不同电压闪变值下的运行情况。设定电网扰动发生装置输出电压波动幅值 2.0%，波动频度 137.4 次/min，对应短时闪变值 3.48，风电机组实际运行时长超过 10min；同时当闪变为 6.14 时，风电机组实际运行时长 15min，均满足要求。测试期间风电机组升压变压器高压侧的短时间闪变值、有功功率和无功功率随时间变化曲线如图 4－26 所示，短时闪变变化期间

风电机组维持正常运行。

表 4-16　风电机组闪变适应性测试记录

电压波动幅度设定值（%）	电压波动频度设定值（次/min）	短时间闪变值 P_{st} 测量值	实际运行时间（min）	要求运行时间（min）	风电机组是否连续并网运行
2.0	137.4	3.48	14	≥10	是
7.0	55.2	6.14	15	—	是

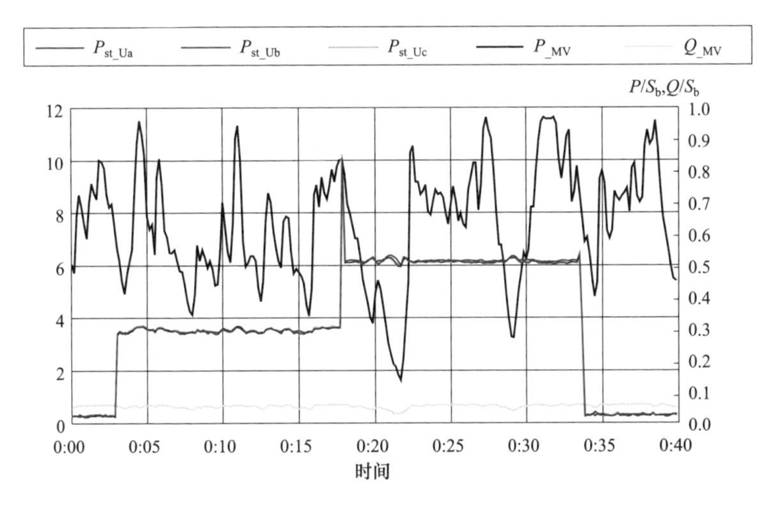

图 4-26　风电机组升压变压器高压侧短时间闪变值、有功功率、无功功率随时间变化曲线

4.4.5　谐波电压适应性

测试风电机组对电网谐波电压的适应能力。表 4-17 列出了风电机组在电网不同奇次谐波电压含有率下的运行情况，当设定 5～25 的奇次谐波电压含有率为 2.4%时，风电机组均能连续运行 2min。表 4-18 列出了风电机组在偶次谐波电压含有率下的运行情况，在设定 2～22 的偶次谐波电压含有率 1.2%时，风电机组均能连续运行 2min。表 4-19 列出了风电机组在电压总谐波畸变率下的运行情况，两组谐波总畸变率在风电机组箱变出口高压侧均达到了 3%以上时，风电机组实际运行时长均大于 10min。测

试期间风电机组升压变压器高压侧电压总谐波畸变率、有功功率和无功功率随时间变化曲线如图 4－27 所示，风电机组保持连续运行未脱网。

表 4－17　风电机组奇次谐波电压适应性

谐波次数	谐波含有率设定值（%）	谐波含有率测量值（%）	实际运行时间（min）	要求运行时间（min）	风电机组是否正常并网运行
5	2.4	2.36	2	≥2	是
7	2.4	2.33	2	≥2	是
11	2.4	2.61	2	≥2	是
13	2.4	2.45	2	≥2	是
17	2.4	2.50	2	≥2	是
19	2.4	2.40	2	≥2	是
23	2.4	2.60	2	≥2	是
25	2.4	2.62	2	≥2	是

注：测试时，分别设置各次谐波电压含有率，其他各次谐波电压含有率均设置为零。

表 4－18　风电机组偶次谐波电压适应性

谐波次数	谐波含有率设定值（%）	谐波含有率测量值（%）	实际运行时间（min）	要求运行时间（min）	风电机组是否正常并网运行
2	1.2	1.17	2	≥2	是
4	1.2	1.15	2	≥2	是
8	1.2	1.16	2	≥2	是
10	1.2	1.19	2	≥2	是
14	1.2	1.20	2	≥2	是
16	1.2	1.22	2	≥2	是
20	1.2	1.24	2	≥2	是
22	1.2	1.26	2	≥2	是

注：测试时，分别设置各次谐波电压含有率，其他各次谐波电压含有率均设置为零。

表 4-19 风电机组电压总谐波畸变率适应性

谐波次数	设定值（%）	电压总谐波畸变率理论值（%）	电压总谐波畸变率测量值（%）	实际运行时间（min）	要求运行时间（min）	风电机组是否连续并网运行
5	2.0	3.0	3.09	15	≥10	是
8	2.0					
25	1.0					
7	2.0	3.0	3.22	15	≥10	是
11	2.0					
22	1.0					

注：测试时，设置总谐波畸变率 35kV 为 3%，10kV 为 4%。

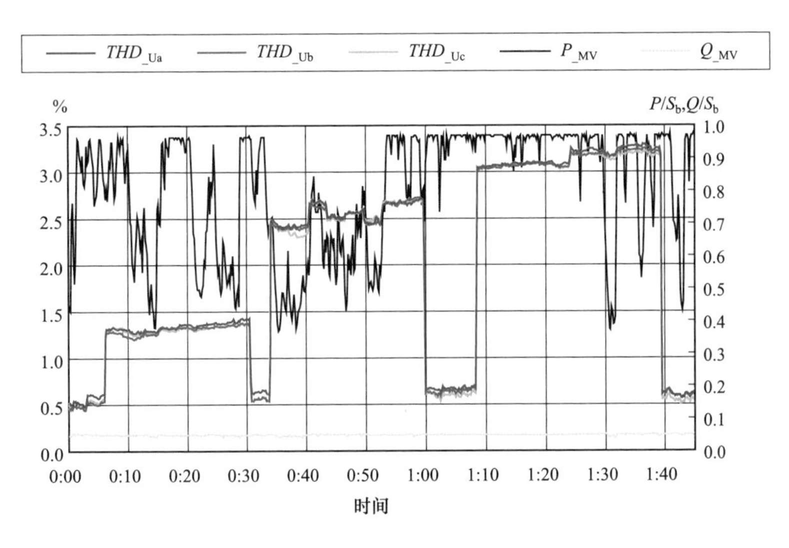

图 4-27 风电机组升压变压器高压侧电压总谐波畸变率、有功功率、无功功率随时间变化曲线

综上测试结果可知，被测风电机组符合《风电场接入电力系统技术规定》GB/T 19963—2011 中第 10 章 10.1 条和 10.2 条对电网适应性的如下要求：

（1）测试点电压在标称电压的 90%～110%之间时，风电机组正常运行；

（2）测试点的闪变值满足 GB/T 12326、谐波值满足 GB/T 14549、三相电压不平衡度满足 GB/T 15543 的规定时，风电机组正常运行；

（3）在不同电力系统频率范围内，风电机组的频率适应性符合规定。

第 5 章

风力发电机组故障穿越能力测试技术

风电发展初期，风电在电力系统中占比较少，当电力系统发生故障时风电机组往往通过“故障被动保护”而脱网，待系统恢复稳定后再并网运行。而随着风电的快速发展，风电在电力系统中的占比越来越高，若系统发生故障，因故障而被动保护脱网的风电将给电力系统造成巨大功率冲击，甚至引发系统大规模潮流转移，不利于系统的故障恢复及稳定的重新建立。因此，随着风电穿透率的不断升高，实现风电由“故障被动保护”到“主动故障穿越”转变越发迫切，世界主要风电发达国家与地区均通过并网导则对风电的并网行为进行了规范，要求风电具备故障电压穿越能力。风电的故障电压穿越（Fault Ride Through，FRT）能力，包括低电压穿越（Under Voltage Ride Through，UVRT）和高电压穿越（Over Voltage Ride Through，OVRT）。风电机组故障电压穿越能力是指当电力系统事故或扰动引起并网点电压超出标准允许的正常运行范围时，在一定的电压范围及其持续时间之内，风电机组能够按照标准要求保证不脱网连续运行，且平稳过渡到正常运行状态的一种能力。

本章解读了国内外主要风电并网标准对风电故障电压穿越的要求，介绍了不同电网故障及特性，分析了电网电压故障情况下风电机组电磁暂态过程及影响，并探讨了风电机组实现故障电压穿越的方法，详细阐述了风电机组故障电压穿越测试方法，包括测试原理、测试设备、数据采集与处理及其评价指标，并给出了风电机组故障电压穿越典型测试实例。

5.1 风电机组低电压穿越能力测试

电网故障会导致风电场并网点电压的跌落，电压跌落会给风电机组带来一系列的暂态过程，如过流、过压、超速等，风电机组需具备低电压穿越能力，在实现自身保护的同时，帮助电力系统故障恢复。

5.1.1 低电压穿越基本概念

对双馈型风电机组而言，电网电压跌落，将引起双馈发电机定转子的电磁暂态过程，定子上的大电流引起转子侧较大的感应电流。电网电压恢复瞬间，因发电机从电网吸收无功功率来恢复气隙磁链，导致定子侧注入较大电流，不利于电网电压恢复。另外，变流器过流能力和直流环节的过电压能力有限，需要在电压、电流和有功功率控制之间要做好匹配，以保证功率器件不被过电压、过电流损坏并保证直流侧电压在合理的范围之内。此外，电网电压的跌落所引起的电磁功率与机械功率不平衡，导致转速上升，对传动系统造成机械冲击。

对全功率变流型风电机组而言，发电机经过全功率变流器与电网连接，实现了发电机与电网的电气隔离与解耦控制，风电机组的低电压穿越能力主要跟变流器有关。当电网电压跌落时，注入电网的有功功率迅速减少。为了传送等同的有功功率，逆变器应增加输出电流，但电压跌落到一定深度时，因回路电流不可超过逆变器 IGBT 能承受的最大电流，注入电网的有功功率受到限制。这样必将引起直流电容输入功率大于逆变器注入电网的输出功率，直流电容电压上升，影响系统的正常运行，甚至导致部件损坏或更严重的后果。

电网电压跌落（Voltage Dip）通常是指电力系统中某个点的电压突然跌落至额定电压的 10%～90%，并且持续 0.5 个周波到 1min 的时间。

电压跌落依据其形成的原因不同可以将其划分为三类，即电网故障引起的电压跌落（Fault Related Sags，FRS）、大电机的起动引起的电压跌落（Large Motor Starting Related Sags，MSRS）和电机的再加速引起的电压跌落（Motor Re－acceleration Related Sags，MRRS）。对于由电网故障引起的电压跌落，其电压跌落和电压恢复时间较短，几乎瞬时发生；对于由其他电机起动造成的电网电压跌落，电压恢复所需时间较长，通常需要几百毫秒到几秒钟的时间；对于由电机再加速引起的电压跌落，在电压跌落的起始阶段，由于电机的惯性作用，使其类似于一个电压源，从而阻止了电网电压的跌落速度，而在电网电压需要恢复时，由于电机的再加速过程和所吸收无功功率的增加又阻碍了电网电压的恢复。与其他两种电压跌落相比，由电网故障所引起的电压跌落通常伴随有电压相位的突变，以及三相电压的不对称等问题。

针对电网故障引起的电网电压跌落，按照跌落后的电压对称与否，又可以将其分为对称电压跌落和不对称电压跌落两种情况。

对于对称电压跌落的情况，在电压刚跌落时其电压矢量可表述为式（5－1）所示，即

$$\boldsymbol{U}_{g}(t=0_{+})=U_{m}e^{j(\theta_{g}+\phi)} \tag{5-1}$$

式中 $\boldsymbol{U}_{g}(t=0_{+})$——电网电压跌落故障发生后，电网电压矢量；

U_{m}——电网电压跌落后，电网电压的幅值；

θ_{g}——静止坐标系中电网电压的矢量角；

ϕ——电网故障使得电网电压矢量角的跃变量。

对于不对称电压跌落的故障，亦可分为三种情况，即单相接地故障（Single－Line－to－Ground Fault）、两相接地故障（Two－Lines－to－Ground Fault）和相间短路故障（Phase－to－Phase Short－circuit Fault）。与对称电网电压跌落故障不同，不对称电网电压跌落故障使得电网电压矢量中不仅含有基波分量（50Hz），而且还含有负序分量甚至零序分量。

显然，与对称电压跌落故障相比，不对称电压跌落故障的描述更为复杂，为了简化起见，通常假定电网对正序分量、零序分量和负序分量的线路阻抗均相等。基于这一假设电网电压的不对称故障可分别描述为：

当电网发生单相接地故障时，电网相电压可描述为

$$
\begin{cases}
u_{\mathrm{A}}(t=0_{+})=U_{\mathrm{m}}\cos(\theta_{\mathrm{g}}+\varphi)\\
u_{\mathrm{B}}(t=0_{+})=U_{\mathrm{g}}\cos(\theta_{\mathrm{g}}-2\pi/3)\\
u_{\mathrm{C}}(t=0_{+})=U_{\mathrm{g}}\cos(\theta_{\mathrm{g}}+2\pi/3)
\end{cases}
\tag{5-2}
$$

式中　U_{g}——电压跌落前，即 $t=0_{-}$ 时刻电网电压的幅值。

当电网发生两相接地故障时，电网相电压可表述为

$$
\begin{cases}
u_{\mathrm{A}}(t=0_{+})=U_{\mathrm{g}}\cos\theta_{\mathrm{g}}\\
u_{\mathrm{B}}(t=0_{+})=U_{\mathrm{m}}\cos(\theta_{\mathrm{g}}-2\pi/3+\varphi)\\
u_{\mathrm{C}}(t=0_{+})=U_{\mathrm{m}}\cos(\theta_{\mathrm{g}}+2\pi/3+\varphi)
\end{cases}
\tag{5-3}
$$

当电网发生相间短路故障时，电网相电压可表述为

$$
\begin{cases}
u_{\mathrm{A}}(t=0_{+})=U_{\mathrm{g}}\cos\theta_{\mathrm{g}}\\
u_{\mathrm{B}}(t=0_{+})=U_{\mathrm{m}}\cos(\theta_{\mathrm{g}}-2\pi/3+\varphi)\\
u_{\mathrm{C}}(t=0_{+})=U_{\mathrm{m}}\cos(\theta_{\mathrm{g}}+2\pi/3+\varphi)
\end{cases}
\tag{5-4}
$$

式（5-2）～式（5-4）仅仅就电网可能发生的不对称故障加以描述，但对一个实际的风电机组（或者风电场）而言，通常通过一个△/Y变压器与电网公共连接点（PCC）相连，由于变压器的相位变换作用，会使得风电机组所承受的故障与以上三种情况有所不同。

下面考虑一种风电机组典型接线拓扑结构，并将其描述为图5-1所示。

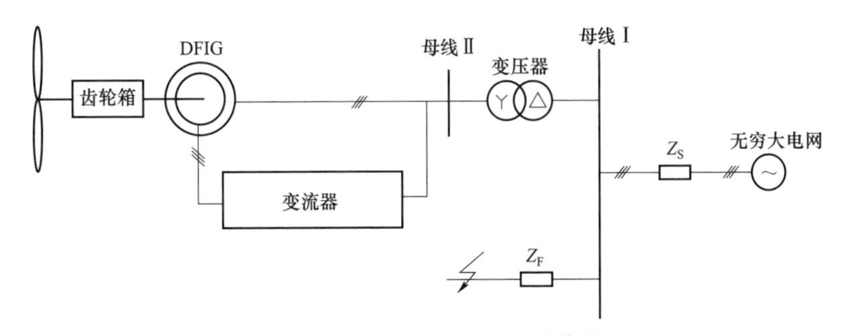

图5-1　电网故障时电力系统等效图

就电网故障的类型的划分而言，通常有两种划分方案，即对称分量划分方案和 ABC 划分方案，其中对称分量法划分方案是建立在对电网非对称故障系统分析的基础上的，是最早提出的一种划分方法，而 ABC 划分方法是一种更为直观的划分方法。相对于 ABC 划分方案，对称分量划分

方案较为全面性和概括性，是一种系统性的研究方法，而且便于对电网故障进行监测和统计。但 ABC 划分方案具有较为限定的故障类型，因此较适合对并网电力电子设备测试使用。为此本节采用了 ABC 划分方案对电网故障类型做了划分，根据该划分法，通常将电网电压跌落划分为 6 种类型，如图 5-2 所示。

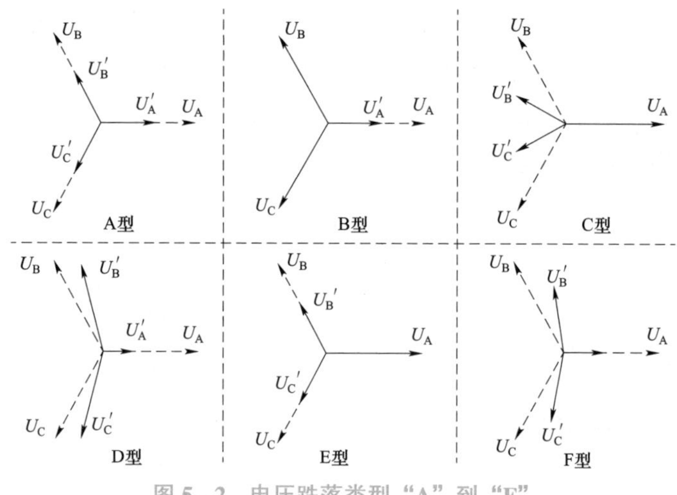

图 5-2 电压跌落类型“A”到“F”

图 5-2 以矢量形式示出了 ABC 划分的“A”到“F”六种电压跌落类型，在图 5-1 所示并网拓扑形式中，电网发生不同的故障时，在母线Ⅰ和母线Ⅱ所形成的电压跌落类型对照如表 5-1 所示。

表 5-1 电压跌落类型

所发生的故障	在母线Ⅰ产生的跌落类型	在母线Ⅱ产生的跌落类型
三相故障	A 型	A 型
一相故障	B 型	C 型
两相对地短路	E 型	F 型
两相之间短路	C 型	D 型

对“A”到“F”六种电压跌落类型，电网三相电压矢量可描述为表 5-2 所示。

表5-2　电压跌落类型与电压矢量

A型	B型	C型
$U'_A = U_m$ $U'_B = -\frac{1}{2}U_m - j\frac{\sqrt{3}}{2}U_m$ $U'_C = -\frac{1}{2}U_m + j\frac{\sqrt{3}}{2}U_m$	$U'_A = U_m$ $U'_B = -\frac{1}{2}U_g - j\frac{\sqrt{3}}{2}U_g$ $U'_C = -\frac{1}{2}U_g + j\frac{\sqrt{3}}{2}U_g$	$U'_A = U_g$ $U'_B = -\frac{1}{2}U_g - j\frac{\sqrt{3}}{2}U_m$ $U'_C = -\frac{1}{2}U_g + j\frac{\sqrt{3}}{2}U_m$
D型	**E型**	**F型**
$U'_A = U_m$ $U'_B = -\frac{1}{2}U_m - j\frac{\sqrt{3}}{2}U_g$ $U'_C = -\frac{1}{2}U_m + j\frac{\sqrt{3}}{2}U_g$	$U'_A = U_g$ $U'_B = -\frac{1}{2}U_m - j\frac{\sqrt{3}}{2}U_m$ $U'_C = -\frac{1}{2}U_m + j\frac{\sqrt{3}}{2}U_m$	$U'_A = U_g$ $U'_B = -\frac{1}{2}U_m - j\left(\frac{\sqrt{3}}{2}U_g + \frac{\sqrt{3}}{6}U_m\right)$ $U'_C = -\frac{1}{2}U_m + j\left(\frac{\sqrt{3}}{2}U_g + \frac{\sqrt{3}}{6}U_m\right)$

注：表中 U_g 为额定情况下电网电压幅值，U_m 与具体故障情况有关。

5.1.2　低电压穿越技术要求

风电机组低电压穿越能力是指当电网故障或扰动引起电压跌落时，在一定的电压跌落范围和时间间隔内，风电机组保证不脱网连续运行的能力。

5.1.2.1　国外技术要求

在过去，由于与常规发电厂（如热电厂、水电厂、核电厂等）相比，风电容量相对较小，因此，在电网发生扰动时，风电机组所采取的多是自我保护的措施，即在撬棒（crowbar）动作后，风电机组脱离电网，直到电网电压恢复正常时，风电机组再次投入运行。然而，当风电容量与常规电厂容量相比不可忽视时，如果在电网出现故障的情况下，所有的风电机组都同时脱离电网，而不能像常规能源那样在电网故障的情况下对电网提供频率和电压的支撑，电网内部可能出现功率的不平衡，严重影响电力系统的电压与频率稳定，将会给电力系统的安全运行带来不利的影响。近年来这一问题的严重性已经开始被认识到，即：为了能使风电得到大规模的应用，而且不会危及电网的稳定运行，当电网发生电压跌落故障时，在一定范围内，风电机组必须不脱离电网，并且要像常规电源那样，向电网提供有功功率（频率）和无功功率（电压）支撑，为此电力部门针对风电机组并网发电，已经开始出台了一些相关的法规，但目前不同国家甚至同一国家的不同地区可能有不同的规定，并且有些规定还在不断的修改之中。以下针对电力部门对风电机组低电压穿越特性的要求，给出几个国家较为典型的低电压运行规定，其主要区别在于电压跌落度和持续运行时间的要求不同，具体如图 5－3 所示。

在图 5－3 中分别给出了英国、德国、丹麦、加拿大、西班牙等国家电力部门对风电低电压穿越特性的要求，这些特性曲线表明：当电网电压处在图中低电压线以上时，风电机组不得脱离电网，并且必须按要求向电网提供有功功率和无功功率的支持。比如图 5－3（c）要求在电网电压位于图中阴影区域时，必须向电网提供无功功率支持。

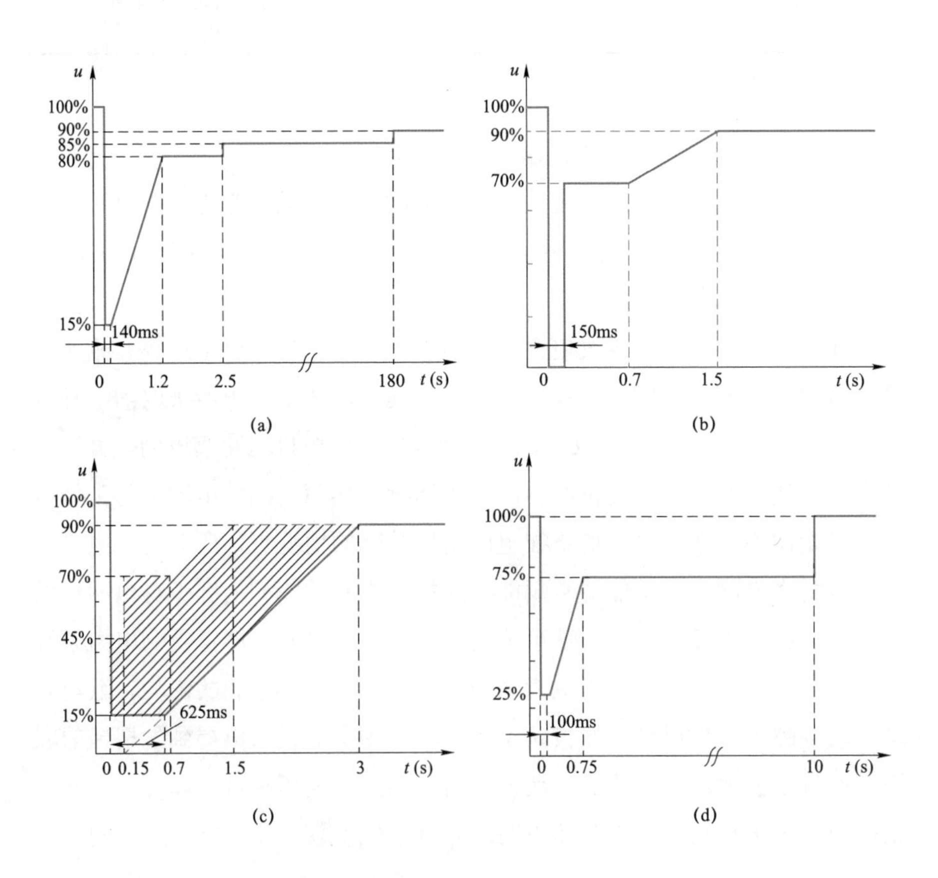

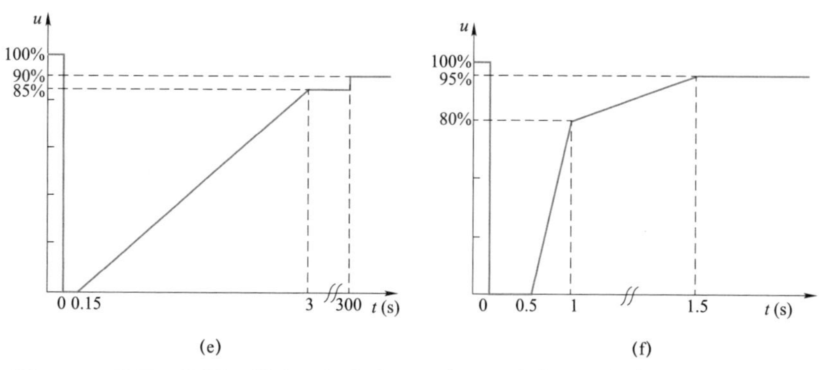

图5-3 英国、德国、丹麦、加拿大、西班牙国家典型的低电压穿越特性要求
(a) 英国国家电网对风力发电的技术要求；(b) 德国 E.ON 对大故障电流发电机的技术要求；
(c) 德国 E.ON 对非大故障电流发电机的技术要求；(d) 丹麦 Ekraft 对风力发电的技术要求；
(e) 加拿大 CanWEA 对风力发电的技术要求；(f) 西班牙 REE 对风力发电的技术要求
大故障电流指发电机故障电流为额定电流的两倍以上

5.1.2.2 国内技术要求

(1) 低电压穿越测试依据。为规范风电并网行为，《风电场接入电力系统技术规定》(GB/T 19963—2011) 对风电场/风电机组的低电压穿越能力提出明确要求，推动了风电机组和风电场低电压穿越能力的实现与现场测试。

GB/T 19963—2011 对风电场低电压穿越要求为，如图5-4所示。

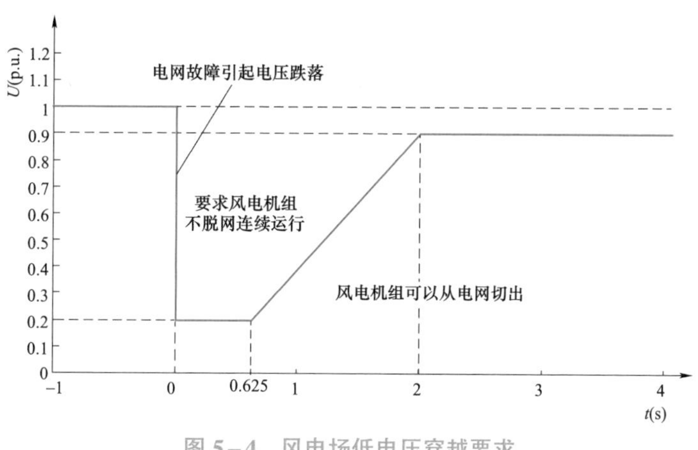

图5-4 风电场低电压穿越要求

1) 风电场内的风电机组具有在并网点电压跌至 20%额定电压时能够保证不脱网连续运行 625ms 的能力；风电场并网点电压在发生跌落后 2s

内能够恢复到额定电压的90%时，风电场内的风电机组能够保证不脱网连续运行。风电场低电压穿越要求如图5－7所示。

2）当电网发生短路故障引起并网点电压跌落时，风电场并网点各线电压（相电压）在图中电压轮廓线及以上的区域内时，场内风电机组必须保证不脱网连续运行；风电场并网点任意一线电压（相电压）低于或部分低于图5－4中电压轮廓线时，场内风电机组允许从电网切出。

3）对电网故障期间没有切出电网的风电场，其有功功率在电网故障清除后应快速恢复，以至少10%额定功率/秒的功率变化率恢复至故障前的值。

4）动态无功支撑能力。当电力系统发生三相短路故障引起电压跌落时，每个风电场在低电压穿越过程中应具有以下动态无功支撑能力：

a）当风电场并网点电压处于标称电压的20%～90%区间内时，风电场应能够通过注入无功电流支撑电压恢复；自并网点电压跌落出现的时刻起，动态无功电流控制的响应时间不大于75ms，持续时间应不少于550ms。

b）风电场注入电力系统的动态无功电流 $I_T \geqslant 1.5\times(0.9-U_T)I_N$，$(0.2\leqslant U_T\leqslant 0.9)$，其中，$U_T$ 为风电场并网点电压标幺值、I_N 为风电场额定电流。

（2）低电压穿越测试项目。

根据IEC 61400－21（2008）标准规定，风电机组进行低电压穿越测试时风电机组的输出功率情况应该包含：

1）$0.1P_n$～$0.3P_n$ 之间；

2）大于 $0.9P_n$。

风电机组低电压穿越测试时出口处电压跌落幅度和持续时间应该能包含测试根据的并网标准规定的曲线，并包括电压三相对称跌落和不对称跌落情况，且对每种类型的电压跌落应该连续进行两次测试，例如，根据GB/T 19963—2011 进行风电机组低电压穿越特性测试时，电压跌落情况和持续时间见表5－3规定，电压跌落类型为对称三相电压跌落和不对称跌落，电压跌落幅度分别为90%U_n、75%U_n、50% U_n、35%U_n、20%U_n，跌落的持续时间分别为2000、1705、1214、920、625ms。

表 5-3　　　　电压跌落情况

电压跌落类型	线电压幅值	持续时间（s）	电压跌落方式
三相电压跌落	0.90±0.05	2.000±0.02	‾|_|‾
三相电压跌落	0.75±0.05	1.705±0.02	‾|_|‾
三相电压跌落	0.50±0.05	1.214±0.02	‾|_|‾
三相电压跌落	0.35±0.05	0.920±0.02	‾|_|‾
三相电压跌落	0.20±0.05	0.625±0.02	‾|_|‾
两相电压跌落	0.90±0.05	2.000±0.02	‾|_|‾
两相电压跌落	0.75±0.05	1.705±0.02	‾|_|‾
两相电压跌落	0.50±0.05	1.214±0.02	‾|_|‾
两相电压跌落	0.35±0.05	0.920±0.02	‾|_|‾
两相电压跌落	0.20±0.05	0.625±0.02	‾|_|‾

5.1.3　低电压穿越实现技术

（1）添加硬件保护电路 UVRT 方案。双馈电机转子加撬棒电路（crowbar）保护电路是目前双馈型风电机组实现低电压穿越功能最为常用的方法之一，该方法的基本原理是在电网发生故障时转子所激起的能量不经过转子侧变流器而通过旁路电阻直接消耗掉，实际工程中通常采用的两种主要的转子侧 crowbar 保护电路如图 5-5 所示，图 5-5（a）为反并联式 crowbar 保护电路，其一般选用晶闸管作为开关器件，可以控制 crowbar 保护电路的投入时间，但是其切出时间却不可控；图 5-5（b）为整流桥式 crowbar 保护电路，其开关器件一般选用 IGBT 等可控器件，其投切时间均精确可控。

这种低电压穿越保护电路由于控制逻辑简单，可靠性高，便于实现，成本较低，得到了广泛的应用，然而其也有不足之处：首先，crowbar 动作期间，双馈电机转子通过转子保护电路 crowbar 电阻短接，双馈电机类似于鼠笼型异步电机运行，此时双馈电机处于不可控状态，失去了其应有的有功、无功功率控制能力。其次，投入撬棒虽然可以使风电机组保持并网运行，然而撬棒投入期间，风电机组会从电网吸收无功，这样不利于跌落期间的电网电压恢复；此时，应要求撬棒及时退出，然而过早切除 crowbar 电路后会由于转子过电流还未得到充分衰减，引起 crowbar 电路再次频繁投切，不利于系统稳定；而且 crowbar 投切自身就伴随剧烈的电磁暂态过程，这是系统所不希望的。最后，撬棒电路的阻值选取对低电压穿越影响较大，选取合适的撬棒电阻取值是双馈型风电机组实现低电压穿越的关键。

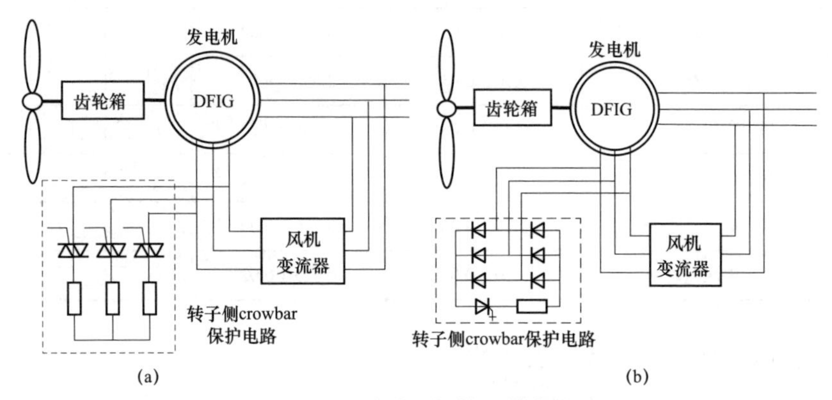

图 5－5　被动式撬棒保护电路

（a）反并联式撬棒；（b）整流桥桥式撬棒

如前所述，由于在电网电压跌落时，双馈电机转子过流，网侧变流器输出功率受到限制，能量会在直流侧积累从而造成直流侧电压升高，可能会损坏直流侧电容和功率器件。为了解决此问题，风电机组变流器通常采用直流侧保护电路，如图 5－6 所示。图 5－6（a）在变流器直流侧添加了直流侧卸荷保护电路，当电网电压跌落时，一旦变流器直流侧电压达到保护设定值，立即投入卸荷负载，消耗直流侧多余的能量，从而达到维持直流侧电压稳定的目的。图 5－6（b）采用能量存储设备（Energy Storage System，ESS），该系统可将故障期间的过剩能量储存起来，并在故障结束后将这些能量送入电网，不但维持了故障期间直流侧电压稳定，而且提高了风电系统的效率，不过储能系统的控制、储能元件的选取仍需深入研究。

上述方案可对风电机组进行持续调控，解决了使用转子 crowbar 保护电路须在不同电机运行状态间切换及投入期间系统不可控的问题。然而其缺点也很明显，无论是直流侧卸荷保护电路还是储能保护电路，均无法对转子电流进行有效控制，若要保证变流器不因为转子过电流而损坏，必须增大转子侧变流器的容量。因此这种保护方案普遍应用于全功率变流器风电机组，国内外多家风电机组制造商已成功利用此方案解决了全功率交流型风电机组的低电压穿越问题；而对于双馈风电机组则需要配合其他保护电路加以综合使用，现阶段转子 crowbar 保护与直流侧卸荷保护电路综合应用已得到了国内外双馈型风电机组制造商的普遍认可，且已有多家风机制造商利用此方案完成了双馈型风电机组的低电压穿越能力现场测试。

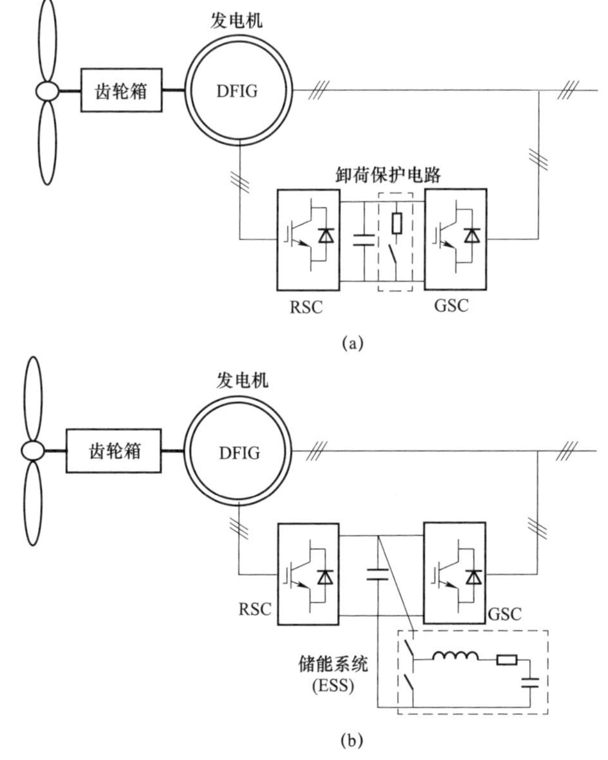

图 5-6 变流器直流侧保护电路

（a）直流侧卸能保护电路；（b）直流侧储能保护电路

如图 5-7 所示为针对双馈电机定子侧的 UVRT 改造方案。图 5-7(a) 为双馈电机定子串电阻方案，当电网电压正常时，开关 S1 导通，而当电网电压发生跌落时，开关 S1 关断。通过在电网电压跌落期间为双馈电机定子串联电阻，一方面可以限制跌落期间的定子过电流；另一方面可以利用串联电阻的压降，抬升定子端的电压，从而缓和了其跌落期间的能量变化过程。然而其存在开关器件选型困难，而且其电阻阻值的选择比较困难。图 5-7（b）则定子串电阻方案的改进型，其在上述方案基础上，在双馈电机定子侧添加了平衡电阻，当电网电压未发生跌落时，开关 S2 关断，而当电网电压发生跌落时，开关 S2 则导通，配合定子串联电阻消耗多余的能量。显然其控制逻辑简单，系统改造方便。然而其同样存在平衡电阻与串联电阻阻值的选择问题，实际低电压穿越效果有待考证。

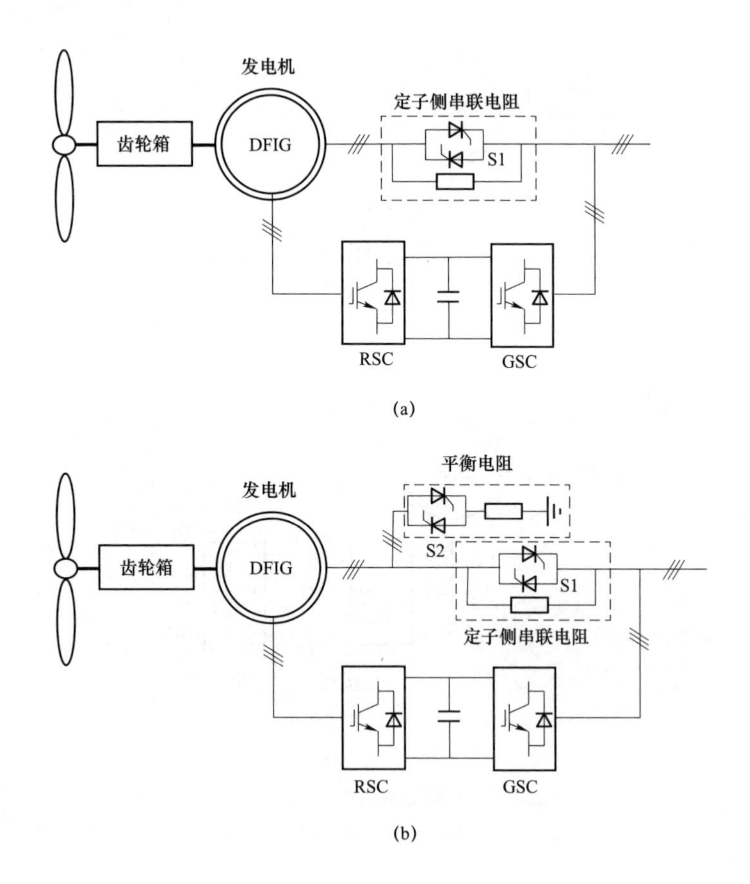

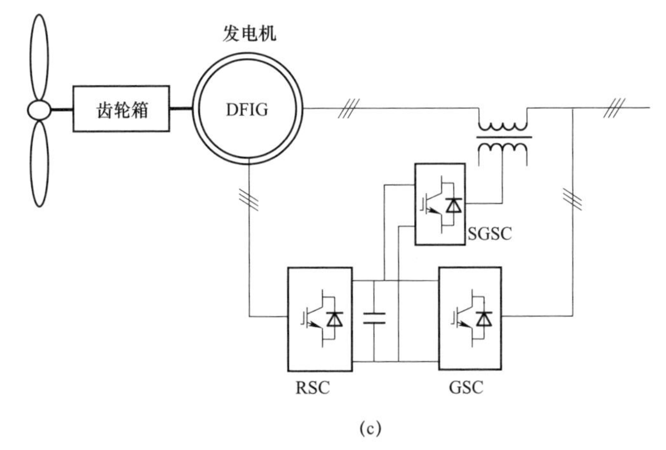

(c)

图 5－7　双馈电机定子改造方案

(a) 定子串电阻方案；(b) 定子串电阻方案改进型；(c) 串联网侧变换器方案

图 5－7（c）所示为串联网侧变换器方案，串联网侧变换器（SGSC）的直流母线与风电机组变流器的直流母线并联，在该拓扑下，SGSC 通过串联变压器注入串联电压矢量，则发电机定子电压矢量可表示为电网电压矢量与串联电压矢量之和。因此，通过控制 SGSC 的输出电压可以控制发电机的定子电压，力图维持定子电压恒定，从而减小电网电压波动对定子电压的影响，进而避免了双馈电机的电磁过渡过程。此种方案尤其对电网电压不平衡跌落时，定子电压的负序分量有很好的控制作用，有利于双馈风电机组的低电压穿越。然而此方案添加了一套额外的变流装置，增加了风电机组的成本的同时增加了系统的复杂性，牺牲了系统的可靠性、鲁棒性。

（2）不添加硬件保护电路 UVRT 方案。为了尽可能减少实现风电机组 UVRT 的成本，许多学者都在寻求不添加硬件的 UVRT 保护方案，只从改进风电机组变流器控制策略的角度入手来寻求风电机组实现 UVRT 的方法。其大致可以归纳为以下两大类：

1）风电机组暂态磁链控制方案。传统的双馈电机矢量控制中忽略了定、转子暂态磁链，仅针对其稳态磁链对双馈电机施加控制。这对于定子电压不发生突变，定子磁链恒定情况下是合理的，可获得良好的动、静态响应；而电压发生突变后，定子磁链不再恒定，其暂态磁链不能忽略，此时系统动、静态性能将会产生很大的误差，严重威胁交流励磁电源的安全。

2）风电机组变流器控制能力提升方案。在传统的风电机组变流器矢量控制基础上，对转子电流控制环进行改善和优化，引入与定子磁链、系统功率等状态变量作为相关的前馈项，加速跌落过程中的电磁量的衰减过程，提升了变流器电流内环控制的快速性、准确性，提升了跌落期间变流器的控制性能。利用非线性控制理论，采用基于可靠控制技术的 H_∞控制与 μ－analysis 方法设计全新的控制器，提高系统的可靠性及控制能力，以提升风电机组的低电压穿越能力。

然而基于变流器控制策略改进型的风电机组 UVRT 方案，很难从根本上解决电网电压跌落期间的能量不平衡问题，仅适用于电网电压跌落幅度较浅时的风电机组低电压穿越问题；而且仅仅通过变流器控制策略改进的 UVRT 方案，往往是以增加变流器容量或牺牲变流器寿命为代价的，而且增加了系统控制的复杂性，所以其一般仅作为 UVRT 硬件保护方案的辅助方案实施。

针对电网电压的不平衡跌落，即使添加了相应的硬件保护电路，传统矢量控制的风电机组仍很难实现低电压穿越，这是因为电网电压不对称跌落会在双馈电机中感应出负序电磁分量，若不加以控制，将导致发电机输出功率振荡，发电机绕组发热，风电机组传动链振荡等后果，不利于风电机组 UVRT 的实现。此时就需要采用不平衡控制来抑制负序分量的影响，而且电网要求风电机组具备一定程度不平衡电压下的持续运行能力，因此风电机组的不平衡控制应运而生，传统的不平衡控制的基本原理是对电机的电磁变量的正序、负序、零序进行分离，并分别加以控制以抵消其不利影响，其对电网电压不平衡跌落时风电机组的低电压穿越能力提升意义重大。

5.1.4 低电压穿越能力测试设备

5.1.4.1 电网电压跌落发生装置

电网电压跌落由电网故障造成，电网故障具有不可控性，实际风电机组的低电压穿越特性不可能通过电网的真实故障来测试。因此必须有专门的设备，既能产生需要的电压跌落，又不能影响电网的正常安全运行，用于测试风电机组的低电压穿越特性。

实际使用中，可行性强的电压跌落发生装置要满足两个方面的要求：高功率等级和实现简单。常见的几种电压跌落发生装置的拓扑结构，可以分为以下三类：阻抗分压式、变压器形式和电力电子变流器式。以下将对这三种常见的拓扑形式进行总结归类。

（1）阻抗分压式电压跌落发生装置。阻抗分压式电压跌落发生装置通过在主电路中并联或串联电阻/电抗实现电压跌落。图 5–8 是阻抗分压式电压发生装置的拓扑结构，通过阻抗 X_{sr}（限流阻抗）、阻抗 X_{sc}（短路阻抗）以及风电机组阻抗的适当匹配产生预期的电压跌落，在正常情况下，风电机组发电能量流经阻抗 X_{sr} 进入电网，当开关闭合时，因为阻抗 X_{sc} 的值相对较小，因而使风电机组箱变端口的电压发生跌落，当开关断开时，端口电压恢复正常。

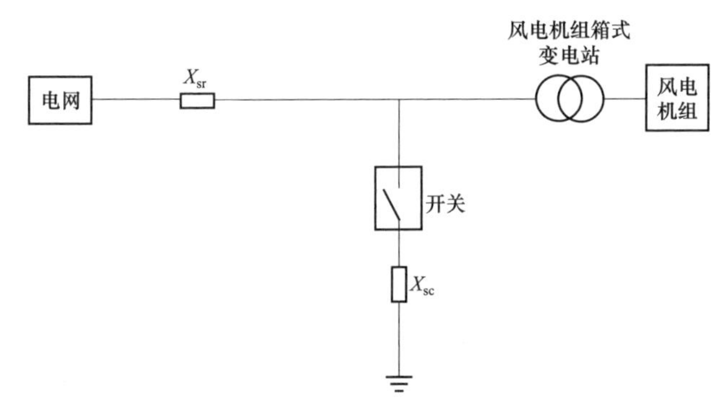

图 5–8　阻抗分压式电压跌落发生装置

阻抗分压式电压跌落发生装置如果阻抗本身不能改变，所得到的电压跌落深度是不可调节的，因此，如果并联或串联可变的阻抗，则可以得到可变的电压跌落深度。其中开关可以是继电器、接触器或者晶闸管，例如并联方式中开关若是双向晶闸管，则类似于晶闸管投切电抗器，实际中继电器和接触器使用较多，但是也存在很多问题。

阻抗分压式电压跌落发生装置由于结构简单，实现方便，且实际电压跌落特性最接近实际电网故障时的电压跌落特性，因此，实际中主要采用这种电压跌落发生装置。IEC 61400–21：2008 中明确要求，风电机组的低电压穿越测试采用阻抗分压式电压发生装置。

（2）变压器式电压跌落发生装置。变压器式电压跌落发生装置主要采用中心抽头变压器形式实现，拓扑结构如图 5－9 所示。正常运行时，开关 S1 闭合，S2 断开，此时变压器的电压比为 1:1，当 S1 断开同时 S2 闭合时，使负载接入电压比较小的中间抽头，从而获得电压跌落；当断开 S2 重新闭合 S1 时，电压跌落结束。

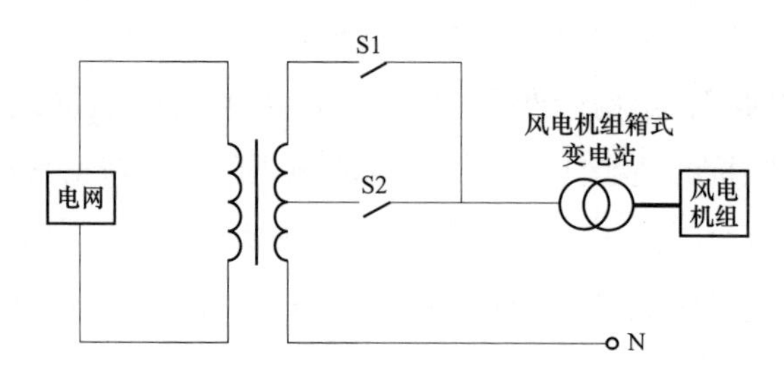

图 5－9　基于中心抽头变压器实现的电压跌落发生装置

变压器式电压跌落发生装置中，最常用的开关是接触器，功率可以做得很大，但是接触器、继电器等电器，由于自身结构的原因，动作时间难以精确控制，使用中可能会出现短暂的电压中断，并且可能会产生较大的电压和电流尖峰，这对风电机组的测试很不利，有可能损害发电机绝缘和电力电子器件；同时接触器等电器使用寿命有限，易受环境影响，因此目前大部分此类发生装置使用电子开关，如静态开关（双向晶闸管）等。采用静态开关组成的交流开关具有体积小、重量轻、开关速度快、动作无噪声、无火花、寿命长、耐振动、抗冲击、可靠性高等优点，因而较为适用于风电机组测试中对高功率等级、可靠性、简单易行和低成本的要求。

变压器式电压跌落发生装置在于功率较大时，变压器的体积和重量很大，同时对于普遍变压器电压比是不可调的，因而只能获得固定的电压跌落深度，而且对于带中心抽头的变压器，设计和工艺非常复杂。

（3）电力电子变流器式电压跌落发生装置。电力电子变流器式电压跌落发生装置的实现方案，形式非常灵活，可以使用交流电力控制电路、交—交变频电路以及交—直—交变流电路等，并且由于具有较高的开关频率，可以使无源期间的体积大大减小。图 5－10 所示为基于交—直—交变流电路的拓扑图。采用单片机或 DSP 作为处理器，可以产生所需要的各种故障波形。电网电压经过变流器对风电机组供电，整流器可以控制输入功率因数，保持直流侧电压稳定；而通过逆变器的控制可以产生所需要的任意波形，模拟电网电压的各种故障，如电压跌落、闪变、过电压、欠电压、三相不对称、谐波等故障，针对电网电压跌落，可以方便地控制电压跌落深度、持续时间、相位和跌落类型。

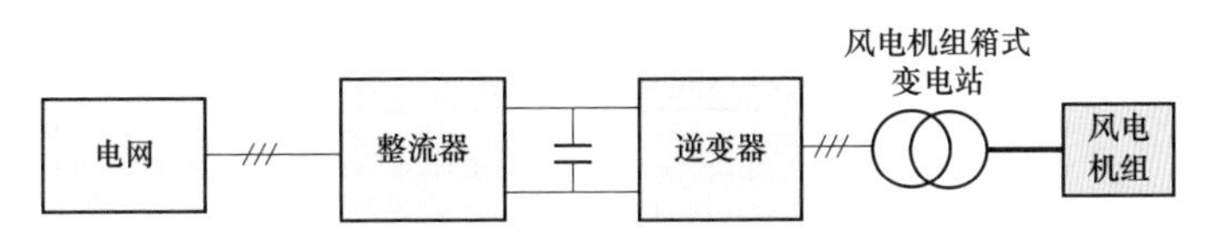

图 5－10　基于交—直—交变流电路的电压发生装置

电力电子变流器式电压跌落发生装置，目前受到广泛关注。但是受器件功率的限制，功率等级不能做大。对于大功率风电机组低电压穿越的测试，使用电力电子器件的电压跌落发生装置成本高、控制复杂，可靠性不高，而且器件自身抵抗电网故障时电压、电流冲击的能力有限，因此局限于实验室和小功率范围内使用；此外，采用变流器式电压跌落发生装置，风电机组在电压跌落时的反应可能与阻抗分压式不一样，因为变流器实际上是个电压源，把风电机组与电网完全隔离开了。

5.1.4.2　测试装置要求

基于阻抗分压方式的电压跌落发生装置最适合用于风电机组进行低电压穿越测试，尤其是可以满足移动测试的需要；另外其也是 IEC 标准推荐的低电压穿越测试装置，其具有良好的国际互认性。

风电机组低电压穿越现场测试的目的是检验当电网故障导致风电机组出口处短时间电压跌落时风电机组的运行情况，所以风电机组进行低电压穿越测试必须要在风电机组出口处产生电压跌落。目前普遍采用的是在风电机组出口变压器高压侧串联接入风电机组低电压穿越测试设备，如图 5－11 所示。

低电压穿越测试设备主要是由限流电抗器 X_{sr}、短路电抗器 X_{sc} 和多个开关柜组合而成，限流电抗器 X_{sr} 和短路电抗器 X_{sc} 均设计为可调电抗器，

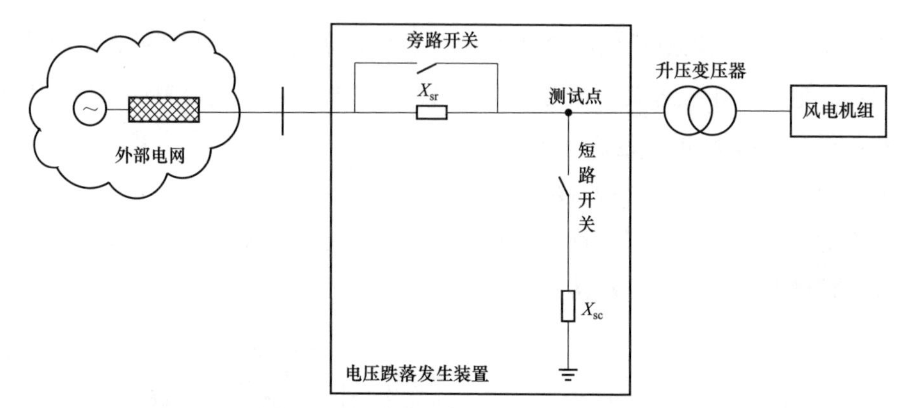

图 5－11　测试设备及接入电网示意图

通过调节限流电抗器 X_{sr} 和短路电抗器 X_{sc} 之间的阻抗值比例，在闭合旁路开关时，风电机组出口变压器高压侧电压实现一定幅度的跌落，可以满足各个国家并网标准对风电机组低电压穿越功能的要求。

风电机组进行低电压穿越测试时要求对电网影响在可承受范围之内，低电压穿越测试设备接入点电网侧电压波动一般要求小于 5%U_n，并且在测试期间不允许有导致电网不稳定运行的情况发生。在测试期间为了实现对电网影响较小的情况下完成试验，要求风电机组出口处变压器高压侧短路容量必须是被测风电机组容量的 3 倍以上。

5.1.4.3　测试点与测试数据

（1）低电压穿越测试点。风电机组低电压穿越测试需要监测的测量点较多，按照位置分为两部分，其中一部分位于风电机组出口变压器高压侧，另一部分位于风电机组出口处。风电机组出口变压器高压侧的数据测量点如图 5－12 所示，至少包括限流电抗器 X_{sr} 两侧的三相电压、风电机组出口变压器高压侧三相电流、流过限流电抗器 X_{sr} 的三相电流、流过短路电抗器 X_{sc} 的三相电流等测量点的测量。

下面以双馈风电机组为例，双馈型风电机组低电压穿越测试点如图 5－13 所示，其中电气量有发电机转子侧 R 点的三相电压、三相电流，变流器直流侧 C 点直流电压，网侧变流器 L 点三相电流、风电机组出口处（T 点）三相电压、三相电流以及风电机组出口变压器高压侧三相电流、三相电压，风电机组低电压穿越测试设备短路阻抗电流，测试设备电网侧三相电流、

三相电压。非电量有风速信号 v，风电机组桨矩角 q，发电机机械转速 ω_r，风电机组并网开关通断信号。

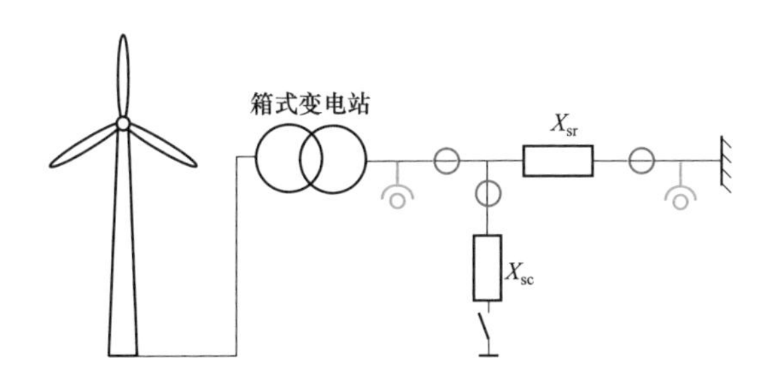

图 5-12　变压器高压侧的测量点分布图

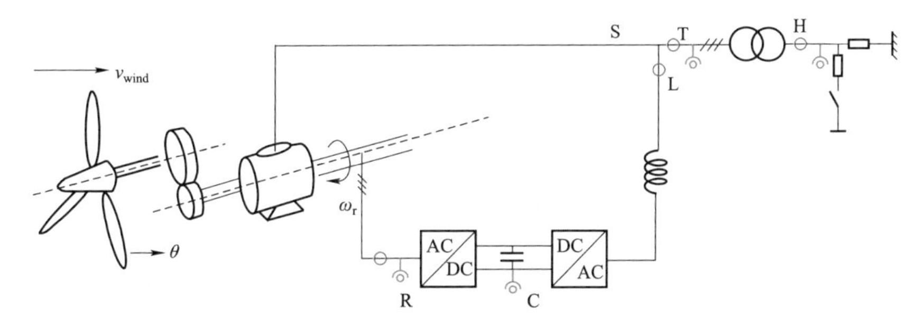

图 5-13　双馈型风电机组低电压穿越测试测量点

图中○代表电流测量信号，代表电压测量信号，→代表非电量测试信号。所有电气量要求采样频率不小于 5kHz，通过采集得到的电流和电压量计算所需的有功功率、无功功率、各次谐波量等参数，进而判断风电机组低电压穿越能力。测量所得风速、转速、桨距角等非电气量用来对风电机组低电压穿越能力进行辅助判别。电压跌落引起风电机组切除的原因有很多，不仅与电气传动系统有关，也可能与机械振动或附属系统低电压承受能力有关。

（2）测试数据处理和分析方法。测量所得数据要能反映测试的所有过程，并通过对测试数据的计算分析得出测试结果。测试结果应包括从电压跌落发生前一段时间至电压恢复后一段时间的整个时间段内，所有测量量的有功功率、无功功率、有功电流、无功电流和电压的时间序列。还要有该时间段内风电机组的运行情况，包括发电机转速、桨距角以及对应的风速情况。

测量所得数据用来计算每个工频周期内基波正序分量的有功功率、无功功率、有功电流、无功电流和电压。采用基波正序分量的有功功率、无功功率、电流和电压目的是除去谐波和电压不平衡对数据结果的影响，此外还有下列原因：

1）基波正序分量是旋转机械中产生力矩的分量，负序分量和谐波只引起损耗。

2）许多情况下，需要确定无功电流而不是无功功率。利用基波正序分量可以直接计算无功电流分量。这同样适用于功率因数的情况。

3）许多电力系统仿真软件仅使用基波正序分量。因此，为便于进行仿真验证，测量结果应与仿真软件有相同的数据格式。

对所有输入电压及电流，模拟反失真滤波器（低通滤波器）应有相同的频率以防止出现相位误差。此外，基波频率下由反失真滤波器引起的幅度误差应可以忽略不计。数据采集和处理系统将采集得到的电压和电压数据，首先计算单基波周期 T 内基波分量的傅里叶系数（这里只给出 a 相电压 U_a 的计算等式，其他相电压及相电流的计算方法与之类似）

$$u_{a,\cos}=\frac{2}{T}\int_{t-T}^{t}u_a(t)\cos(2\pi f_1 t)\mathrm{d}t \tag{5-5}$$

$$u_{a,\sin}=\frac{2}{T}\int_{t-T}^{t}u_a(t)\sin(2\pi f_1 t)\mathrm{d}t \tag{5-6}$$

式中 f_1——基波频率。

此基波相电压有效值为

$$U_{a1}=\sqrt{\frac{u_{a,\cos}^2+u_{a,\sin}^2}{2}} \tag{5-7}$$

利用下列公式计算基波正序分量的电压及电流矢量分量

$$u_{1+,\cos}=\frac{1}{6}\left[2u_{a,\cos}-u_{b,\cos}-u_{c,\cos}-\sqrt{3}(u_{c,\sin}-u_{b,\sin})\right] \tag{5-8}$$

$$u_{1+,\sin} = \frac{1}{6}\left[2u_{a,\sin} - u_{b,\sin} - u_{c,\sin} - \sqrt{3}(u_{b,\cos} - u_{c,\cos})\right] \tag{5-9}$$

$$i_{1+,\cos} = \frac{1}{6}\left[2i_{a,\cos} - i_{b,\cos} - i_{c,\cos} - \sqrt{3}(i_{c,\sin} - i_{b,\sin})\right] \tag{5-10}$$

$$i_{1+,\sin} = \frac{1}{6}\left[2i_{a,\sin} - i_{b,\sin} - i_{c,\sin} - \sqrt{3}(i_{b,\cos} - i_{c,\cos})\right] \tag{5-11}$$

则基波正序分量的有功功率和无功功率为

$$P_{1+} = \frac{3}{2}(u_{1+,\cos}i_{1+,\cos} + u_{1+,\sin}i_{1+,\sin}) \tag{5-12}$$

$$Q_{1+} = \frac{3}{2}(u_{1+,\cos}i_{1+,\sin} - u_{1+,\sin}i_{1+,\cos}) \tag{5-13}$$

基波正序分量的线电压有效值为

$$U_{1+} = \sqrt{\frac{3}{2}(u_{1+,\sin}^2 + u_{1+,\cos}^2)} \tag{5-14}$$

基波正序分量的有效有功电流及无功电流为

$$I_{P1+} = \frac{P_{1+}}{\sqrt{3}U_{1+}} \tag{5-15}$$

$$I_{Q1+} = \frac{Q_{1+}}{\sqrt{3}U_{1+}} \tag{5-16}$$

基波正序分量的功率因数为

$$\cos y_{1+} = \frac{P_{1+}}{\sqrt{P_{1+}^2 + Q_{1+}^2}} \tag{5-17}$$

按照以上公式，可通过电子表格程序或利用专门的软件进行计算，进而得到要求的参数。每个基波周期内应采用最新数据至少进行一次无功功率和有功功率计算以得出新数值。

5.1.5 典型测试实例

现场测试主要分为空载跌落测试及带风电机组跌落测试阶段。

（1）空载跌落测试。当低电压发生装置与风电机组相连运行时，短路试验产生的电压跌落实际波形会受到风电机组运行状态的影响。在不连接风电机组的状态下进行低电压发生装置的空载短路试验，规定空载短路试验产生的电压跌落曲线作为相应测试点的标准电压跌落参考曲线。进行空载短路试验前，断开低电压发生装置连接风电机组的断路器。依据测试点参数设置低电压发生装置，在不带风电机组的状态下进行三相和两相空载短路试验，记录空载电压跌落波形。对空载跌落波形进行处理，得出对应的线电压基波有效值曲线，有效值计算周期为20ms。将该曲线作为相应测试点的电压跌落标准参考曲线。图 5－14～图 5－18 为风电机组的低电压穿越空载测试结果。以图 5－14 为例，图中 U_{ab_MV} 风电机组升压变压器高压侧线电压 AB 标幺值，U_{bc_MV} 风电机组升压变压器高压侧线电压 BC 标幺值，U_{ca_MV} 风电机组升压变压器高压侧线电压 CA 标幺值。

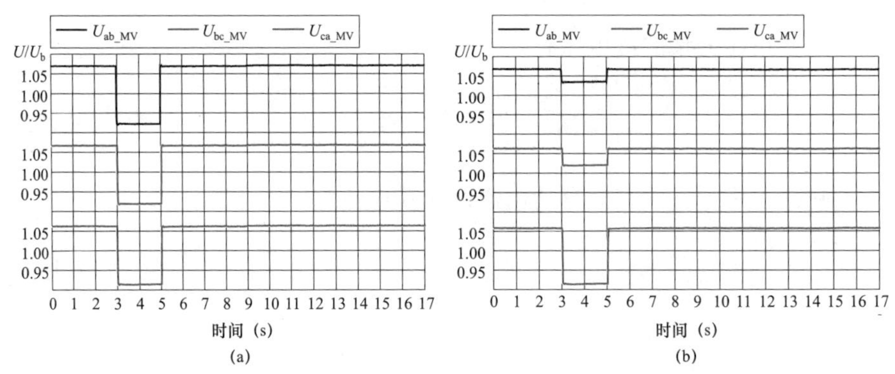

图 5－14　90% U_n，空载，中压侧线电压有效值

（a）三相跌落；（b）两相跌落

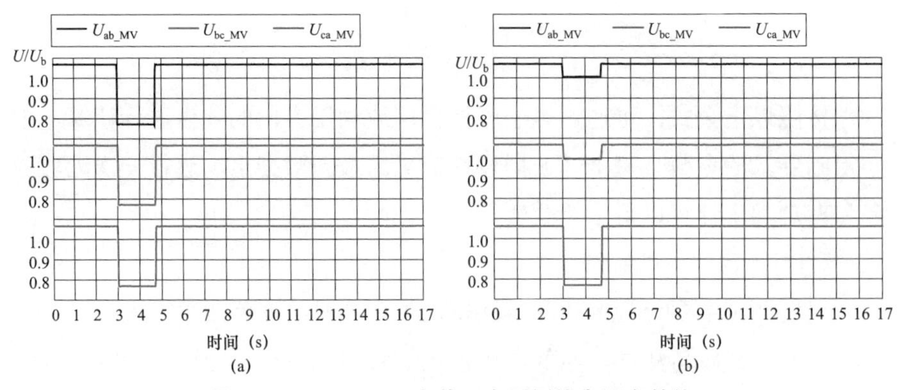

图 5－15　75% U_n，空载，中压侧线电压有效值

（a）三相跌落；（b）两相跌落

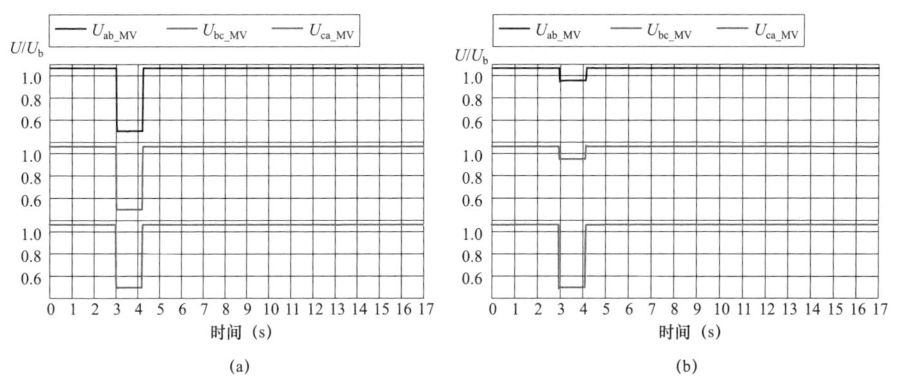

图5－16　50%U_n，空载，中压侧线电压有效值

（a）三相跌落；（b）两相跌落

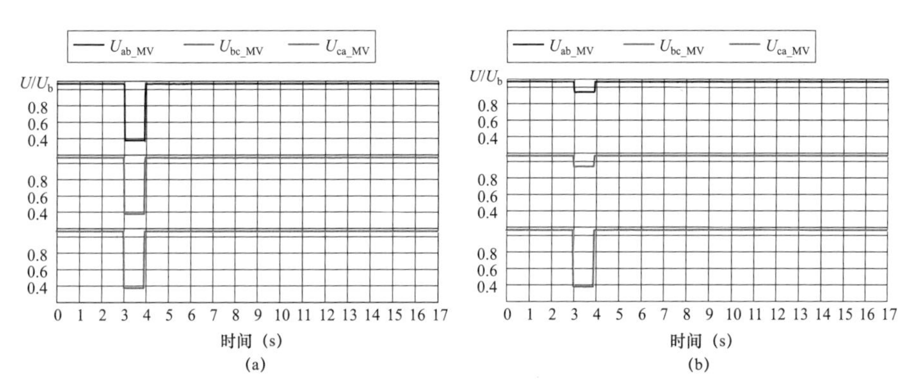

图5－17　35%U_n，空载，中压侧线电压有效值

（a）三相跌落；（b）两相跌落

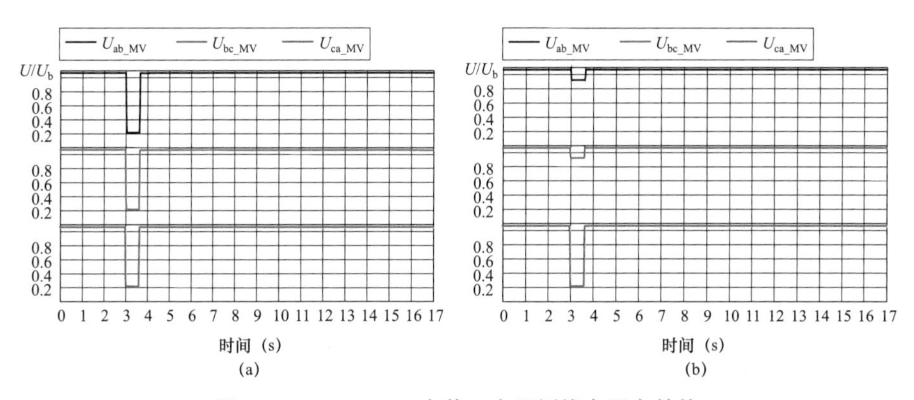

图5－18　20%U_n，空载，中压侧线电压有效值

（a）三相跌落；（b）两相跌落

（2）带风电机组跌落测试。闭合低电压发生装置连接风电机组的断路器，启动风电机组正常运行。判断风电机组的有功功率输出是否满足测试要求。在进行小功率输出区间（$0.1P_n \leqslant P \leqslant 0.3P_n$）测试时，如果有功功率超出测试要求范围，不允许风电机组通过变桨等方式限功率运行迎合测试条件。当有功功率输出平稳且满足测试要求时，通过低电压发生装置在风电机组箱式变电站高压侧产生相应的三相或两相电压跌落，对风电机组进行低电压穿越测试。

5.1.5.1 双馈型风电机组低电压穿越测试

测试的某商用双馈型风电机组参数如表 5－4 所示。

表 5－4　　某商用双馈风电机组信息

项　目	参　数
风电机组类型	3 叶片、水平轴、上风向、变桨、变速、双馈型
叶轮直径	111m
轮毂高度	80m
额定功率，P_n	2000kW
额定视在功率，S_n	2105kVA
额定电压，U_n	0.69kV
额定频率，f_n	50Hz
额定风速，v_n	9.6m/s

图 5－19～图 5－22 为某 2MW 双馈型风电机组电压跌落至 $20\%U_n$ 的低电压穿越测试结果。以图 5-19 为例，图中 U_{ca_MV} 为风电机组升压变压器高压侧线电压 CA 标幺值，$P_{\_MV}$ 为风电机组升压变压器高压侧有功功率标幺值，$Q_{\_MV}$ 为风电机组升压变压器高压侧无功功率标幺值，I_{P_MV} 为风电机组升压变压器高压侧有功电流标幺值，I_{Q_MV} 为风电机组升压变压器高压侧无功电流标幺值，U_{Lop_MV} 为风电机组升压变压器高压侧线电压基波正序分量，WindSpeed 为风速，RotorSpeed 为发电机转速，PitchAngle 为桨距角。

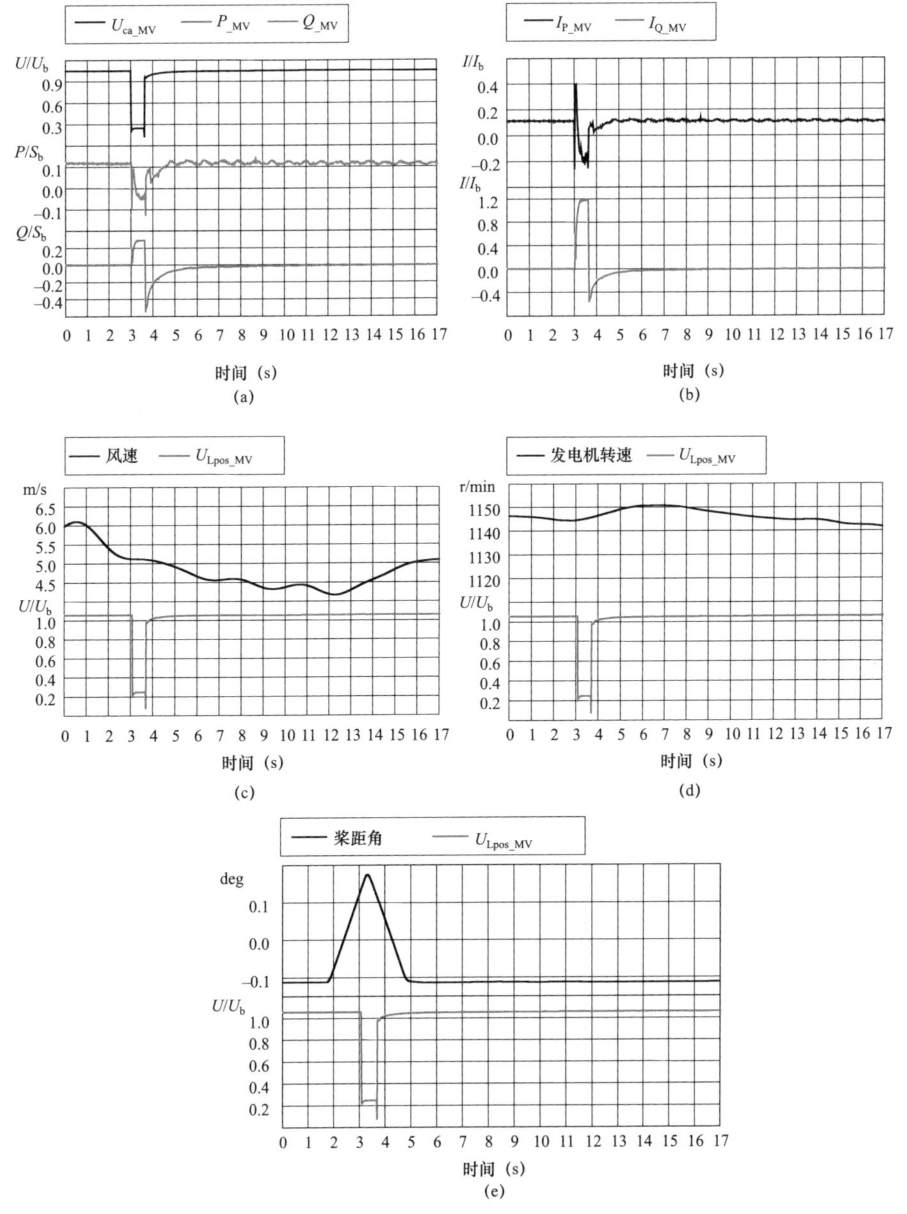

图 5-19　三相跌落，$0.1P_n \leqslant P \leqslant 0.3P_n$

（a）中压侧电压与有功功率、无功功率；（b）中压侧有功电流、无功电流；
（c）风速与中压侧线电压基波正序分量；（d）发电机转速与中压侧线电压基波正序分量；
（e）桨距角与中压侧线电压基波正序分量

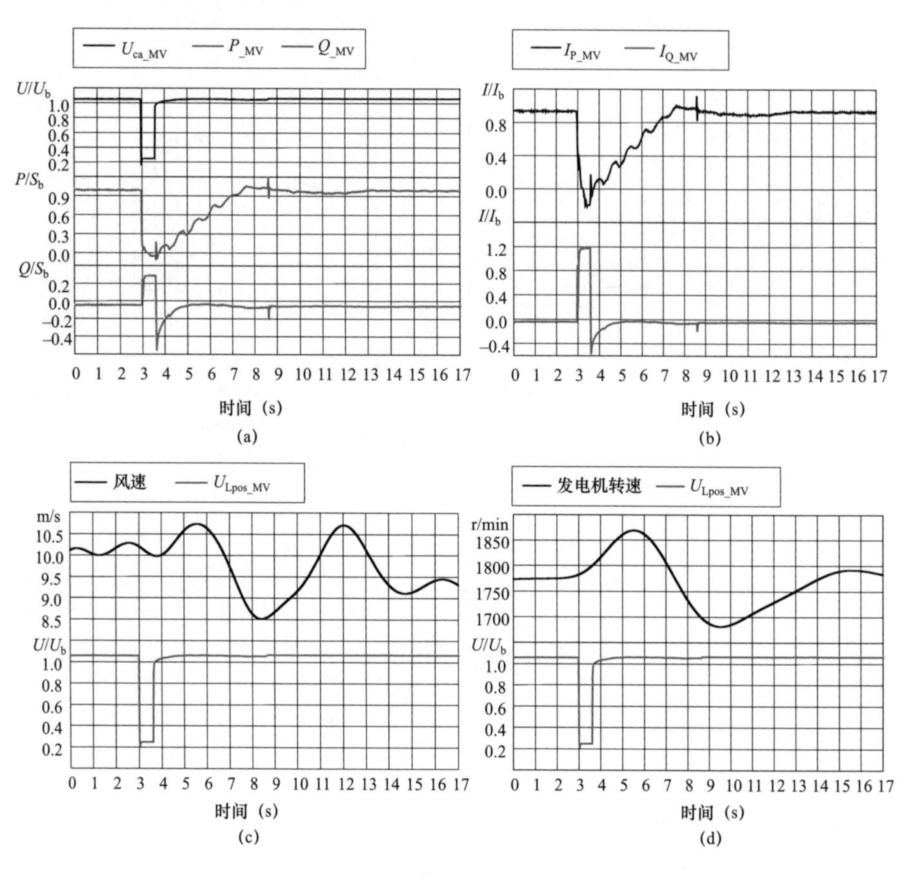

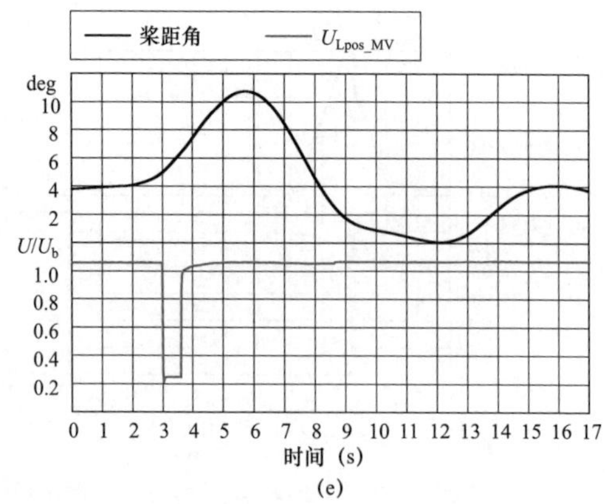

图 5-20　三相跌落，$P>0.9P_n$

（a）中压侧电压与有功功率、无功功率；（b）中压侧有功电流、无功电流；

（c）风速与中压侧线电压基波正序分量；（d）发电机转速与中压侧线电压基波正序分量；

（e）桨距角与中压侧线电压基波正序分量

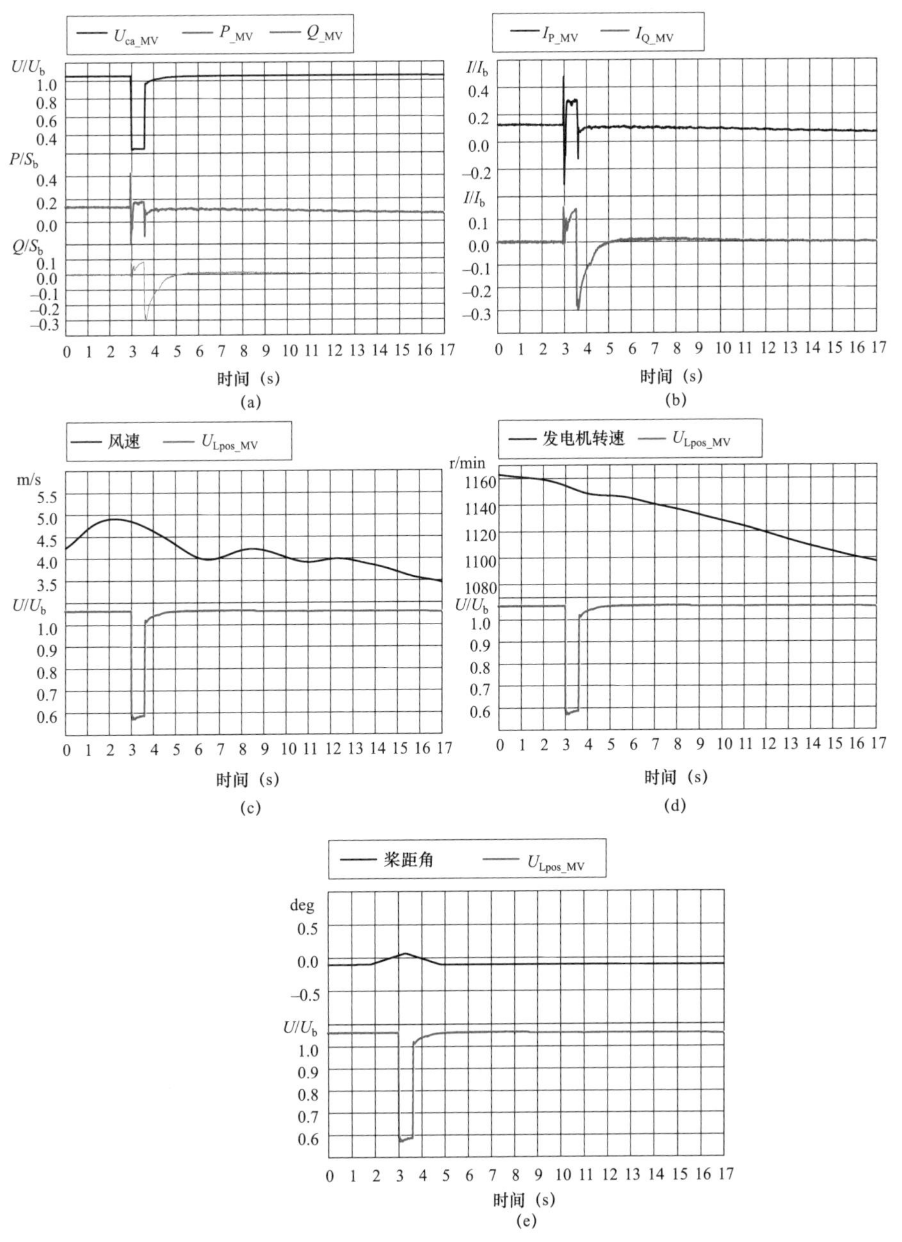

图 5-21　两相跌落，$0.1P_n \leqslant P \leqslant 0.3P_n$

（a）中压侧电压与有功功率、无功功率；（b）中压侧有功电流、无功电流；

（c）风速与中压侧线电压基波正序分量；（d）发电机转速与中压侧线电压基波正序分量；

（e）桨距角与中压侧线电压基波正序分量

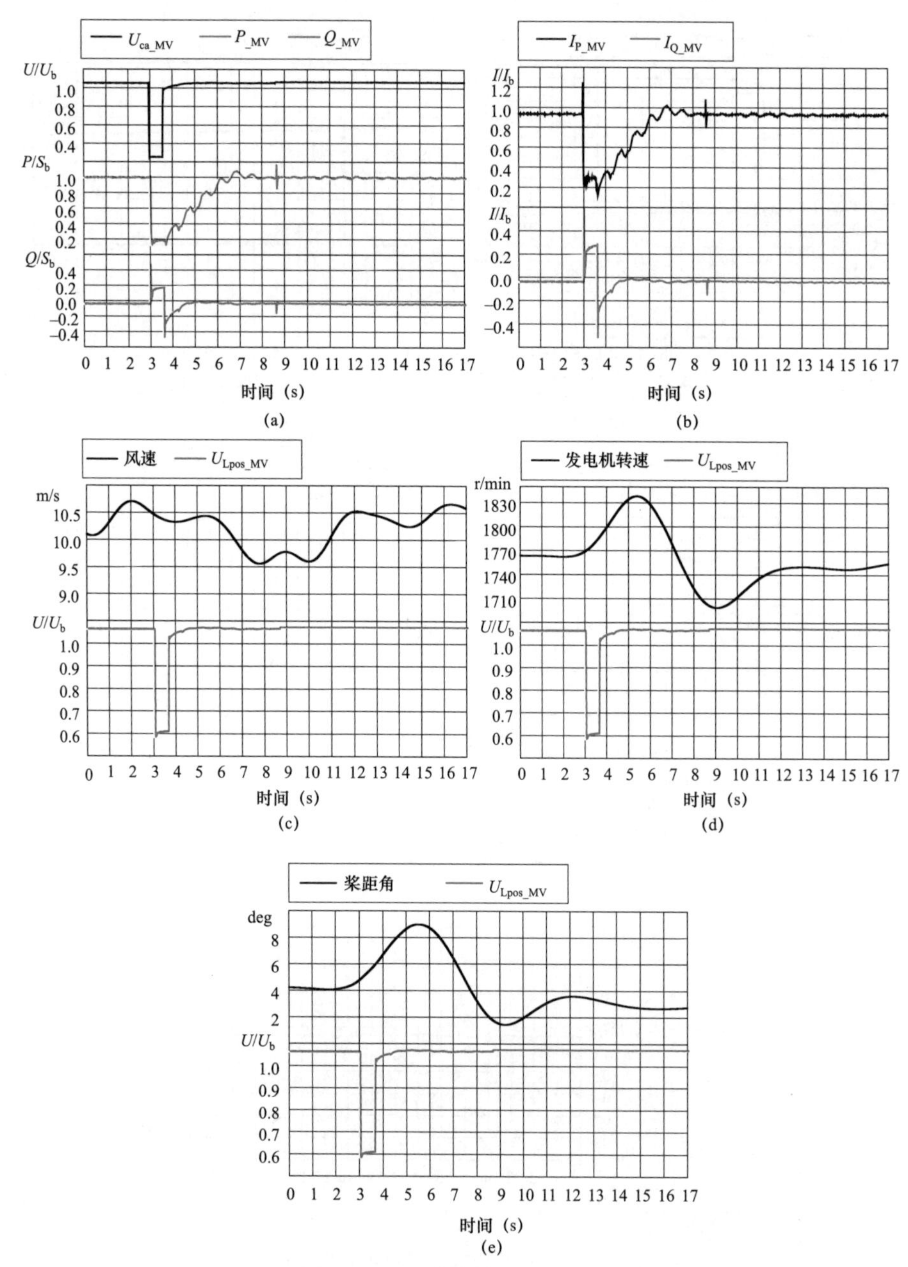

图 5－22　两相跌落，$P>0.9P_n$

（a）中压侧电压与有功功率、无功功率；（b）中压侧有功电流、无功电流；

（c）风速与中压侧线电压基波正序分量；（d）发电机转速与中压侧线电压基波正序分量；

（e）桨距角与中压侧线电压基波正序分量

5.1.5.2　全功率变流型风电机组低电压穿越测试

测试的某商用全功率变流型风电机组参数如表5-5所示。

表5-5　某商用全功率变流型风电机组信息

项　目	参　数
风电机组类型	3叶片、水平轴、上风向、变桨、变速、全功率变流型
叶轮直径	117m
轮毂高度	85m
额定功率，P_n	2000kW
额定视在功率，S_n	2105kVA
额定电压，U_n	690V
额定频率，f_n	50Hz
额定风速，v_n	9.4m/s

图5-23～图5-26为某2MW全功率变流型风电机组电压跌落至20%U_n的低电压穿越测试结果。

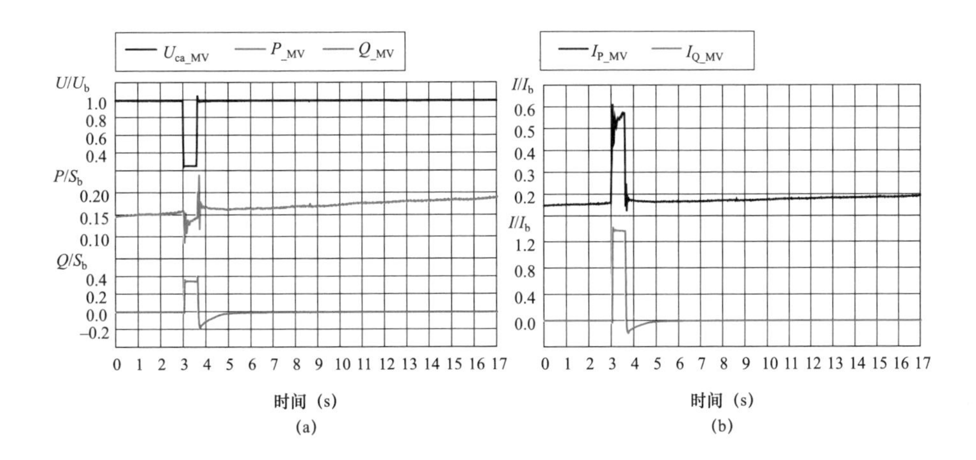

(a)　(b)

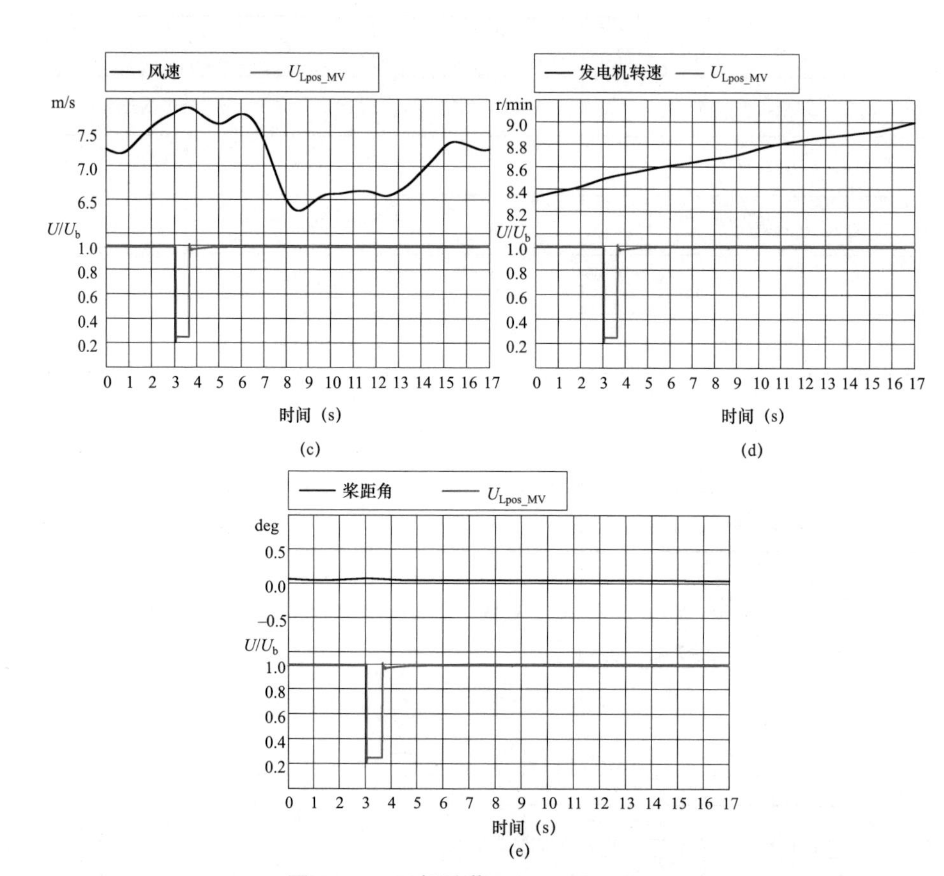

图 5－23　三相跌落，$0.1P_n \leqslant P \leqslant 0.3P_n$

（a）中压侧电压与有功功率、无功功率；（b）中压侧有功电流、无功电流；
（c）风速与中压侧线电压基波正序分量；（d）发电机转速与中压侧线电压基波正序分量；
（e）桨距角与中压侧线电压基波正序分量

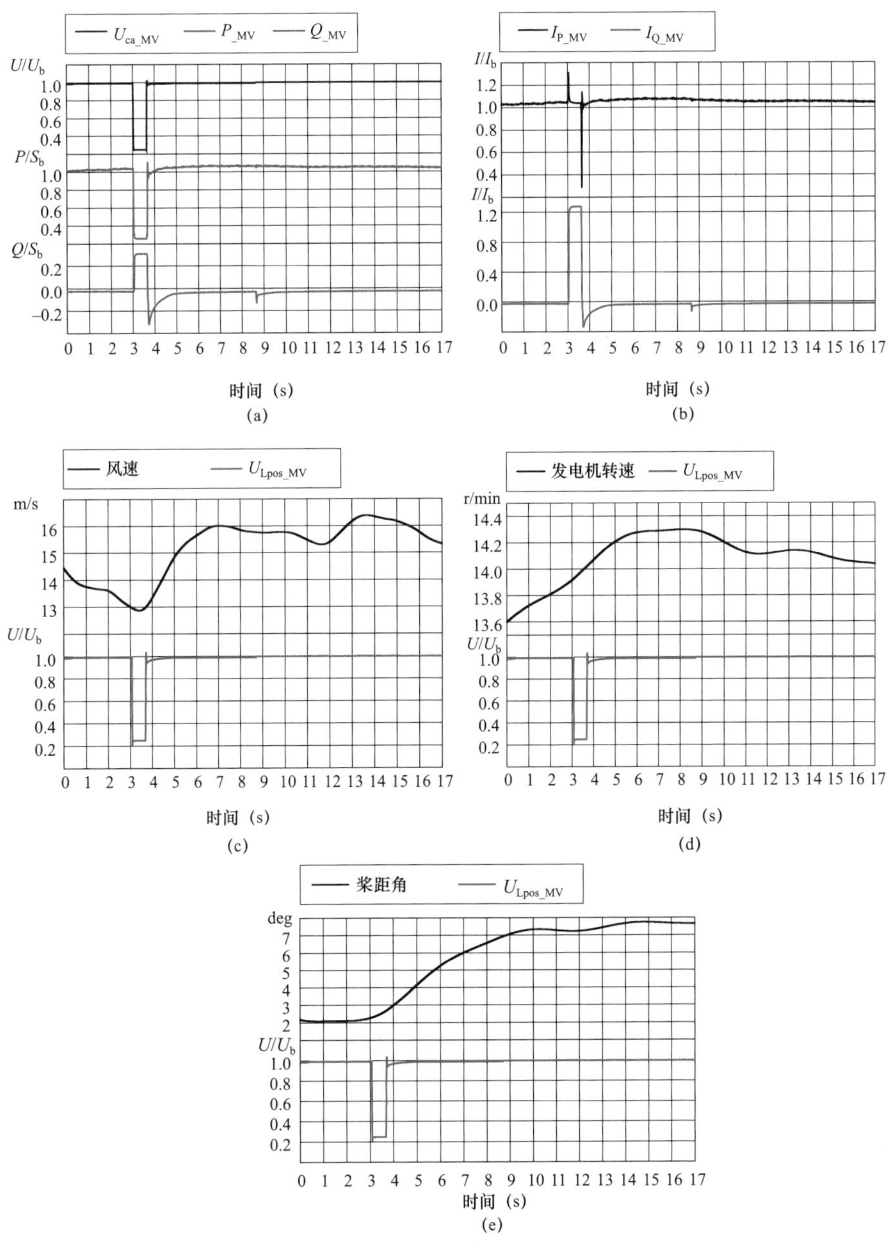

图5-24 三相跌落，$P>0.9P_n$

（a）中压侧电压与有功功率、无功功率；（b）中压侧有功电流、无功电流；
（c）风速与中压侧线电压基波正序分量；（d）发电机转速与中压侧线电压基波正序分量；
（e）桨距角与中压侧线电压基波正序分量

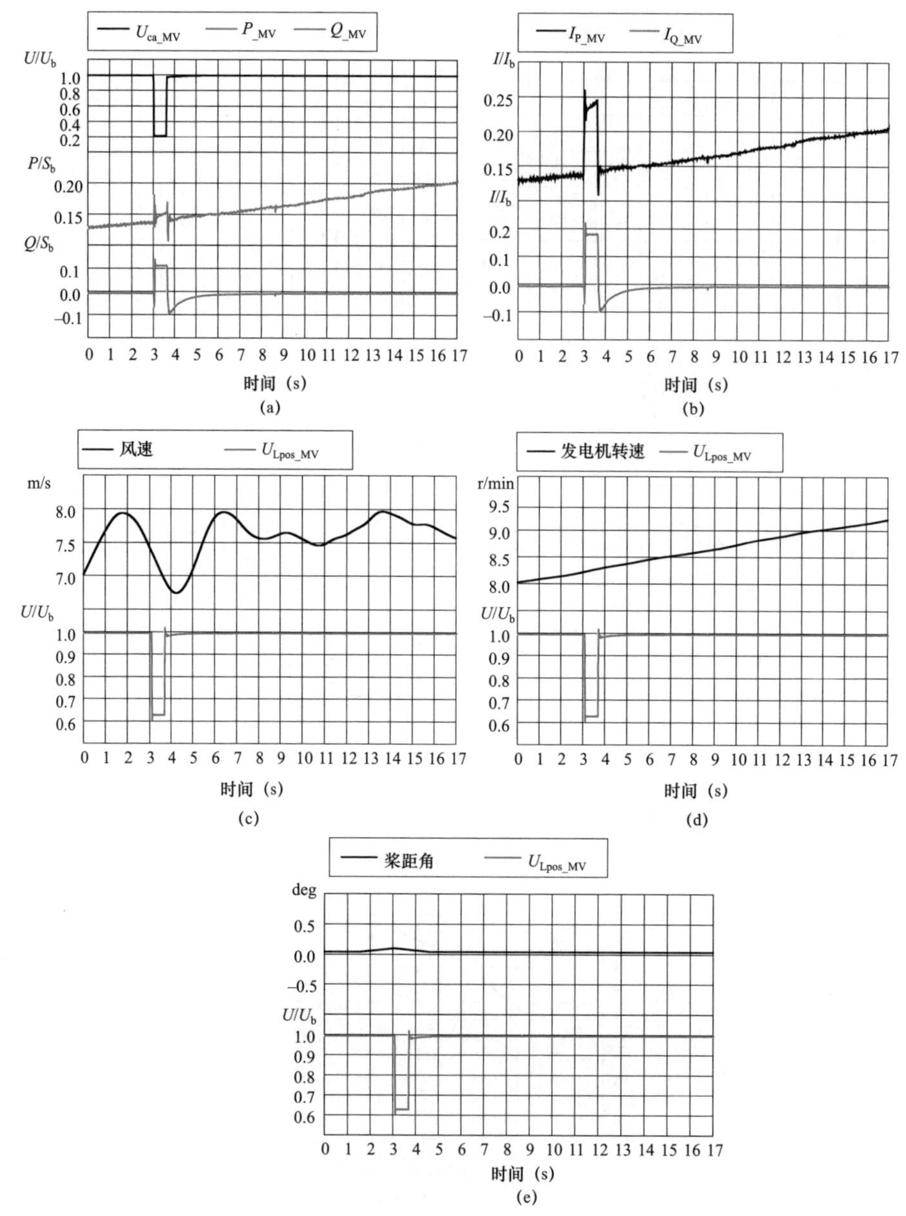

图 5–25　两相跌落，$0.1P_n \leqslant P \leqslant 0.3P_n$

（a）中压侧电压与有功功率、无功功率；（b）中压侧有功电流、无功电流；
（c）风速与中压侧线电压基波正序分量；（d）发电机转速与中压侧线电压基波正序分量；
（e）桨距角与中压侧线电压基波正序分量

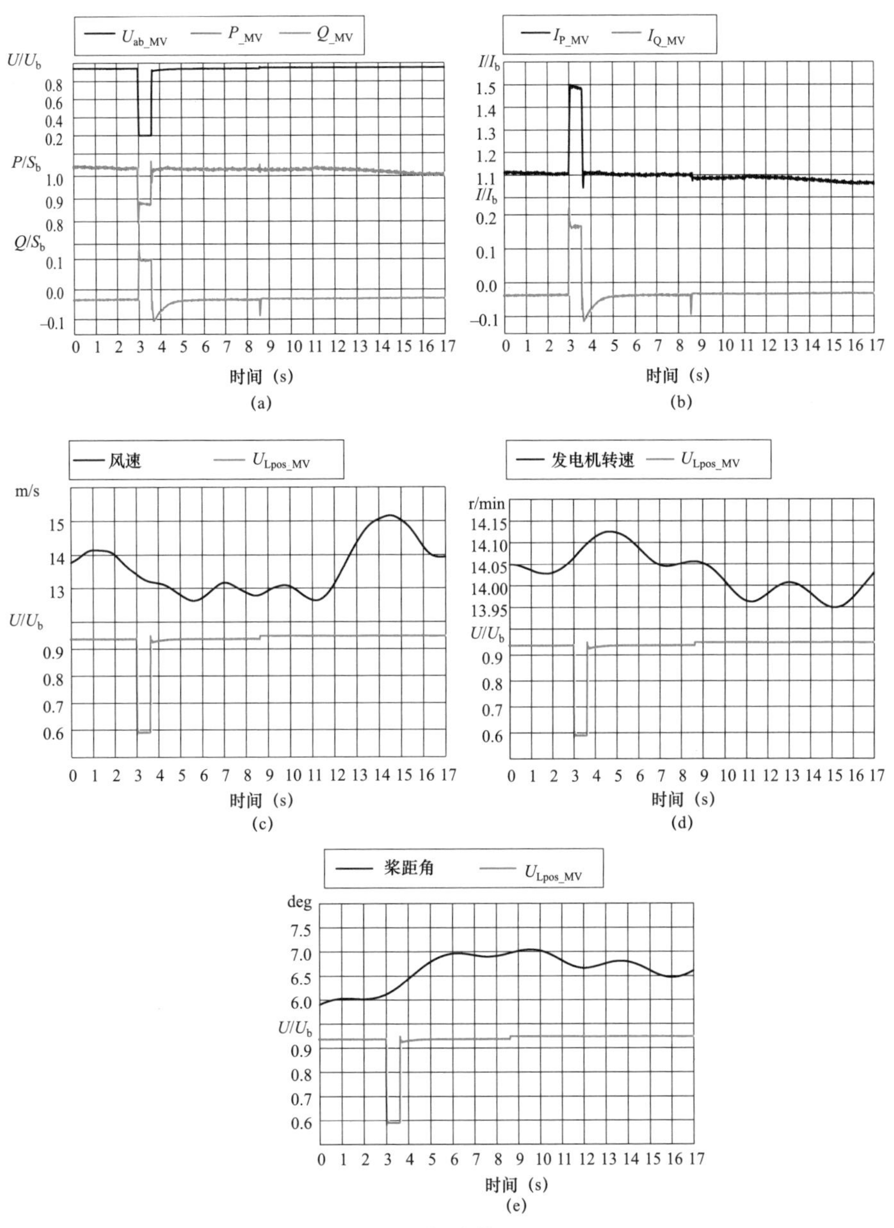

图5-26 两相跌落，$P>0.9P_n$

（a）中压侧电压与有功功率、无功功率；（b）中压侧有功电流、无功电流；
（c）风速与中压侧线电压基波正序分量；（d）发电机转速与中压侧线电压基波正序分量；
（e）桨距角与中压侧线电压基波正序分量

5.2 风电机组高电压穿越能力测试

近年来，国内经历了几起大规模风电脱网事故，成功“低电压穿越”的风电机组因高电压问题而脱网，并且实际风电场运行中也难以避免工频过电压、操作过电压以及谐振过电压等电压升高问题。此外，随着我国高压直流输电项目的逐步投运，电力系统的运行方式及网源结构发生了深刻的变化，在大容量直流馈入的送端电网，特高压直流输电系统存在着换相失败与直流闭锁的风险，直流系统事故后，未及时退出的滤波器会向电网注入大量无功，造成送端换流站近区暂态电压升高，接入送端电网的风电场/风电机组面临电网高电压运行问题。因此，具备高电压穿越能力已逐渐成为对风电的必然要求。

5.2.1 高电压穿越技术要求

高电压穿越指当电网故障或扰动引起电压升高时，在一定的电压升高范围和时间间隔内，风电机组保证不脱网连续运行的能力。

5.2.1.1 国外技术要求

（1）澳大利亚。澳大利亚率先制定了真正意义上的风电机组 OVRT 技术规范，要求当电网电压骤升至额定电压的 130%时，风电机组应维持 60ms 不脱网，并提供足够大的故障恢复电流，其高电压穿越保护曲线如图 5－27 所示。

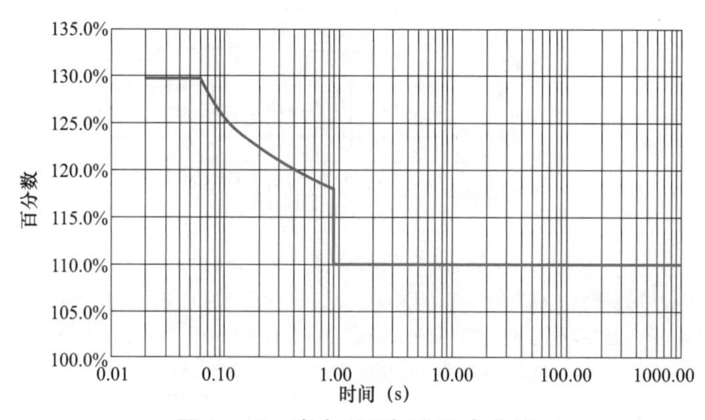

图 5－27 澳大利亚标准要求曲线

（2）德国。机组保护设备的推荐设置如表5－6所示。

表5－6　　机组保护设备的推荐设置

功能	继电保护整定范围	继电保护推荐整定值	
过压保护	1.00～1.30U_n	1.15U_{NS}	≤100ms

（3）美国。美国WECC并网标准规定了电压跌落至额定电压的0%持续150ms，电压升高至额定电压的120%持续1s风电机组不脱网连续运行，如图5－28所示。

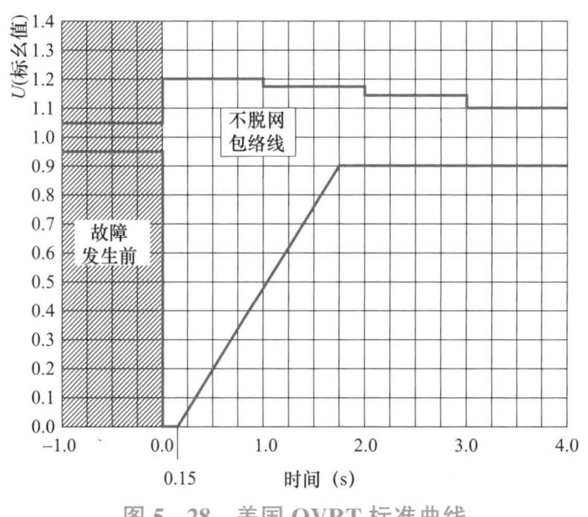

图5－28　美国OVRT标准曲线

（4）丹麦。丹麦Eltra Elkraft并网标准中要求临时过电压应限于130%额定电压，持续100ms后，降至120%额定电压。该电压是基波正序分量。表5－7中规定了不同电压等级下电网电压最高允许值，可见电压最高值为110%额定电压。

表5－7　　丹麦标准中不同电压等级下电网电压最高允许值　　kV

正常运行电压	满负荷运行时最高电压限值	最高电压限值
400	420	440
150	170	180
132	145	155

（5）新西兰。新西兰并网标准中对不同的地区的故障穿越曲线做了要求。图 5－29 为新西兰北部要求曲线，图 5－30 为新西兰南部要求曲线。标准中指出新西兰北部电压最高为 121%额定电压，新西兰南部电压最高为 123%额定电压。

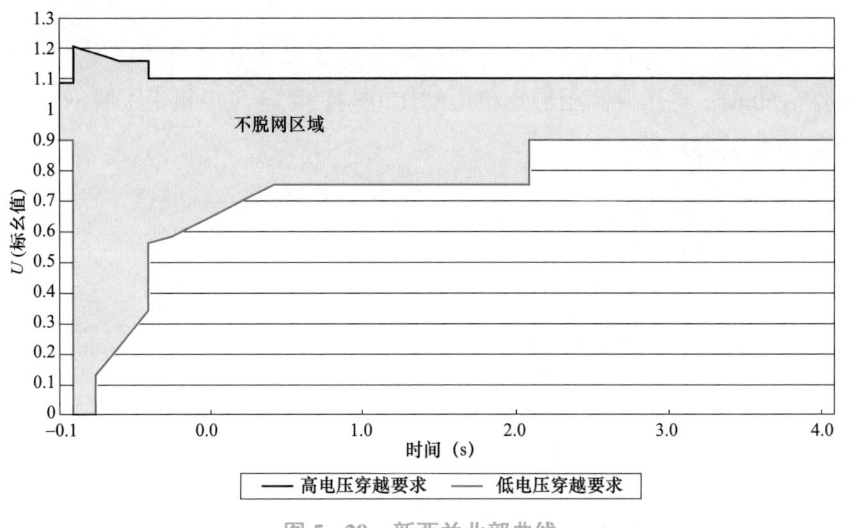

图 5－29　新西兰北部曲线

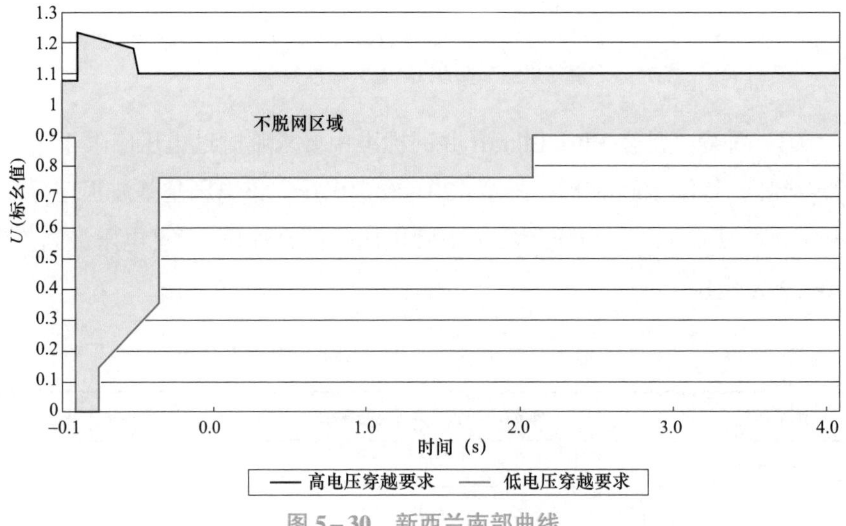

图 5－30　新西兰南部曲线

（6）加拿大。加拿大也对风电机组的高电压穿越能力做出了规范，加拿大 AESO 并网标准要求，电压升高至额定电压的 110%时，风电场应能不脱网连续运行，其高电压穿越保护曲线如图 5－31 所示。

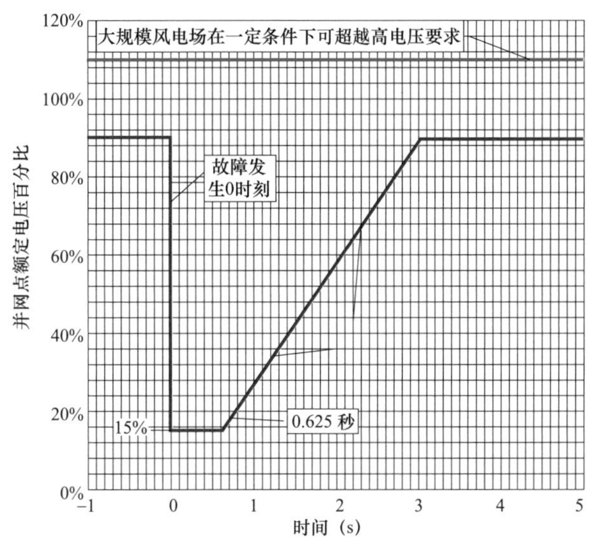

图 5－31　加拿大 AESO 标准曲线

加拿大 Hydro Quebec 并网标准中要求了风电场电压变化范围及在此范围内连续运行的时间，如表 5－8 所示。

表 5－8　加拿大 Hydro Quebec 并网导则要求

U（标幺值）*	持续时间	U（标幺值）*	持续时间
$U<0.60$	0.10s	$1.10\leqslant U<1.15$	300s
$0.60\leqslant U<0.75$	0.25s	$1.15\leqslant U<1.20$	30s
$0.75\leqslant U<0.85$	2.0s	$1.20\leqslant U<1.25$	2s
$0.85\leqslant U<0.90$	300s	$1.20\leqslant U<1.40$*	0.10s
$0.90\leqslant U<1.10$	持续运行	$U>1.40$ 标幺值*	0.03s

*若允许高于 125%额定电压运行时，做出的要求。

综上所述，各国并网标准所提高电压穿越要求虽不尽相同，但所规定的最高电压幅值均为 130%额定电压，持续时间最长为 100ms。图 5－32 给出了典型各国并网导则对高电压穿越要求的汇总曲线。

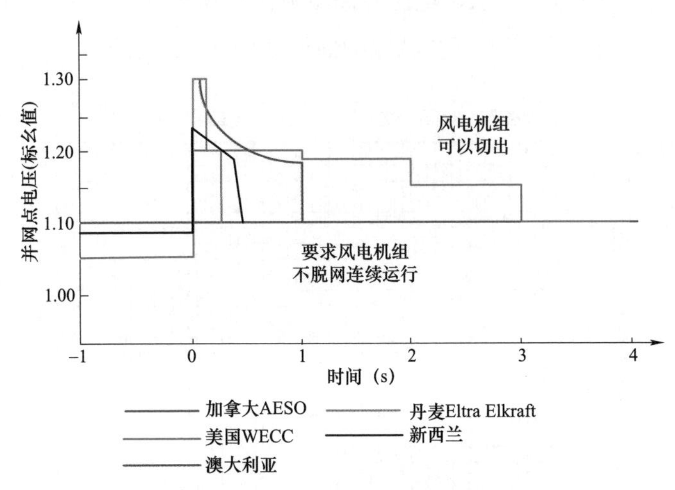

图 5－32　典型各国并网导则对高电压穿越要求的汇总曲线

我国也启动了风电机组高电压穿越相关标准工作，《风电机组高电压穿越测试规程》（NB/T 31111—2017）规定风电机组具有在测试点为 130%额定电压时能够保证不脱网连续运行 200ms 的能力。

此外，IEC 61400－21 修订稿也对风电机组高电压穿越试验检测提出了明确的要求。高电压穿越曲线示例如图 5－33 所示。

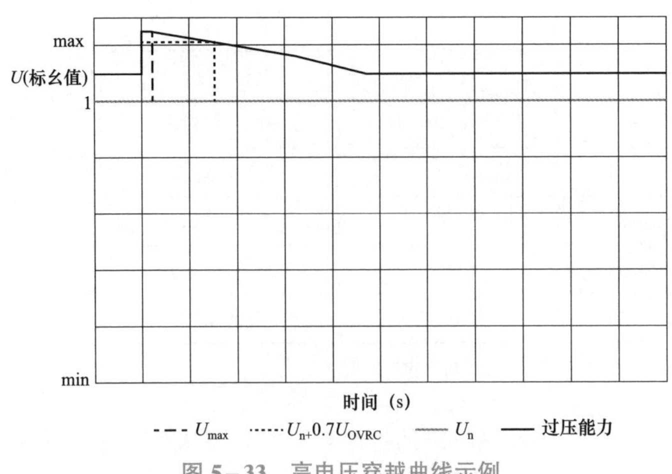

图 5－33　高电压穿越曲线示例

5.2.1.2 国内技术要求

（1）测试依据。《风力发电机组故障电压穿越能力测试规程》（GB/T 36995—2018）规定风电机组具有在测试点为130%额定电压时能够保证不脱网连续运行 500ms 的能力；风电机组具有在测试点电压为 125%额定电压时能够保证不脱网连续运行 1000ms 的能力；风电机组具有在测试点电压为 120%额定电压时能够保证不脱网连续运行 1000ms 的能力；图 5－34 为本标准规定风电机组故障电压穿越曲线。当风电机组并网点电压处于图示曲线 1 及以上和曲线 2 及以下的中间区域时，要求风电机组不脱网连续运行；当风电机组并网点电压处于曲线 1 以下或曲线 2 以上区域时，风电机组可以从电网切出。

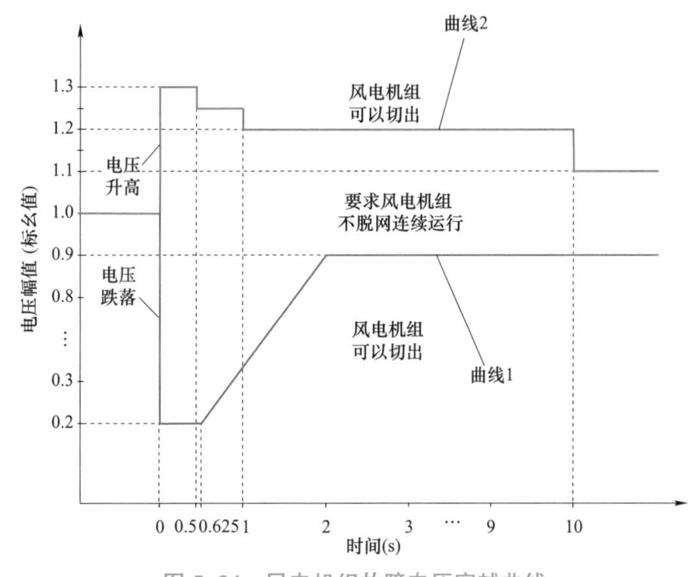

图 5-34 风电机组故障电压穿越曲线

针对不同电压升高类型的考核电压如表 5－9 所示。

表 5－9 风电机组高电压穿越考核电压

电压升高类型	考核电压
三相对称电压升高	风电机组测试点线电压
两相不对称电压升高	风电机组测试点线电压

1）有功功率输出：没有脱网的风电机组，在电压升高时刻及电压恢复正常时刻，有功功率波动幅值应在±50% P_n 范围内，且波动幅值应大于零，波动时间不大于 80ms；在电压升高期间，输出有功功率波动幅值应在±50% P_n 范围内；电压恢复正常后，输出功率应为实际风况对应的输出功率。

2）动态无功支撑能力：当风电机组并网点发生三相对称电压升高时，风电机组应自电压升高出现的时刻起快速响应，通过注入感性无功电流支撑电压恢复。具体要求如下：

——自并网点电压升高出现的时刻起，动态感性无功电流控制的响应时间不大于 40ms，且在电压故障期间持续注入感性无功电流；

——风电机组提供的动态感性无功电流应满足以下要求

$$I_{TL} \geqslant 1.5\times(U_T - 1.1)I_n\text{，}\ (1.1 \leqslant U_T \leqslant 1.3)$$

当风电机组并网点发生三相不对称电压升高时，风电机组宜注入感性无功电流支撑电压恢复。

表 5－10 中规定的电压升高为空载测试时测试点的电压升高情况。对表 5－10 中列出的各种电压升高，分别在三相电压升高和两相电压升高情况下测试。

表 5－10　　电　压　升　高

序号	电压升高幅值 U_{TP}（标幺值）	电压升高持续时间 t（ms）	电压升高波形
1	1.20±0.02	1000±20	⎍
2	1.25±0.02	1000±20	⎍
3	1.30±0.02	500±20	⎍

为满足风电机组高电压穿越特性模型仿真验证等工作的需要，现场测试时可由测试机构与风电机组制造商协商确定其他电压升高。

（2）测试数据。在电压升高发生前 5s 至电网电压恢复正常后至少 10s 的时间范围内，应采集以下数据：

1）测试点三相电压、电流；

2）电压升高过程中流经升压阻抗的电流；

3）风电机组输出端的三相电压、电流；

4）风速；

5）桨距角；

6）发电机转速。

测试时可采集下列数据：

1）发电机定子及转子三相电压、电流；

2）变流器电网侧及电机侧三相电压、电流；

3）风电机组并网开关状态；

4）变流器直流母线电压。

5.2.2 高电压穿越实现技术

风电机组高电压穿越的本质是机组的高电压耐受问题，变流器、变桨系统、发电机等为风电机组的核心涉网设备，在上述并网设备及二次设备满足耐压要求的情况下，通过变流器的动态无功控制，利用风电机组与电网间等效阻抗的分压作用，进一步降低风电机组涉网设备承受的最高电压，同时支撑电网电压恢复，实现风电机组高电压穿越。

5.2.2.1 全功率变流型风电机组

（1）电压骤升对全功率变流型风电机组稳定运行影响分析。全功率变流型风电机组采用全功率背靠背变流器与电网连接，机侧变流器根据风电机组主控要求控制电机转速（转矩），从而实现风能的最大功率跟踪；网侧变流器稳定直流母线电压、控制电网功率因数和并网电能质量，结构原理如图 5－35 所示。

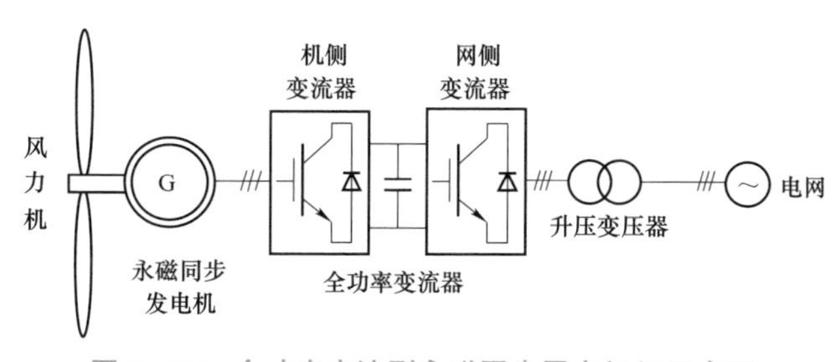

图 5－35 全功率变流型永磁同步风电机组示意图

当电网发生电网骤升故障时，由于永磁同步发电机通过变流器与电网完全隔离，首先受影响的是网侧变流器，发电机被动接受机侧变流器扰动影响。然而，网侧变流器与机侧变流器通过直流电容耦合，因此，保持直流母线电压的稳定是电网电压骤升时确保全功率变流型风电机组不脱网运行的前提。

网侧变流器在 dq 旋转坐标系下的稳态方程可表示为

$$\begin{cases} u_d = e_d - Ri_d + \omega Li_q \\ u_q = e_q - Ri_q - \omega Li_d \end{cases} \tag{5-18}$$

式中 e_d、e_q——电网电压的 d 轴、q 轴分量；

u_d、u_q——网侧变流器交流侧输出电压的 d 轴、q 轴分量；

i_d、i_q——网侧变流器输入电流的 d 轴、q 轴分量；

R、L——网侧变流器寄生电阻和滤波电感。

按式（5－18）可得图 5－36 所示网侧变流器稳态电压空间矢量图，图中 θ 为功率因数角，$\boldsymbol{E}$、$\boldsymbol{I}$ 分别为电网电压、电流矢量，$\boldsymbol{u}$ 为变流器交流侧电压矢量。从图 5－36 可知，若网侧变流器的功率因数确定，则其输出电压矢量 $\boldsymbol{u}$ 的末端必然落在阻抗三角形的斜边上，且其最大值 $\boldsymbol{u}_{max}$ 受到母线电容额定工作电压的限制。在控制系统中，空间矢量脉宽调制（SVPWM）可以获得较高的电压利用率，是目前广泛采用的调制方式，根据 SVPWM 调制理论，在不调制情况下，调制比 m 需满足

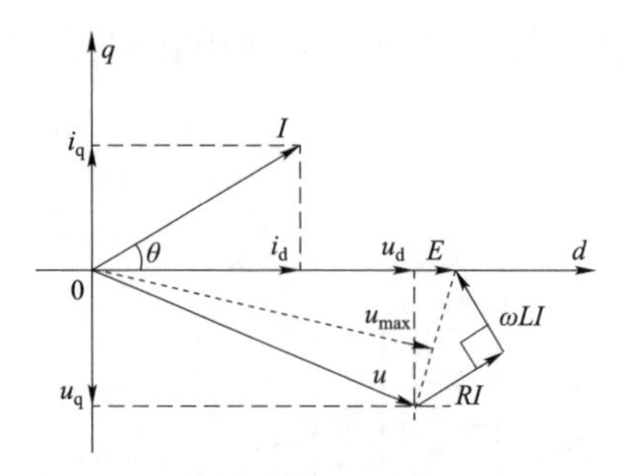

图 5－36 网侧变流器稳态电压空间矢量关系

$$m = |u| / (U_{dc} / 2) \leqslant 2 / \sqrt{3} \tag{5-19}$$

式中 $|\boldsymbol{u}|=\sqrt{u_{\mathrm{d}}^2+u_{\mathrm{q}}^2}$，$U_{\mathrm{dc}}$——变流器直流母线电压。

当电网电压矢量以 d 轴定向时，有 $e_{\mathrm{d}}=E$、$e_{\mathrm{q}}=0$，其中 E 为电网相电压峰值。如忽略进线电阻 R 上的压降，则由式（5－18）、式（5－19）可得

$$\sqrt{(e_{\mathrm{d}}+\omega Li_{\mathrm{q}})^2+(-\omega Li_{\mathrm{d}})^2}\leqslant\frac{U_{\mathrm{dc}}}{\sqrt{3}} \tag{5-20}$$

式（5－20）给出了网侧变流器正常工作时，电网相电压峰值、滤波电感、负载电流与直流母线电压的关系。

网侧变流器运行在单位功率因数工况（$i_{\mathrm{q}}=0$）下：当电网额定电压为690V 时，直流母线电压至少为 976V；当电网电压骤升至 1.3 标幺值时，直流母线电压至少为 1269V，超过了目前常规直流母线正常运行值（1200V），因此需采取措施，保障变流器安全稳定运行。

（2）全功率变流型风电机组高电压穿越控制策略。为防止电网电压升高时风电机组网侧变流器失控，导致电网能量倒灌，可适当提高直流母线电压的运行值。目前风电变流器普遍采用的功率开关器件额定参数为1700V/450A，并网电压额定值为 690V，综合考虑开关器件浪涌电压的耐受能力等问题，全功率变流器直流母线电压的极限保护值可以设定为1300V，参考式（5－20）可以得到功率器件可承受的最大电网电压有效值为919V，约为 1.33 标幺值。当前，国际国内风电机组高电压穿越相关标准最高要求为：在电网电压骤升 1.3 标幺值时，风电机组应不脱网连续运行。根据先前分析，1.3 标幺值电网电压并未超出风电机组耐受范围，除此之外，变压器的阻抗分压也提供了潜在的调节能力，因此可以考虑完全利用变流器软件控制与主控顶层协调的控制方案实现风电机组的高电压穿越。

全功率变流型风电机组通过全功率变流器将能量传递至电网，并利用直流母线电容的充放电，隔离电网故障对永磁同步发电机的影响。其中，网侧变流器一方面控制向电网传递的无功功率，控制电能质量，另一方面控制直流母线电压，保证变流器稳定工作。机侧变流器主要通过控制发电机转矩（转速），实现最大功率跟踪。

1）网侧变流器控制。在 dq 旋转坐标系下，变流器的有功、无功已实现解耦，由图 5－36 可知，通过分别控制并网电流的有功、无功分量，

可实现变流器的四象限运行。结合式（5-20），当系统检测到电网电压升高时，通过注入一定的感性无功电流（$i_q<0$），可使风电机组变流器直流侧和功率器件所承受的电压小于电网电压。若并网标准对无功补偿量无要求，可在保证有功输出不变的情况，依据变流器电流约束最大限度的输出感性无功功率，即无功电流满足式（5-21）。

$$\left|i_{\mathrm{q}}\right| \leqslant \sqrt{I_{n\max}^{2}-i_{\mathrm{d}}^{2}} \tag{5-21}$$

式中　$I_{n\max}$——网侧变流器最大容许电流。

结合式（5-18）、式（5-21），可得电网电压以 d 轴定向的网侧变流器最终控制方程，如式（5-22）所示

$$\begin{cases} i_{\mathrm{d}}^{*}=k_{\mathrm{pu}}(U_{\mathrm{dc}}^{*}-U_{\mathrm{dc}})+k_{\mathrm{iu}}\int(U_{\mathrm{dc}}^{*}-U_{\mathrm{dc}})\mathrm{d}t \\ i_{\mathrm{q}}^{*}=-\sqrt{I_{n\max}^{2}-i_{\mathrm{d}}^{2}} \\ u_{\mathrm{d}}=e_{\mathrm{d}}-Ri_{\mathrm{d}}+\omega Li_{\mathrm{q}}-k_{\mathrm{pi}}(i_{\mathrm{d}}^{*}-i_{\mathrm{d}})-k_{\mathrm{ii}}\int(i_{\mathrm{d}}^{*}-i_{\mathrm{d}})\mathrm{d}t \\ u_{\mathrm{q}}=-Ri_{\mathrm{q}}-\omega Li_{\mathrm{d}}-k_{\mathrm{pi}}(i_{\mathrm{q}}^{*}-i_{\mathrm{q}})-k_{\mathrm{ii}}\int(i_{\mathrm{q}}^{*}-i_{\mathrm{q}})\mathrm{d}t \end{cases} \tag{5-22}$$

式中　i_{d}^{*}、i_{q}^{*}——网侧变流器输入电流 dq 轴分量指令值；

k_{pi}、k_{ii}——电流内环的比例和积分系数；

k_{pu}、k_{iu}——电压外环的比例和积分系数。

2）机侧变流器控制。机侧变流器控制即对永磁同步电机的控制，在高电压穿越过程中，永磁同步电与电网隔离，一般无须考虑电网高电压暂态过程，但需设置恰当的电流、电压等保护值，以保证电机安全。

目前，广泛采用的永磁同步电机控制策略主要是基于转子磁场定向的矢量控制。零 d 轴电流控制（ZDAC）旨在将永磁同步电机 d 轴电流控制为零，是永磁同步电机最常用的控制策略。基于 ZDAC 控制的永磁同步电机稳态控制方程如下

$$\begin{cases} i_{\mathrm{md}}^{*}=0 \\ i_{\mathrm{mq}}^{*}=2T_{\mathrm{e}}^{*}/(3p\psi_{\mathrm{f}}) \\ u_{\mathrm{md}}=R_{\mathrm{m}}i_{\mathrm{md}}-\omega_{\mathrm{e}}L_{\mathrm{mq}}i_{\mathrm{mq}}+k_{\mathrm{p}}(i_{\mathrm{md}}^{*}-i_{\mathrm{md}})+k_{\mathrm{i}}\int(i_{\mathrm{md}}^{*}-i_{\mathrm{md}})\mathrm{d}t \\ u_{\mathrm{mq}}=R_{\mathrm{m}}i_{\mathrm{mq}}+\omega_{\mathrm{e}}L_{\mathrm{md}}i_{\mathrm{md}}+\omega_{\mathrm{e}}\psi_{\mathrm{f}}+k_{\mathrm{p}}(i_{\mathrm{mq}}^{*}-i_{\mathrm{mq}})+k_{\mathrm{i}}\int(i_{\mathrm{mq}}^{*}-i_{\mathrm{mq}})\mathrm{d}t \end{cases} \tag{5-23}$$

式中 T_e^*——电磁转矩指令值；

k_p、k_i——电流环的比例和积分系数；

u_{md}、u_{mq}——电机端电压 dq 轴分量；

i_{md}、i_{mq}、i_{md}^*、i_{mq}^*——定子电流 dq 轴分量及指令值；

Ψ_f——转子磁链；

ω_e——电角速度；

L_{md}、L_{mq}——dq 轴同步电感；

R_m——定子电阻。

综合式（5－22）、式（5－23）可得全功率变流型风电机组的控制框图，如图 5－37 所示。

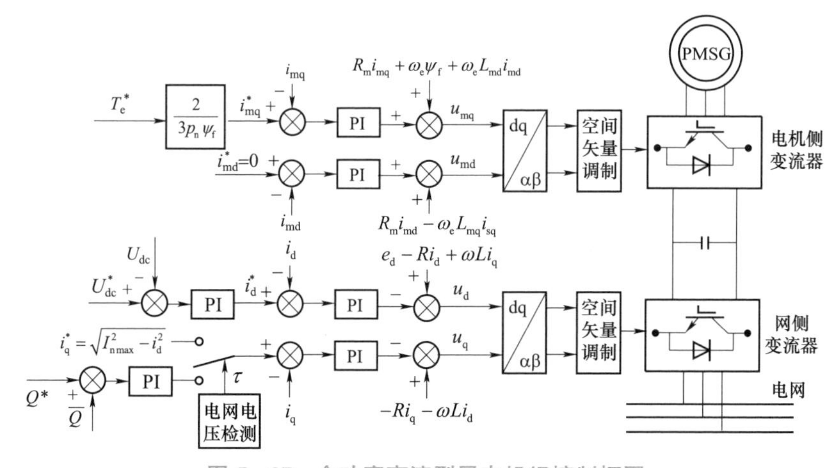

图 5－37 全功率变流型风电机组控制框图

3）主控系统高电压穿越实现方案。主控系统的高电压穿越控制策略，主要考虑过渡过程与变流器的协调配合机制。当变流器检测到电网电压升高故障信息，立即上传至主控系统，主控系统屏蔽部分与电网高电压故障相关的故障信息（如：电网电压高，变流器输出功率偏离指令值等保护信号），一方面，下放机组输出功率控制权限，由变流器决定机组输出有功功率和无功功率；另一方面，通过设置合理的电网高电压穿越保护曲线对机组进行监控。当收到变流器给出的电网电压恢复信息后，主控系统恢复至故障前状态，风电机组正常发电。

（3）系统仿真与分析。为验证理论分析及高电压穿越控制策略的正确性、有效性，在 Simulink 中建立了 2.5MW 全功率变流型风电机组电磁暂态模型，仿真结构如图 5－38 所示，仿真采用恒定风速 10m/s。

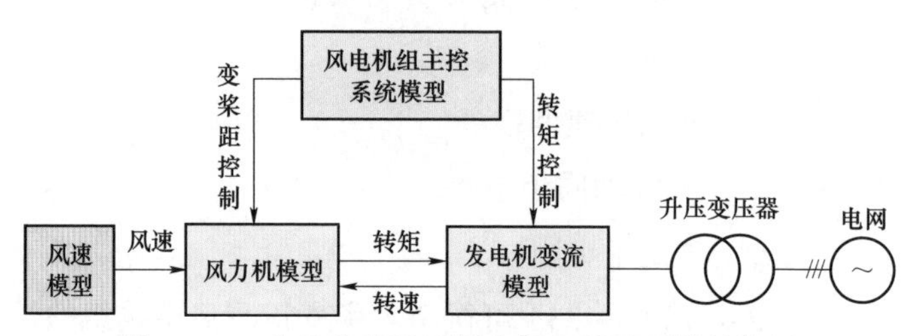

图 5－38　全功率变流型风电机组仿真系统结构图

图 5－39 为全功率变流型风电机组高电压穿越过程仿真波形图，图 5－39（a）～（d）分别为风电机组并网点三相电压瞬时值、风电机组有功功率、无功功率、永磁同步发电机电磁转矩、变流器直流母线电压。由图 5－39（a）可知，初始条件下，并网点电压正常，风电机组运行在额定状态下，在 1.0s 时，电网电压突然升高至 1.3 标幺值，持续 200ms 后恢复正常。从图 5－39（b）可以看出，电网电压骤升时，由于电感电流不能突变，有功功率瞬间增大至 1.3 标幺值，然后逐渐调整至 1.0 标幺值，同时机组迅速注入无功功率，并稳定在 0.82 标幺值；在电压恢复正常时，无功功率迅速减小，并逐渐调整至 0，同样由于电感电流不能突增，有功功率瞬间减小，经历 5 周波后恢复至额定值。根据图 5－39（c），在电网电压整个变化过程中永磁同步发电机电磁转矩基本不变，机组通过变流器直流电容充放电实现电网故障隔离，发电机输出未受影响。由图 5－39（d）可知，在电网电压骤升时，由于机侧的功率正常向变流器直流母线传递，母线电压突增至 1165V，然后稳定在 1142V，在电网电压恢复时，直流母线迅速向电网泄放能量，电压突减至 1045V，然后逐渐调整至稳定值 1100V。仿真结果表明：在高电压过程中，风电机组未脱网，而且在电网高电压期间风电机组通过发出感性无功支撑电网电压，实现连续运行。

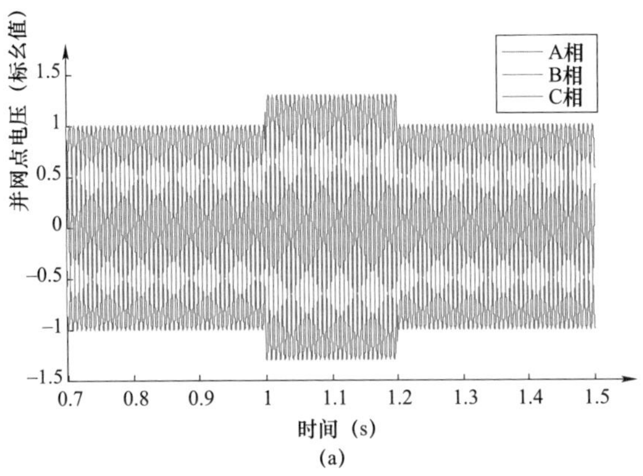
A相
B相
C相
并网点电压（标幺值）
1.5
1
0.5
0
−0.5
−1
−1.5
0.7
0.8
0.9
1
1.1
1.2
1.3
1.4
1.5
时间（s）

(a)

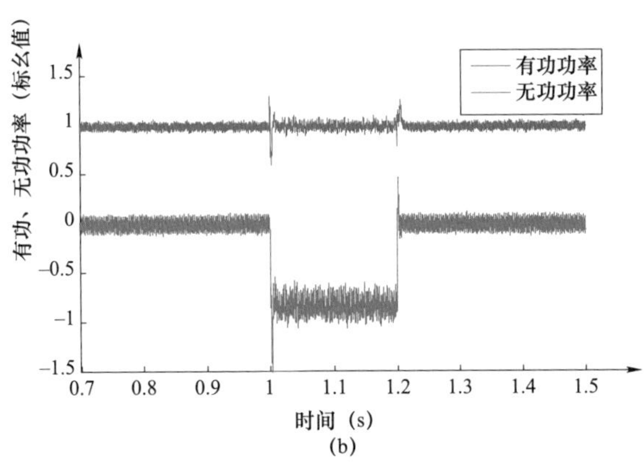
有功功率
无功功率
有功、无功功率（标幺值）
1.5
1
0.5
0
−0.5
−1
−1.5
0.7
0.8
0.9
1
1.1
1.2
1.3
1.4
1.5
时间（s）

(b)

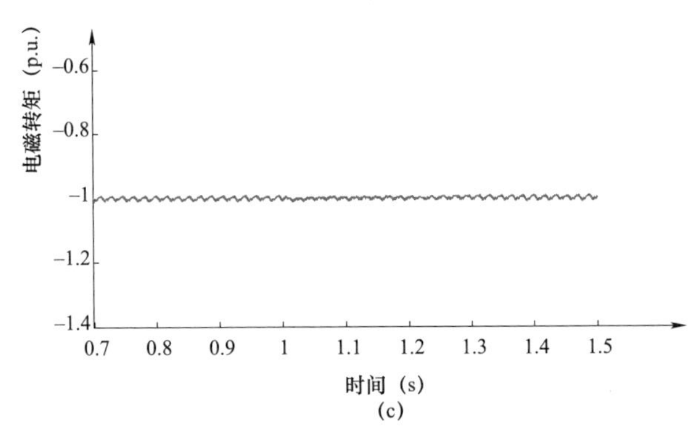
电磁转矩（p.u.）
−0.6
−0.8
−1
−1.2
−1.4
0.7
0.8
0.9
1
1.1
1.2
1.3
1.4
1.5
时间（s）

(c)

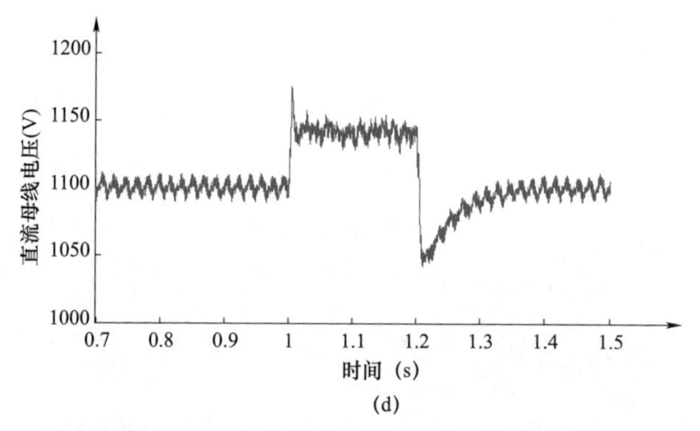

(d)

图 5－39　全功率变流型风电机组高电压穿越过程仿真波形图（纵坐标轴）

（a）风电机组并网点电压；（b）风电机组输出有功功率、无功功率；

（c）永磁同步发电机电磁转矩；（d）变流器直流母线电压

5.2.2.2　升压变压器对风电机组高电压穿越的影响

风电机组升压变压器由高压配电装置、电力变压器、低压配电装置三部分紧凑组合构成。电网电压骤升对风电机组并网点电压的影响，主要考虑变压器的阻抗作用。由于升压变压器阻抗的分压作用，升压变压器低压侧电压与高压侧电压并非简单变比关系，受风电机组有功功率与无功功率影响较大。因此在电网电压骤升，风电机组不同出力情况下，升压变压器的分压能力值得关注。

在风电机组向电网输送功率时，由于升压变压器阻抗的分压作用，升压变压器低压侧电压与高压侧电压并非简单变比关系，受风电机组有功功率与无功功率影响较大。因此在电网电压骤升，风电机组不同出力情况下，升压变压器的分压能力值得关注。由电机学可知，升压变压器阻抗计算公式如下

$$\begin{cases} R_{\mathrm{T}}=\dfrac{P_{\mathrm{k}}U_{\mathrm{N}}^{2}}{1000S_{\mathrm{N}}^{2}} \\ X_{\mathrm{T}}\approx\dfrac{U_{\mathrm{N}}}{\sqrt{3}I_{\mathrm{N}}}\times\dfrac{U_{\mathrm{k}}\%}{100}=\dfrac{U_{\mathrm{k}}\%U_{\mathrm{N}}^{2}}{100S_{\mathrm{N}}} \\ G_{\mathrm{T}}=\dfrac{P_{0}}{1000U_{\mathrm{N}}^{2}} \\ B_{\mathrm{T}}=\dfrac{I_{0}\%}{100}\cdot\dfrac{S_{\mathrm{N}}}{U_{\mathrm{N}}^{2}} \end{cases} \tag{5-24}$$

式中　R_T——变压器高低压绕组的总电阻，Ω；

P_k——短路损耗，kW；

S_N——额定容量，MVA；

U_N——额定电压，kV；

X_T——高低绕组的总电抗，Ω；

$U_k\%$——短路电压百分值；

G_T——电导，S；

P_0——空载损耗，kW；

B_T——电纳，S；

$I_0\%$——空载电流百分值。

结合式（5-24），建立变压器等值电路如图5-40所示。规定潮流的正方向由风电机组流向电网，$\tilde{S}_1$、$\tilde{S}_2$分别为流入、流出变压器等效阻抗的视在功率，$\tilde{S}_2'$为流经变压器等效电阻、电抗后的视在功率，$\tilde{S}_0$为导纳支路消耗的视在功率。

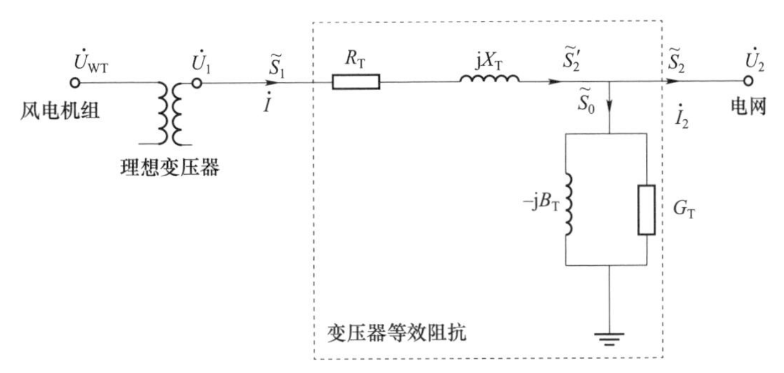

图5-40　变压器等值电路

依据图5-40，可得机组侧向电网输送的复功率

$$\begin{cases} \tilde{S}_1 = P_1 + jQ_1 \\ \tilde{S}_2' = P_2' + jQ_2' \\ \tilde{S}_2 = \tilde{S}_2' + \tilde{S}_0 \end{cases} \tag{5-25}$$

式中　P_1、Q_1——风电机组向电网传输的有功、无功；

P_2'、Q_2'——经过变压器等效电阻、电抗后的有功、无功。

电网在变压器中的电压降落的纵、横分量为

$$\begin{cases}\Delta U_{\mathrm{T}}=\dfrac{P_2'R_{\mathrm{T}}+Q_2'X_{\mathrm{T}}}{U_2}\\ \delta U_{\mathrm{T}}=\dfrac{P_2'X_{\mathrm{T}}-Q_2'R_{\mathrm{T}}}{U_2}\end{cases} \tag{5-26}$$

结合式（5－26）可得变压器高压侧等效电压幅值

$$U_1=\sqrt{(U_2+\Delta U_{\mathrm{T}})^2+(\delta U_{\mathrm{T}})^2} \tag{5-27}$$

以某商用全功率变流型风电机组为例，其升压变压器具体参数为：高压侧额定电压35kV，低压侧额定电压0.69kV；空载损耗668W，空载电流0.1%，短路阻抗10.5%，负载损耗69 633W。根据式（5－24）计算出升压变压器阻抗值，并作如下假设：

（1）升压变压器变比为35/0.69；

（2）风电机组输出有功功率为2.50MW。

分别按风电机组输出无功功率为感性无功功率2Mvar～容性无功功率2Mvar，利用式（5－25）～式（5－27）计算电网电压骤升1.3标幺值，风电机组并网点电压数值，详见表5－11。表中$U_{\mathrm{WT}}^{\mathrm{B}}$为1.3倍额定电压值，$U_{\mathrm{WT}}$为潮流计算理论并网点电压，$\lambda$为变压器分担电压的百分比。从表中可以看出：当机组发出容性无功时，并网点电压高于$U_{\mathrm{WT}}^{\mathrm{B}}$；当机组发出0.4Mvar感性无功时，并网点电压平衡在$U_{\mathrm{WT}}^{\mathrm{B}}$，当机组发出2.0Mvar感性无功时，并网点电压降低$3\%U_{\mathrm{WT}}^{\mathrm{B}}$。

表5－11　　风电机组并网点电压

项目	$P=2.50\mathrm{MW}$，$U_{\mathrm{WT}}^{\mathrm{B}}=1.3U_{\mathrm{n}}=897\mathrm{V}$					
Q（Mvar）	2.0	1.0	0	－0.4	－1.0	－2.0
U_{WT}（V）	936	920	904	897	887	870
λ（%）*	－4.3	－2.6	－0.8	0	1.1	3.0

* $\lambda=(U_{\mathrm{WT}}^{\mathrm{B}}-U_{\mathrm{WT}})/U_{\mathrm{WT}}^{\mathrm{B}}$。

综上可知，当风电机组向电网注入容性无功时，变压器阻抗分担“正”电压，抬升机组并网点电压，抬升比例可达$5.6\%U_{\mathrm{n}}$；当风电机组向电网注入一定比例的感性无功时，变压器阻抗可分担“负”电压，降低机组并网点电压，降低比例可达3.9%U_n。而在实际运行中，风电机组升压变压器并非标准变比，低压侧电压一般略小于额定值。

5.2.2.3 双馈型风电机组

（1）双馈风电机组电压突变暂态分析。双馈风电机组是风电开发的主流机型之一，其发电机转子通过背靠背变流器与电网相连，发电机定子直接与电网相连，实现故障穿越较全功率变流型机组困难，因此本书选取双馈风电机组为研究对象。忽略磁饱和现象，按照电动机惯例，将转子侧参数折算到定子侧，双馈电机的电压方程和磁链方程如式（5－28）所示

$$\begin{cases} \dot{v}_\mathrm{s} = R_\mathrm{s}\dot{i}_\mathrm{s} + p\dot{\psi}_\mathrm{s} \\ \dot{v}_\mathrm{r} = R_\mathrm{r}\dot{i}_\mathrm{r} + p\dot{\psi}_\mathrm{r} - j\omega_\mathrm{r}\dot{\psi}_\mathrm{r} \\ \dot{\psi}_\mathrm{s} = L_\mathrm{s}\dot{i}_\mathrm{s} + L_\mathrm{m}\dot{i}_\mathrm{r} \\ \dot{\psi}_\mathrm{r} = L_\mathrm{r}\dot{i}_\mathrm{r} + L_\mathrm{m}\dot{i}_\mathrm{s} \end{cases} \tag{5-28}$$

式中 $\dot{v}$——电压矢量；

$\dot{i}$——电流矢量；

$\dot{\psi}$——磁链矢量；

R——电阻；

L——电感；

下标“s”和“r”——双馈发电机定、转子；

L_m——定转子间的互感；

ω_r——发电机旋转角速度；

p——微分算子。

由式（5－28）可得转子电压和定子磁链的微分方程分别如式（5－29）和式（5－30）所示

$$\dot{v}_\mathrm{r} = \frac{L_\mathrm{m}}{L_\mathrm{s}}(p - j\omega_\mathrm{r})\dot{\psi}_\mathrm{s} + [R_\mathrm{r} + \sigma L_\mathrm{r}(p - j\omega_\mathrm{r})]\dot{i}_\mathrm{r} \tag{5-29}$$

式中 $\sigma = 1 - \dfrac{L_\mathrm{m}^2}{L_\mathrm{s}L_\mathrm{r}}$——双馈发电机瞬态电感系数。

$$p\dot{\psi}_s = \dot{v}_s - \frac{R_s}{L_s}\dot{\psi}_s + R_s\frac{L_m}{L_s}\dot{i}_r \tag{5-30}$$

假设转子侧开路，可得定子磁链的一阶线性非齐次微分方程如式（5－31）所示

$$p\dot{\psi}_s = \dot{v}_s - \frac{R_s}{L_s}\dot{\psi}_s \tag{5-31}$$

假设 $t=t_0$ 时刻，电网电压发生突变，电压突变前后，电网电压的矢量表达式如式（5－31）所示

$$\dot{v}_s = \begin{cases} U_s e^{j\omega_s t} & (t < t_0) \\ (1 \pm d)U_s e^{j\omega_s t} & (t \geqslant t_0) \end{cases} \tag{5-32}$$

式中 d——电压变化的百分比；

ω_s——电网旋转角频率。

将式（5－32）作为初始条件，假设 $t_0=0$，可以得出定子磁链的解析表达式如式（5－33）所示

$$\dot{\psi}_s(t > t_0) = \frac{(1 \pm d)U_s}{j\omega_s}e^{j\omega_s t} \pm \frac{dU_s}{j\omega_s}e^{-t/\tau_s} \tag{5-33}$$

式中 $\tau_s = \frac{L_s}{R_s}$——双馈发电机定子时间常数。

将式（5－31）、式（5－33）带入式（5－29）可得双馈发电机转子开路电压解析表达式如式（5－34）所示

$$\dot{v}_r = (1 \pm d)U_s\frac{L_m}{L_s}s_1 e^{j\omega_s t} \pm \frac{L_m}{L_s}(1/\tau_s + j\omega_r)\frac{dU_s}{j\omega_s}e^{-t/\tau_s} \tag{5-34}$$

$1/\tau_s$ 较其他项较小，可忽略不计，电压突变后双馈发电机转子开路电压解析表示式可简化为

$$\dot{v}_r = (1 \pm d)U_s\frac{L_m}{L_s}s_1 e^{j\omega_s t} \pm (1 - s_1)\frac{L_m}{L_s}dU_s e^{-t/\tau_s} \tag{5-35}$$

式中 $s_1 = \frac{\omega_{sl}}{\omega_s}$——双馈发电机转差率，其中 $\omega_{sl} = \omega_s - \omega_r$。

由上式可以看出：双馈发电机电网电压突变引起的双馈发电机转子开路

电压瞬时值主要由两部分组成，第一部分是由电网电压突变后的稳态值与转差率决定的稳态分量，频率为双馈发电机转差频率；第二部分则是由电网电压突变量与转差率决定的暂态衰减分量，频率为发电机转子旋转频率。在相同工况和转差率情况下，双馈风电机组高电压骤升至 130%U_n 和低电压电压跌落至 70%U_n 时双馈发电机转子开路电压仿真对比分析如图 5-41 所示。

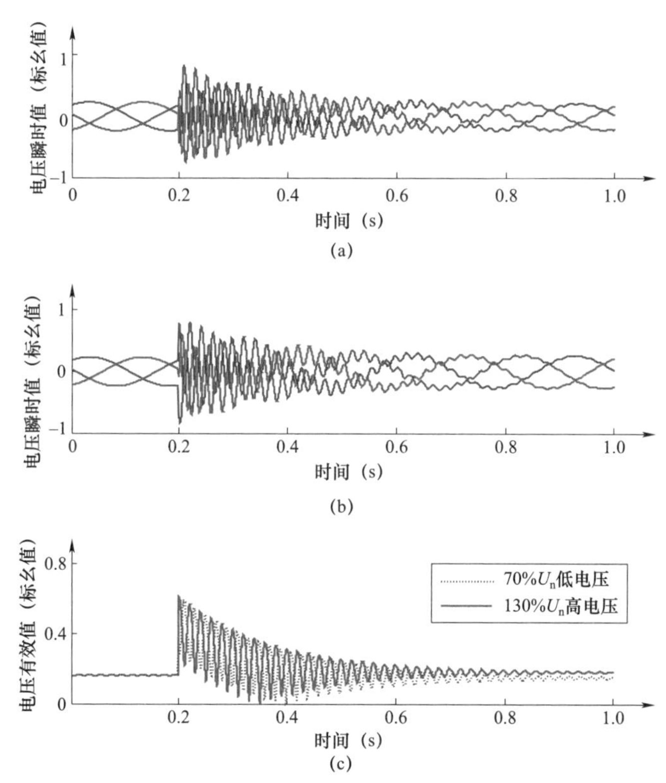

图 5-41　双馈风电机组电压突变时转子开路电压仿真图

（a）70%U_n 低电压；（b）130%U_n 高电压；（c）70%U_n 低电压和 130%U_n 高电压对比

由图 5-41 可以看出：130%U_n 高电压与 70%U_n 低电压时转子暂态电压最大值及变化过程基本相同。电网电压突变所引起的转子暂态电压极值主要由暂态衰减分量决定，稳态值则由电压突变后的电网电压稳定值决定，转子电压稳态值 130%U_n 高电压略大于 70%U_n 低电压。双馈风电机组转子 Crowbar 保护主要由转子暂态最大值决定，按照风电机组低电压穿越 Crowbar 保护触发设计原则与实测经验，70%U_n 的低电压通常不会引起转子 Crowbar 保护动作，双馈风电机组在 70%U_n 低电压穿越的整个过程处于可控状态。

依据现有风电低电压穿越与高电压穿越技术标准，低电压要求最低电压为 20%U_n，高电压要求最高电压为 130%U_n，低电压电压变化幅度大（$\Delta U \leqslant 0.8U_n$），高电压电压变化幅度小（$\Delta U \leqslant 0.3U_n$），130%$U_n$ 的高电压所引起的暂态能量仅仅相当于 70%U_n 的低电压。因此，130%U_n 的高电压在双馈发电机中感性出的暂态过电压、过电流不足以触发双馈发电机转子 Crowbar 保护动作，双馈风电机组在整个高电压穿越过程中均能可控运行。同理可得，130%U_n 高电压穿越期间直流侧 Chopper 保护也无须动作。

（2）双馈风电机组高电压穿越控制策略。

1）双馈变流器耐压与高电压控制能力分析。主流型号的风电机组二次供电与控制系统已通过低电压穿越改造（增加 UPS 供电），具备耐受 130%U_n 高电压的能力，而发电机的短时耐压设计值通常高于 130%U_n。除此之外，双馈变流器的功率器件成为了对高电压最为敏感的器件，在不改变现有双馈变流器基本拓扑与软硬件控制的前提下，假定变流器对应桥臂直接与电网相连，当变流器采用空间电压矢量（SVPWM）调制方式时，双馈变流器直流母线电压最大值与电网线电压之间存在以下关系

$$U_{dc\_max} = \sqrt{2} \times U_{p\text{-}p\_rms} \tag{5-36}$$

式中　U_{dc_max} ——直流母线电压最大值；

　　　$U_{p\text{-}p\_rms}$ ——电网线电压有效值。

目前风电变流器普遍使用的功率器件额定参数为 1700V/450A，并网点电压额定值为 690V，考虑开关过电压等问题，双馈变流器直流母线的极限保护电压可设定为 1300V，由式（5－36）可得电网线电压有效值为 919V，约为 133%。因此，在不改变现有双馈变流器硬件设计与基本控制的前提下，双馈变流器的最大耐压及高电压控制能力约为 133%并网点额定电压。

2）双馈变流器高电压穿越控制策略。综上所述，130%U_n 的高电压尚未超出现有双馈变流器的可控范围，因此可以考虑仅仅通过变流器软件控制与主控系统协同控制实现高电压穿越功能。变流器电网连接的示意图如

图 5－42 所示，通过并网电流控制，实现可控的四象限运行。

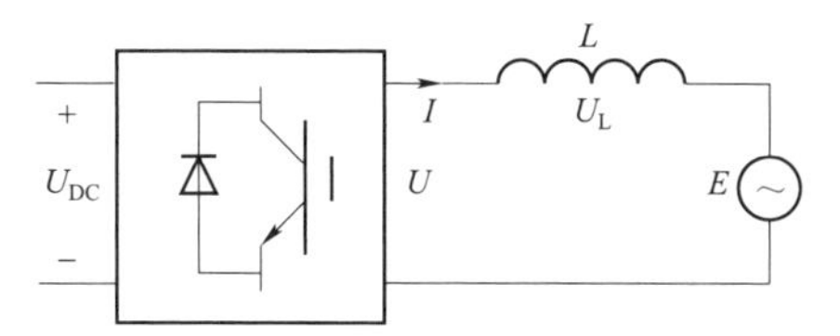

图 5－42　变流器电网连接示意图

图中 $\dot{E}$ 为电网电压矢量，$\dot{U}_L$ 为等效电感电压矢量，$\dot{U}$ 为变流器输出电压矢量，$\dot{I}$ 为变流器输出电流矢量，L 为电网侧等效电感。

变流器与电网矢量关系如图 5－43 所示，其中，当以电网电压 $\dot{E}$ 为参考时，通过控制变流器输出交流电压 $\dot{U}$ 即可实现变流器四象限运行。假设 $|I|$ 不变，$\dot{U}$ 的运动轨迹为一个以 $|U_L|$ 为半径的圆。由图可见，当电压 $\dot{U}$ 运行在不同区间内时，变流器的运行状态及其与电网交互有功、无功的状态都不同，电网侧电压矢量存在以下关系式

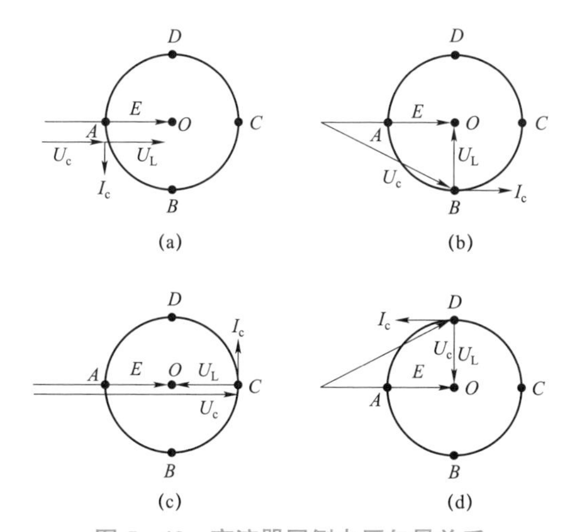

图 5－43　变流器网侧电压矢量关系

（a）纯电感特性；（b）正阻特性；（c）纯电容特性；（d）负阻特性

$$\dot{E} = \dot{U} + \dot{U}_L \tag{5-37}$$

变流器存在以下四种工作状态：

a）A—B 段：变流器运行在整流状态，从电网吸收有功和感性无功功率；

b）B—C 段：变流器运行在整流状态，从电网吸收有功和容性无功功率；

c）C—D 段：变流器运行在逆变状态，向电网传输有功和容性无功功率；

d）D—A 段：变流器运行在逆变状态，向电网传输有功和感性无功功率。

电网高电压期间，可通过变流器控制吸收感性无功功率，一方面，为电网提供感性无功电流支撑，支持电网电压恢复；另一方面，利用电网侧等效电感的分压作用$|U_L|$，减小变流器直流侧、功率器件所承受的电压，避免硬件保护动作。由此可知，电网高电压期间双馈风电机组网侧变流器根据转速不同需工作在 A—B 段或 D—A 段，转子侧变流器需工作在 D—A 段，即转子侧变流器通过发电机控制向电网传输有功和并网标准要求的感性无功功率。此时网侧变流器向电网传输感性无功功率，其电压矢量存在以下特性

$$|E|>|U| \tag{5-38}$$

即电网高电压期间，可通过控制电网侧等效电感上的电压矢量，使得风机变流器直流侧、功率器件所承受的电压远小于电网电压，若并网标准对无功补偿量无要求，可在保证有功输出不变的情况，依据变流器电流约束最大限度地输出感性无功功率。依据现有风电机组发电机、滤波电路及升压变压器参数，电网侧等效电感上可分得 0%～10%的并网点电压，可保证高电压期间变流器直流侧及功率器件的安全。

3）主控系统高电压穿越实现方案。风电机组实现故障穿越需主控系统与变流器的协同配合，高电压穿越期间主控系统与变流器的系统控制和低电压穿越基本相同，主控系统在收到变流器给出的电网电压升高故障信号后，主控系统需屏蔽部分与高电压穿越相关的故障（如：电网电压高、变流器输出功率偏离指令值等保护信号），让出主控系统功率控制权，并设置合理的电网高电压穿越保护曲线，高电压穿越期间风电机组输出有功、无功功率由变流器控制决定，收到变流器给出的电网电压恢复信号后，主控系统恢复之前屏蔽的故障或告警信号，恢复对风电机组功率的控制权，

风电机组正常运行发电。风电机组主控系统高电压穿越控制流程如图 5-44 所示。

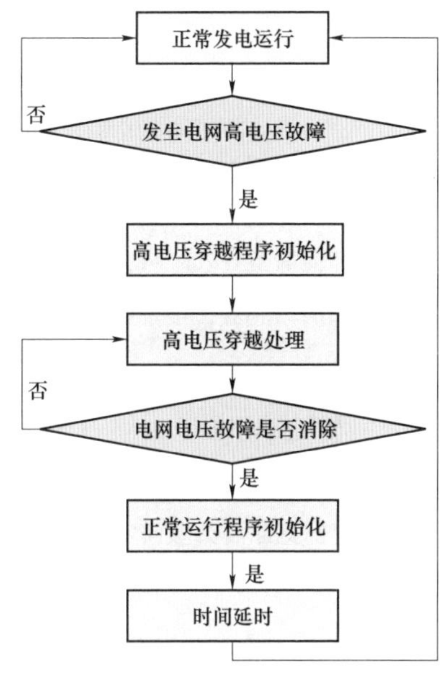

图 5-44 主控系统高电压穿越控制流程图

（3）系统仿真与分析。为验证理论分析及高电压穿越控制策略的正确性、有效性，在 MATLAB/Simulink 中建立了 2.0MW 双馈风电机组电磁暂态仿真模型，仿真研究风电机组高电压穿越的全过程。仿真模型主要由风速模型、风力机模型、传动链模型、发电机变流器模型、主控系统模型、高电压发生模型和电网模型七大部分组成，为排除风速干扰，仿真风速采用恒定风速 12m/s。

图 5-45 为双馈风电机组高电压穿越全过程仿真波形图，图 5-45（a）～（f）分别为风电机组并网点三相电压瞬时值、风电机组有功功率、无功功率、双馈发电机电磁转矩、变流器直流母线电压和 Crowbar 保护电路触发信号。由图 5-45（a）～（c）可以看出：初始条件下，并网点电压正常，风电机组正常运行在满发状态下，在 1.5s 时，并网点电压突增至 1.3 倍额定电压，持续 100ms 后降为额定电压，风电机组有功功率在电压突变时上升至 1.3 倍额定功率，之后逐渐调节至额定值，在电网电压恢复正常时，有功功率下降至 0.7 倍额定功率，之后调整至额定功率输出；双馈发电机电磁转矩在电压骤升瞬间有所增加，之后逐渐调整至正常值，在电压恢复至正常时刻，电磁转矩有所减小，之后逐渐恢复至正常值，其变化趋势基本与有功功率一致。由图 5-45（d）～（e）可以看出：在整个高电压过程中，风电机组按照设定值输出感性无功功率，支撑电网电压稳定，无功功率响应时间约为 30ms，高电压期间无功输出稳态均值约为 -0.7 倍额定功率；双馈变流器直流母线电压在电压突增和突降时刻均有小幅波动，并维持在稳定的正常工作电压范围内。由图 5-45（f）可以看出：由

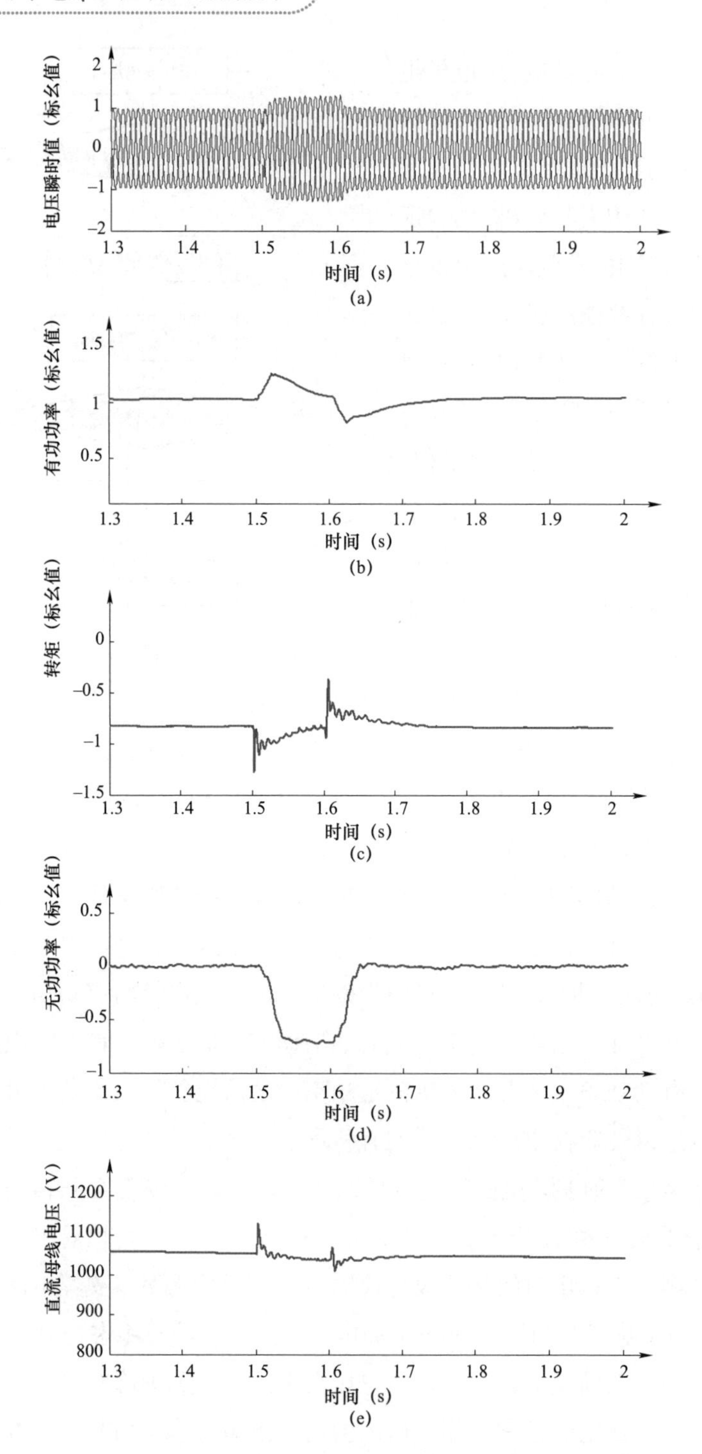

电压瞬时值（标幺值）
2
1
0
−1
−2
1.3
1.4
1.5
1.6
1.7
1.8
1.9
2
时间（s）
(a)
有功功率（标幺值）
1.5
1
0.5
时间（s）
(b)
转矩（标幺值）
0
−0.5
−1
−1.5
时间（s）
(c)
无功功率（标幺值）
0.5
0
−0.5
−1
时间（s）
(d)
直流母线电压（V）
1200
1100
1000
900
800
时间（s）
(e)

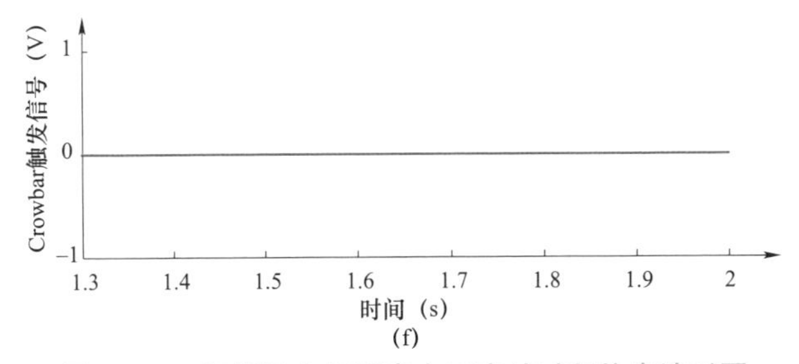

(f)

图 5－45　双馈风电机组高电压穿越过程仿真波形图

(a) 风电机组并网点电压；(b) 风电机组输出有功功率；(c) 双馈发电机电磁转矩；(d) 风电机组输出无功功率；(e) 变流器直流母线电压；(f) Crowbar 保护触发信号

于电压幅值变化较小，电压突变所激发的暂态能量不足以触发转子 Crowbar 保护动作，整个高电压过程中双馈风电机组一直处于可控状态，Crowbar 保护电路未触发。由于双馈风电机组工作于满发状态，高电压穿越过程中双馈变流器工作在 D—A 段（如图 5－38 所示），即转子侧变流器通过发电机控制向电网传输有功和感性无功功率，网侧变流器向电网传输感性无功功率。仿真结果表明：整个高电压过程中，风电机组未脱网连续运行，且在电网高电压期间通过发出感性无功功率支撑电网电压，基于软件控制的双馈变流器高电压穿越控制策略和风电机组主控系统与变流器协同完成高电压穿越的实现方法切实可行。

5.2.3　高电压穿越能力测试设备

5.2.3.1　电压升高发生装置

利用阻容分压原理在测试点产生电压升高的发生装置如图 5－46 所示。对于通过 35kV 及以下电压等级变压器与电网相连的风电机组，电压升高发生装置串联接入风电机组升压变压器高压侧。

图 5－46 中 Z_r 为限流阻抗（阻流阻抗的 X/R 均应大于 10），用于限制电压升高对电网及风电场内其他在运行风电机组的影响。在电压升高发生前后，限流阻抗可利用旁路开关短接。

图 5－46 中 Z_c 为升压阻抗，R 为升压阻尼电阻，闭合升压开关，将升压阻抗和升压阻尼电阻组成支路的三相或两相连接在一起，在测试点产生要求的电压升高。

利用电压升高发生装置进行空载测试时，产生的电压升高容许误差如图 5－47 所示。

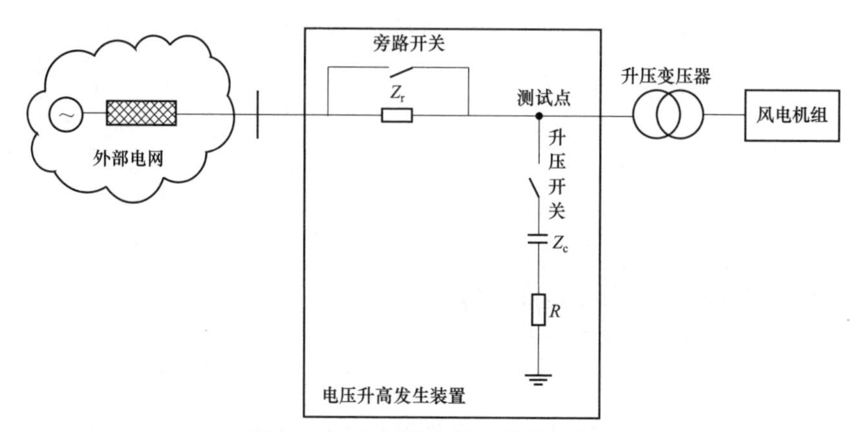

图 5-46　电压升高发生装置示意图

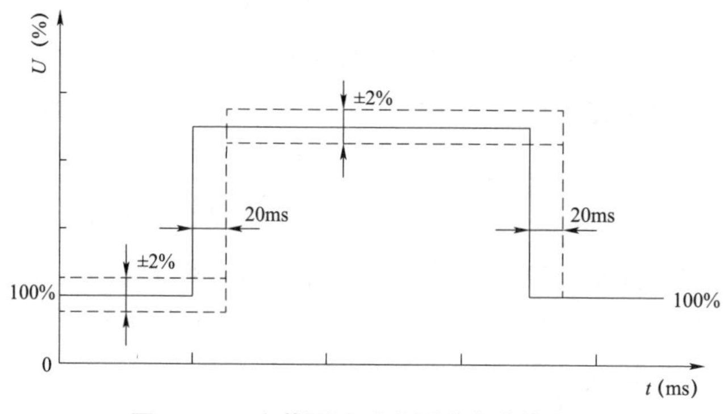

图 5-47　空载测试时电压升高容许误差

升压开关应能精确控制所有三相或两相电路中升压阻抗和升压阻尼电阻的投入及切除时间，产生的电压升高时间误差应在图 5-47 所示容许误差范围内。

5.2.3.2　电功率测量

风电机组高电压穿越测试电功率测量设备包括电压传感器、电流传感器和数据采集系统等。电功率测量设备的精度要求如表 5-12 所示。

表 5-12　　测量设备的精度要求

设　　备	精 度 要 求
电压传感器	0.5 级
电流传感器	0.5 级
电压电流数据采集系统	0.2 级

数据采集系统用于测试数据的记录、计算及保存。数据采集系统每个通道采样率最小为 5kHz，分辨率至少为 12bit。

5.2.3.3　非电量测量

风电机组高电压穿越测试时风速信号可由机舱风速计获取，风速计的精度应在±0.5m/s 内。桨距角和发电机转速信号可从风电机组控制系统中读取。

5.2.4　典型测试实例

现场测试主要分为空载升高测试及带风电机组升高测试阶段。

（1）空载升高测试。当高电压发生装置与风电机组相连运行时，短路试验产生的电压升高实际波形会受到风电机组运行状态的影响。在不连接风电机组的状态下进行高电压发生装置的空载短路试验，规定空载短路试验产生的电压升高曲线作为相应测试点的标准电压升高参考曲线。进行空载短路试验前，断开高电压发生装置连接风电机组的断路器。依据测试点参数设置高电压发生装置，在不带风电机组的状态下进行三相和两相空载短路试验，记录空载电压升高波形。对空载电压升高波形进行处理，得出对应的线电压基波有效值曲线，有效值计算周期为 20ms。将该曲线作为相应测试点的电压升高标准参考曲线。图 5－48～图 5－50 为风电机组的高电压穿越空载测试结果。

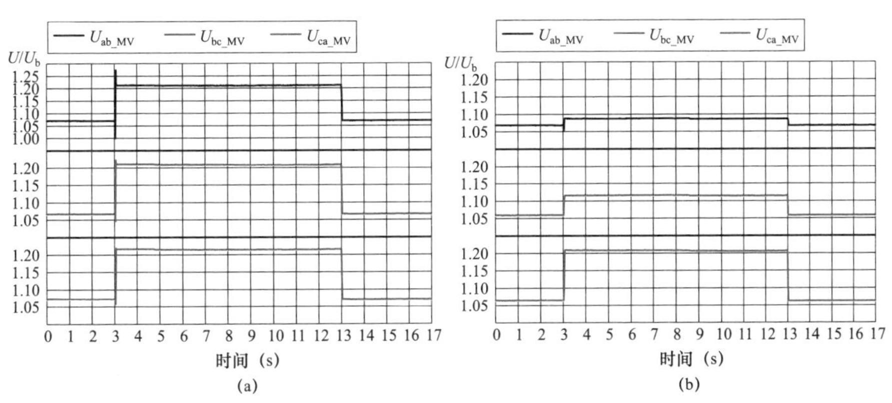

图 5－48　120% U_n，空载，中压侧线电压有效值

（a）三相升高；（b）两相升高

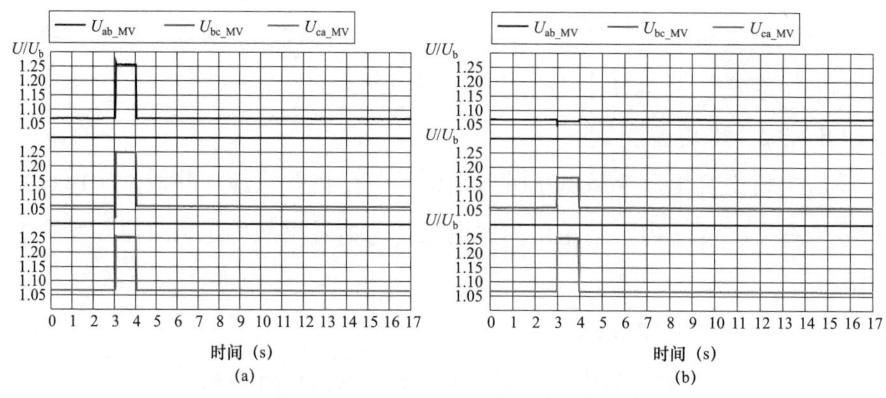

图 5-49　125% U_n，空载，中压侧线电压有效值

（a）三相升高；（b）两相升高

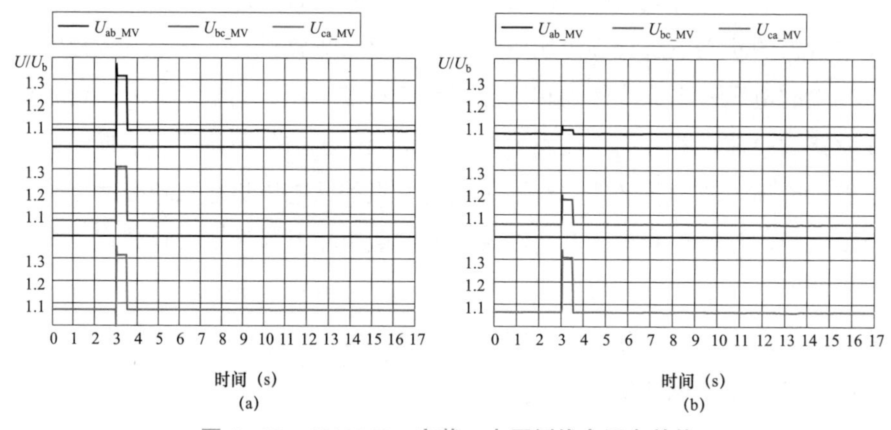

图 5-50　130% U_n，空载，中压侧线电压有效值

（a）三相升高；（b）两相升高

（2）带风电机组升高测试。闭合高电压发生装置连接风电机组的断路器，启动风电机组正常运行。判断风电机组的有功功率输出是否满足测试要求。在进行小功率输出区间（$0.1P_n \leqslant P \leqslant 0.3P_n$）测试时，如果有功功率超出测试要求范围，不允许风电机组通过变桨等方式限功率运行迎合测试条件。当有功功率输出平稳且满足测试要求时，通过高电压发生装置在风电机组箱变高压侧产生相应的三相或两相电压升高，对风电机组进行高电压穿越测试。同一测试项目需连续进行两次。

5.2.4.1　双馈型风电机组高电压穿越测试

某商用双馈型风电机组信息如表 5-13 所示。

表 5－13 某商用双馈型风电机组信息

风电机组类型	3 叶片、水平轴、上风向、变桨、变速、双馈型
叶轮直径	111m
轮毂高度	100m
额定功率，P_n	2000kW
额定视在功率，S_n	2105kVA
额定电压，U_n	0.69kV
额定频率，f_n	50Hz
额定风速，v_n	9.6m/s

图 5－51～图 5－54 为某 2.0MW 双馈型风电机组电压升高至 130%U_n 的高电压穿越测试结果。

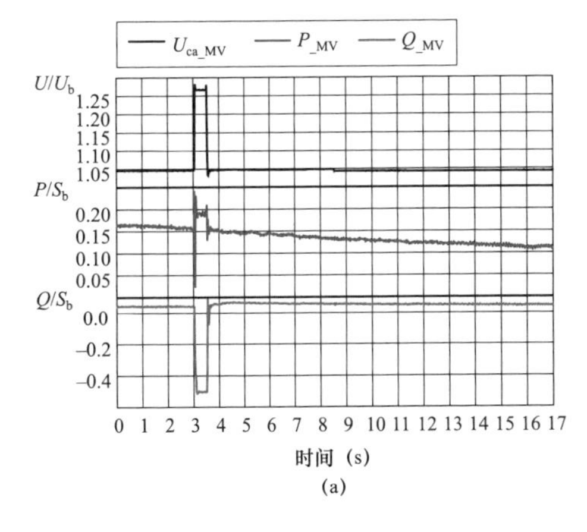

(a)

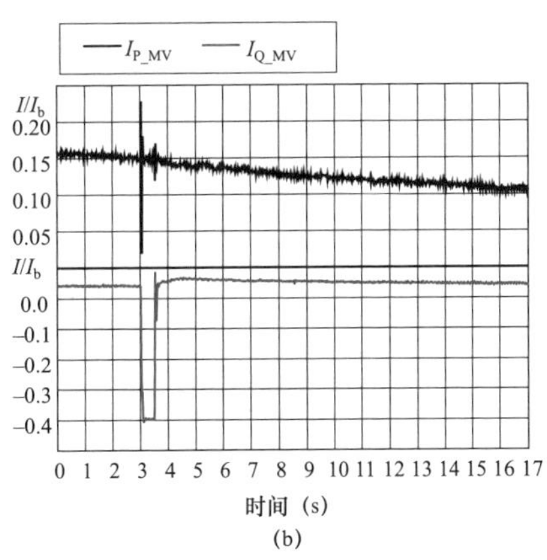

(b)

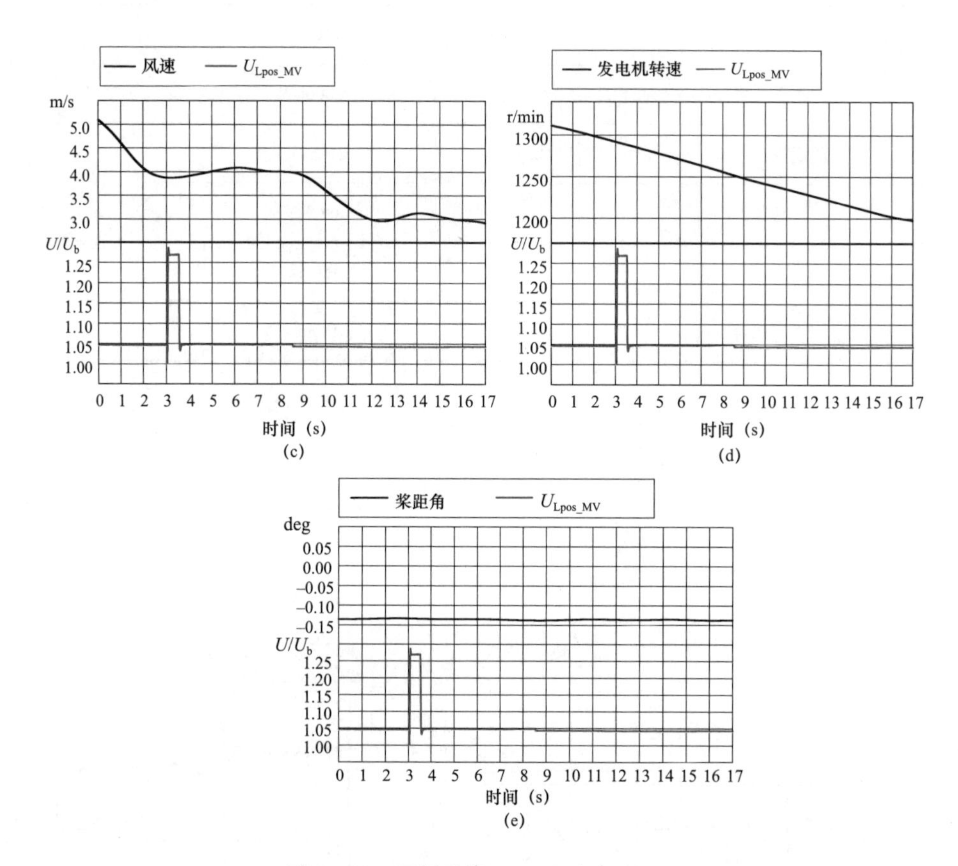

图 5–51　三相升高，$0.1P_n \leqslant P \leqslant 0.3P_n$

（a）中压侧电压与有功功率、无功功率；（b）中压侧有功电流、无功电流；

（c）风速与中压侧线电压基波正序分量；（d）发电机转速与中压侧线电压基波正序分量；

（e）桨距角与中压侧线电压基波正序分量

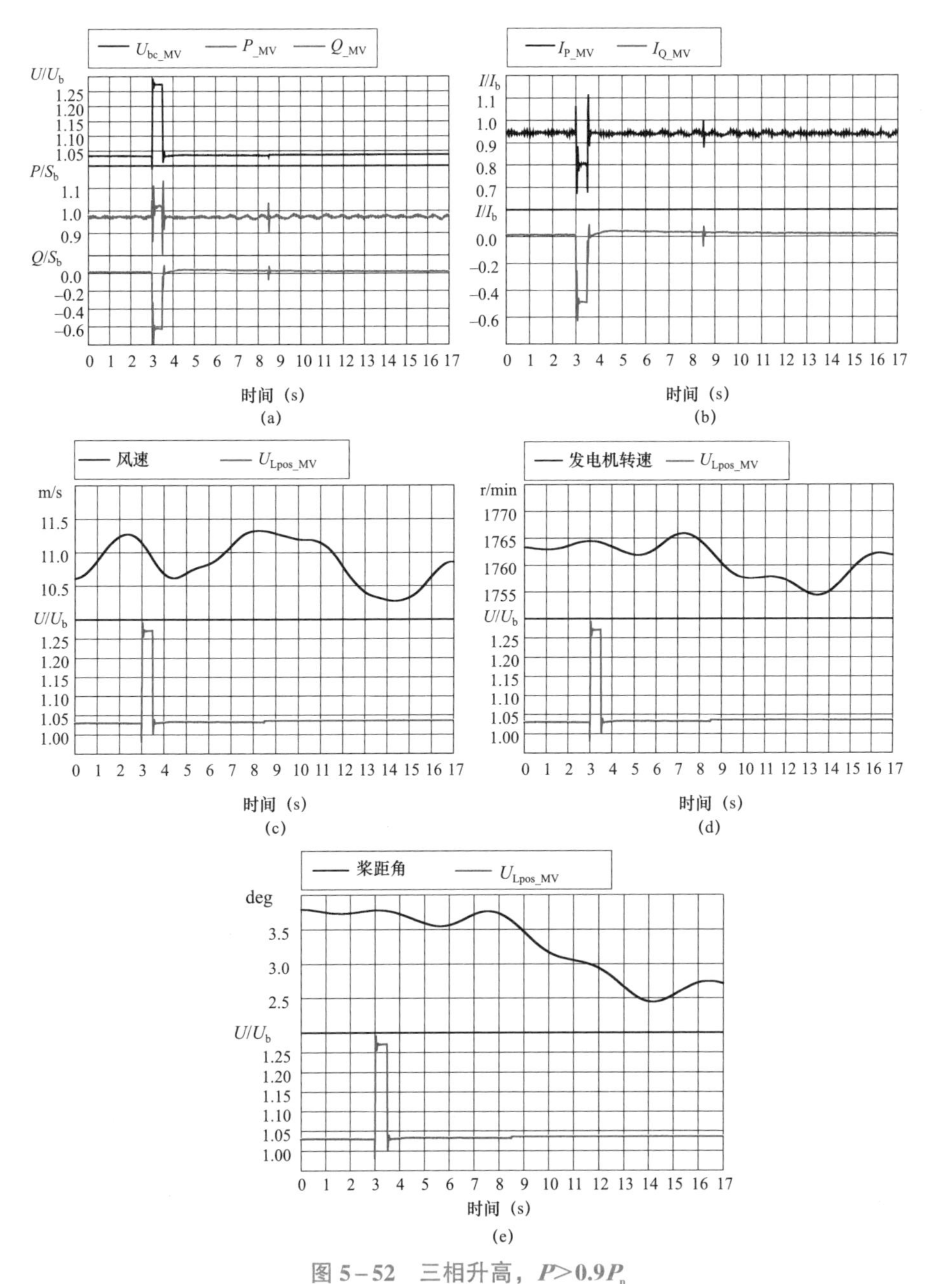

图5-52 三相升高，$P>0.9P_n$

（a）中压侧电压与有功功率、无功功率；（b）中压侧有功电流、无功电流；（c）风速与中压侧线电压基波正序分量；（d）发电机转速与中压侧线电压基波正序分量；（e）桨距角与中压侧线电压基波正序分量

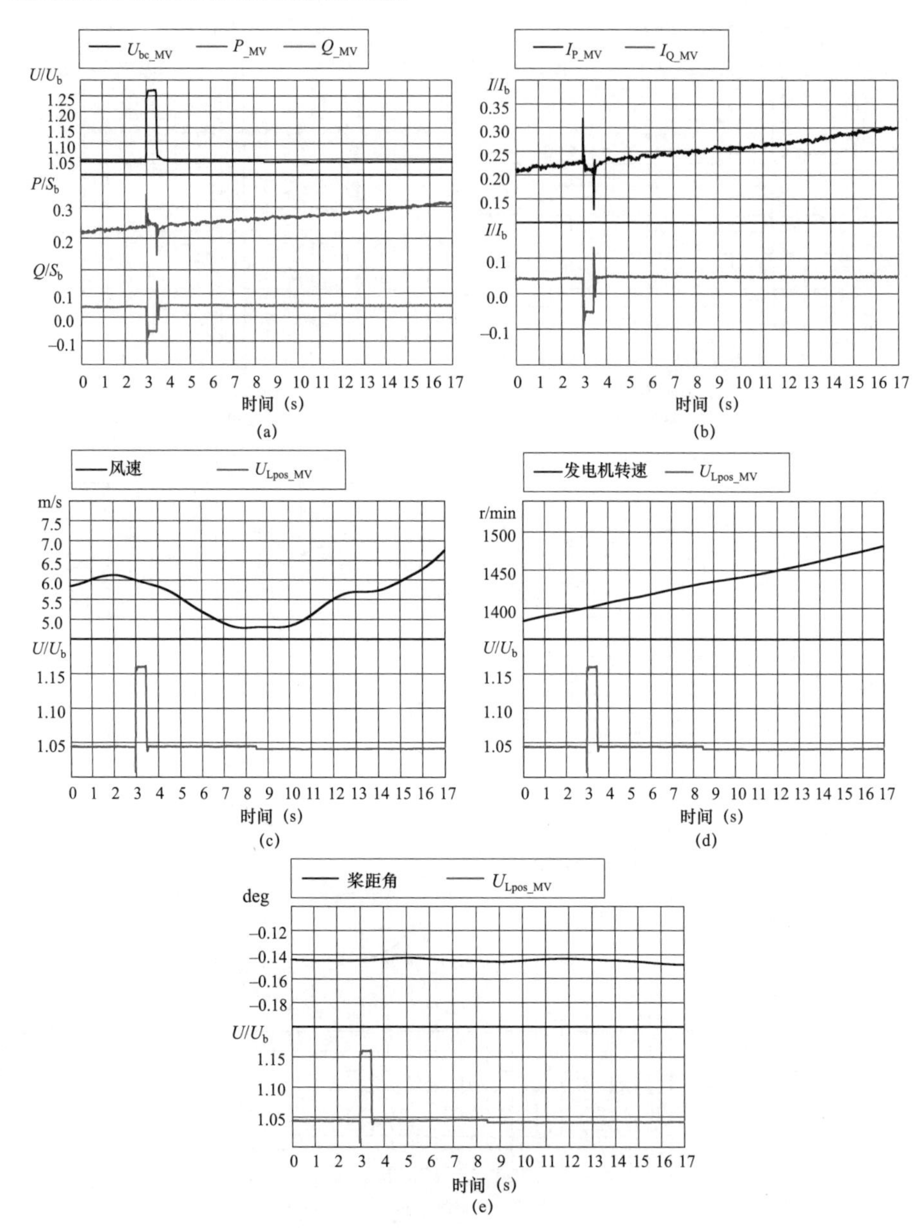

图 5–53 两相升高，$0.1P_n \leqslant P \leqslant 0.3P_n$

（a）中压侧电压与有功功率、无功功率；（b）中压侧有功电流、无功电流；

（c）风速与中压侧线电压基波正序分量；（d）发电机转速与中压侧线电压基波正序分量；

（e）桨距角与中压侧线电压基波正序分量

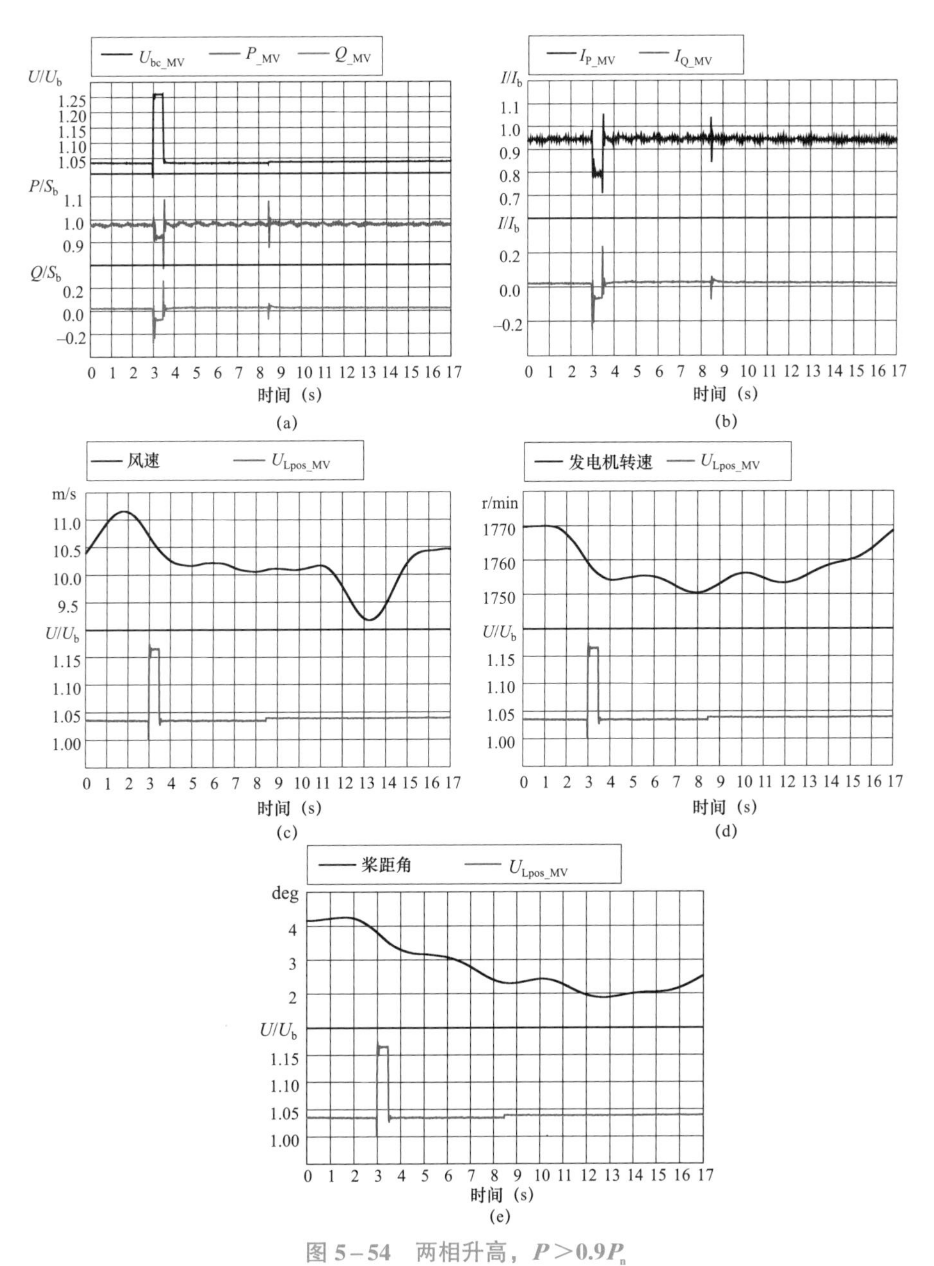

图 5－54　两相升高，$P>0.9P_n$

（a）中压侧电压与有功功率、无功功率；（b）中压侧有功电流、无功电流；

（c）风速与中压侧线电压基波正序分量；（d）发电机转速与中压侧线电压基波正序分量；

（e）桨距角与中压侧线电压基波正序分量

5.2.4.2 全功率变流型风电机组高电压穿越测试

某商用全功率变流型风电机组如表 5－14 所示。

表 5－14　　某商用全功率变流型风电机组信息

风电机组类型	3 叶片、水平轴、上风向、变桨、变速、永磁直驱型
叶轮直径	121m
轮毂高度	85m
额定功率，P_n	2000kW
额定视在功率，S_n	2105kVA
额定电压，U_n	0.69kV
额定频率，f_n	50Hz
额定风速，v_n	9m/s

图 5－55～图 5－58 为电压升高至 130%U_n 的高电压穿越测试结果。

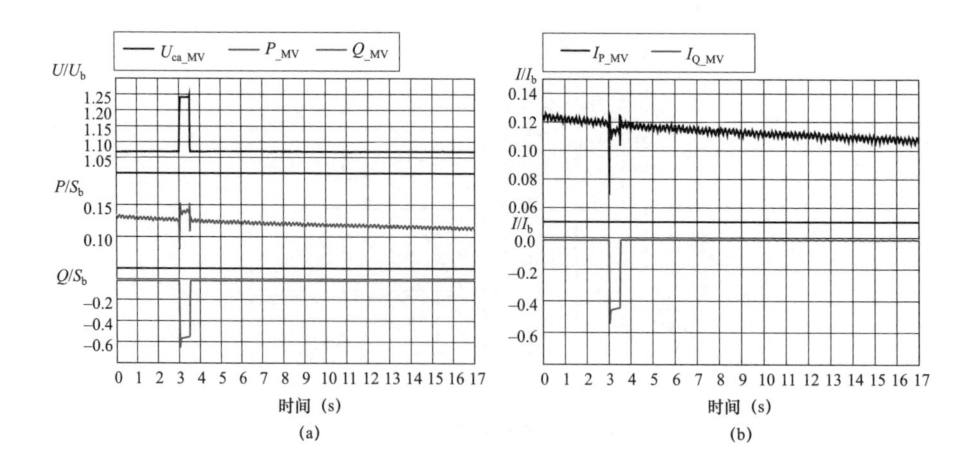

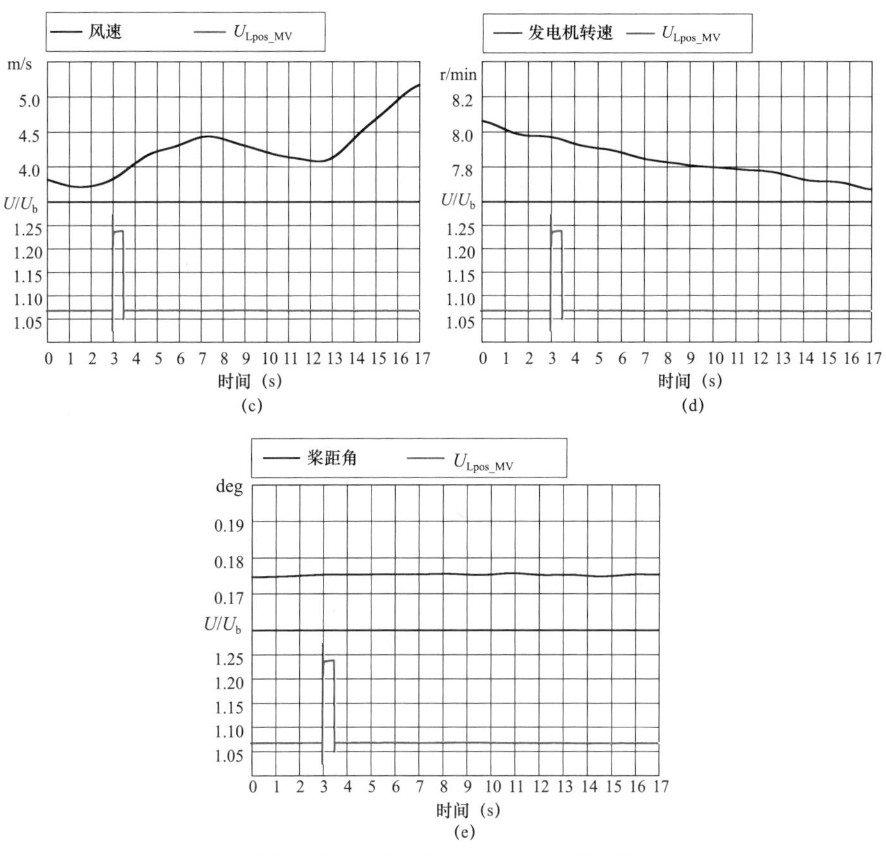

图 5-55　三相升高，$0.1P_n \leqslant P \leqslant 0.3P_n$

（a）中压侧电压与有功功率、无功功率；（b）中压侧有功电流、无功电流；
（c）风速与中压侧线电压基波正序分量；（d）发电机转速与中压侧线电压基波正序分量；
（e）桨距角与中压侧线电压基波正序分量

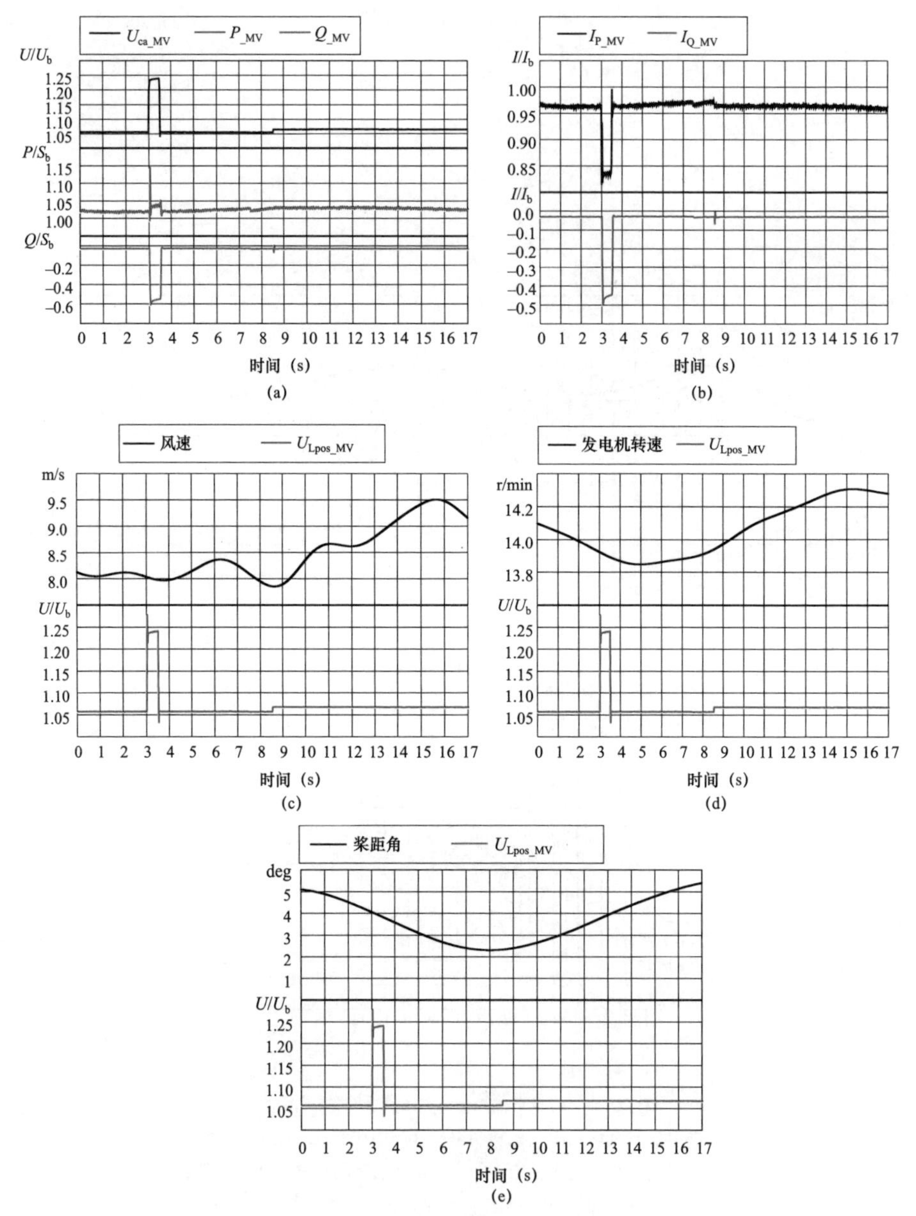

图 5-56　三相升高，$P>0.9P_n$

（a）中压侧电压与有功功率、无功功率；（b）中压侧有功电流、无功电流；
（c）风速与中压侧线电压基波正序分量；（d）发电机转速与中压侧线电压基波正序分量；
（e）桨距角与中压侧线电压基波正序分量

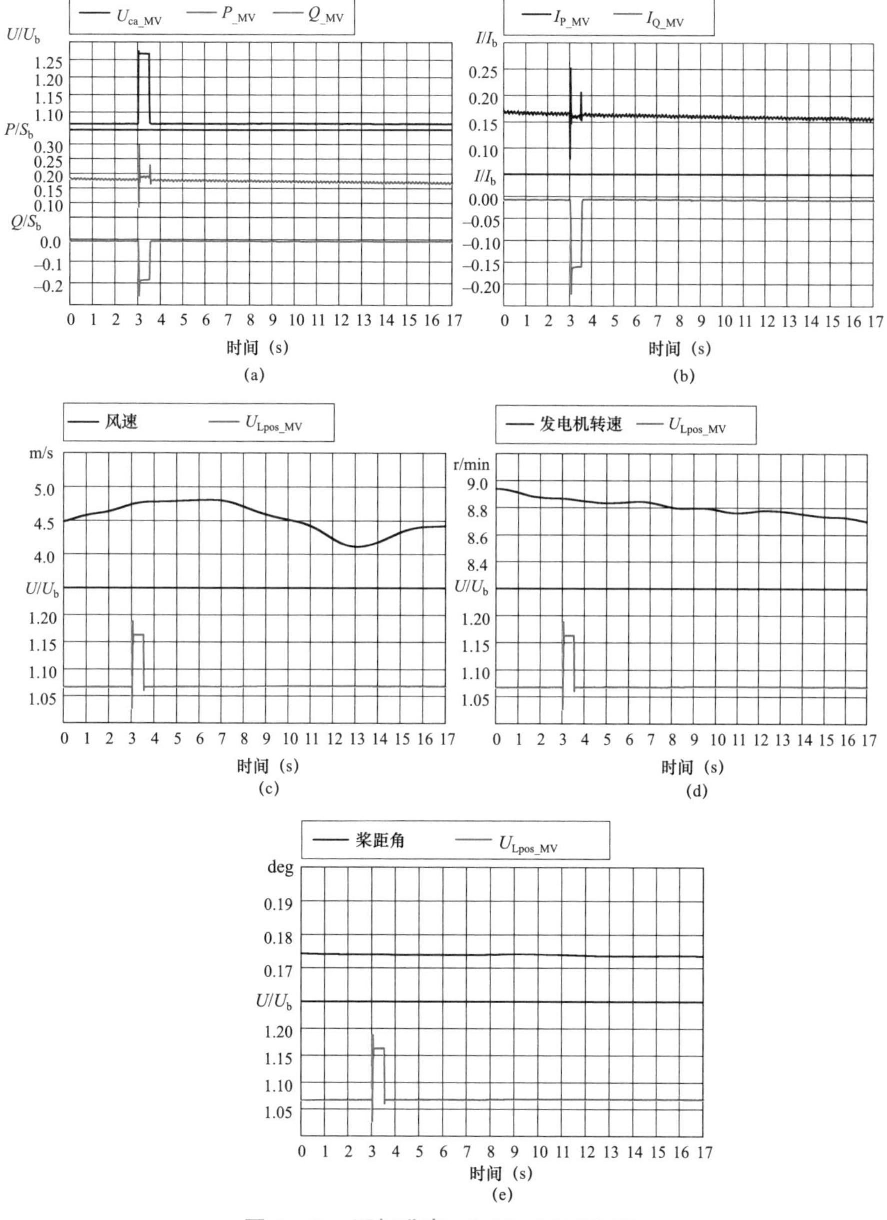

图 5-57　两相升高，$0.1P_n \leqslant P \leqslant 0.3P_n$

（a）中压侧电压与有功功率、无功功率；（b）中压侧有功电流、无功电流；
（c）风速与中压侧线电压基波正序分量；（d）发电机转速与中压侧线电压基波正序分量；
（e）桨距角与中压侧线电压基波正序分量

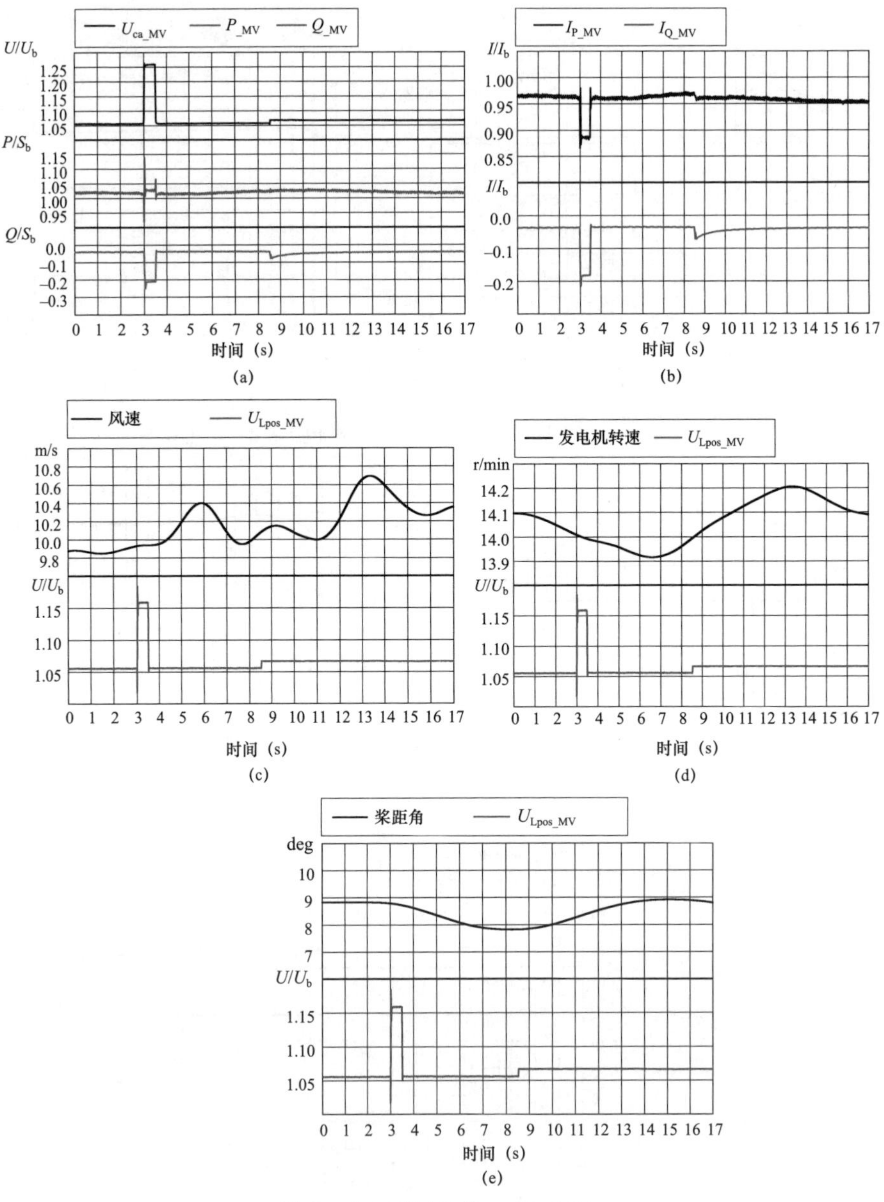

图 5－58　两相跌落，$P>0.9P_n$

（a）中压侧电压与有功功率、无功功率；（b）中压侧有功电流、无功电流；
（c）风速与中压侧线电压基波正序分量；（d）发电机转速与中压侧线电压基波正序分量；
（e）桨距角与中压侧线电压基波正序分量

第 6 章

风力发电机组并网检测新技术

近几年来我国风电快速发展，风电机组控制技术日趋成熟、新技术不断涌现，风电正由补充性能源向主力、替代能源的角色转变。目前绝大部分风电场通过自动发电控制（AGC）系统参与电力系统二次调频，不具备惯量响应和一次调频能力。随着风电替代大量常规同步机组，系统有效旋转惯量持续弱化，系统一次调频能力逐渐下降。在大功率缺失或故障情况下，极易引发系统频率失稳，高比例风电电力系统的安全稳定运行面临巨大挑战。风电机组具备惯量支撑能力可以提供短时的功率支撑，阻止系统频率快速下跌，改善频率响应特性，为系统其他机组进行一次调频赢得时间。风电机组具备一次调频能力可以提供稳定、持续的有功功率支撑，避免系统频率的持续跌落，并与负荷的频率响应特性共同作用，有助于提升系统频率稳定水平。

分散式风电和海上风电是我国未来风电发展的重要方向，其中分散式风电安装在配电网负荷侧，通过小规模开发、就地分散接入低压电网，并网运行时面临孤岛问题的挑战。海上风电机组单机容量大、运行环境复杂，对机组运行可靠性的要求高，需要进行大量测试优化机组设计方案，降低风电机组的现场运行风险。海上风电采用传统的陆上风电测试方法和测试设备面临周期长、可达性差等问题，而风电机组地面传动链测试技术可以为风电机组研发设计与试验检测提供可控的试验环境，有效缩短现场测试周期和产品研发时间、降低测试成本和现场运行风险，为风电机组的可靠运行提供技术保障。

本章介绍了德国、丹麦等国家风电并网标准中一次调频的有关要求，分析了惯量响应和一次调频的控制技术、功能差异和现场测试技术。在风电机组孤岛测试方面，阐述了综合功率扰动孤岛检测方法及现场测试案例。最后，介绍了目前国外主要的风电机组大型传动链测试平台，给出了各个测试平台的主要性能参数，为我国风电传动链平台的建设提供参考和借鉴。

6.1 风电机组惯量响应及一次调频测试技术

频率是电力系统运行特性评估中的重要参数，电力系统要维持正常的运行，其频率变化的偏差要维持在一定范围之内。根据《电能质量　电力系统频率偏差》（GB/T 15945—2008）的要求，电力系统正常运行条件下频率偏差限值为±0.2Hz。当系统容量较小时，频率偏差限值可以放宽到±0.5Hz。传统电力系统中的频率由同步发电机的转子转速决定。同步发电机组转子转速与系统频率变化直接耦合，当系统产生频率扰动时，通过调节原动机输出的机械功率，改变注入电网的有功功率，抑制系统频率变化，从而对电网频率稳定运行发挥积极作用。

目前，变速风电机组通过电力电子变流器与电网连接，机组转速与系统频率变化解耦，较难对系统频率稳定作出贡献。随着风电穿透率的不断提升，变速风电机组惯量响应及一次调频控制技术在理论研究和实际应用方面均得到快速发展。变速风电机组一次调频控制可分为转速控制和桨距角控制两种。为避免变桨系统系统频繁动作，当风速低于额定风速时，通常采用转速控制方法，当风速高于额定风速时则采用桨距角控制方法。

6.1.1 国外并网导则对惯量及一次调频的要求

一次调频能力。欧美国家风电并网导则中大都要求风电场应具备降低有功出力和参与系统频率调节的能力，并规定了风电参与系统频率调节的具体技术要求（频率死区、调频系数和响应时间等）。

1）德国。根据德国并网导则的要求，在系统发生故障或扰动时风电场应按照输电网运营商的要求控制输出的功率。风电场在不同的运行条件及运行工况下均应按照电网运营商的要求快速降低风电场的有功出力。

如图6－1所示电网频率超过50.2Hz时，并网运行风电场应以至少40%风电场当前出力/Hz的速度快速降功率。电网频率恢复至50.05Hz及以下，风电场可在电网频率不超过50.2Hz 的前提下提升有功出力，风电场有功调整通过风电机组实现，频率的控制精度不超过0.1Hz，见式（6－1）。

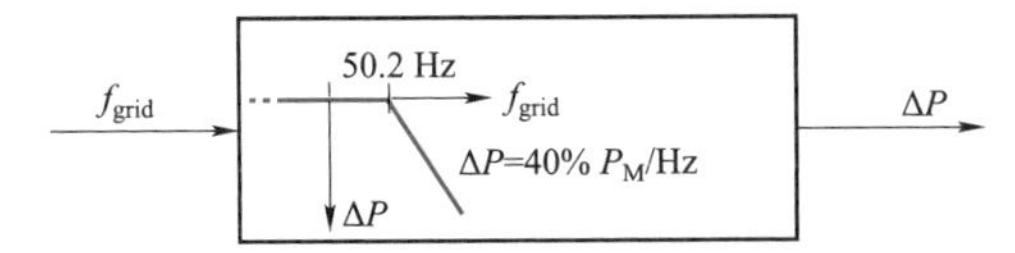

图6－1 电网频率过高时德国风电场快速降出力要求

$$\Delta P = 20P_M \frac{50.2\text{Hz} - f_{grid}}{50\text{Hz}} \quad 50.2\text{Hz} \leqslant f_{grid} \leqslant 51.5\text{Hz} \qquad (6-1)$$

式中 P_M——当前功率；

ΔP——功率缩减量；

f_{grid}——电网频率。

其中，47.5Hz≤f_{grid}≤50.2Hz为正常运行，f_{grid}≤47.5Hz及f_{grid}≤51.5Hz为从电网中切除。

2）南非。南非并网导则中同样要求风电场在电网频率过高时降低有功出力。当电网频率超过50.5Hz时，风电场应按照图6－2的要求快速降低有功功率。风电场并网点电网频率的采集精度应不低于0.1Hz。当电网频率超过51.5Hz且持续时间超过4s时，风电场应从电网中切除。

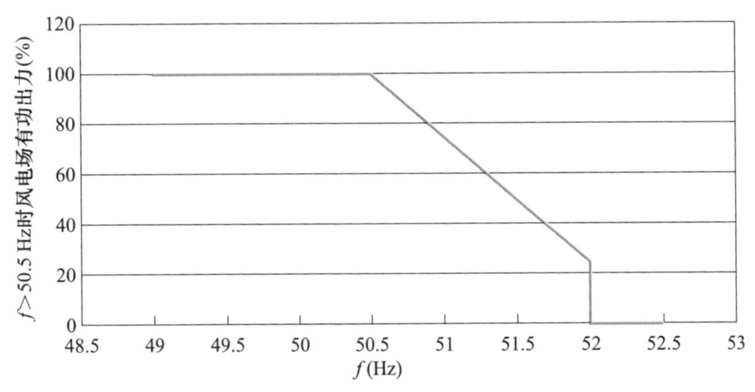

图6－2 电网频率过高时南非风电场降出力要求

为保证系统频率稳定，除在电网频率过高时降低有功出力的要求外，南非并网导则中还要求风电场具备如图6－3中所示一次调频能力。表6－1

给出了风电场一次调频的频率参数及参数默认值，其中参数 f_1～f_3 由电网运营商给定。

表 6-1　　南非并网导则中风电场一次调频参数设定值

频率设置参数	频率值（Hz）
f_{min}	47
f_{max}	52
f_1	由电网运营商给定
f_2	
f_3	
f_4	50.5
f_5	51.5

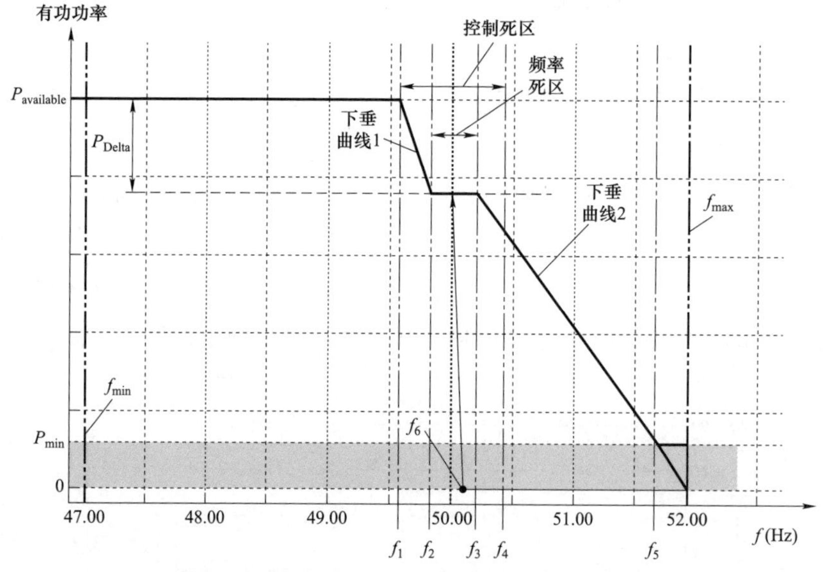

图 6-3　南非并网导则中风电场一次调频要求

3）丹麦。丹麦并网导则中要求风电场应具备频率控制功能，在电网频率异常时参与电力系统一次调频。风电场的功率—频率曲线参照图 6-4 和表 6-2 设置，要求频率的控制及采样精度至少应为 0.01Hz，电网频率异常时风电场的一次调频应在频率异常 2s 内启动，并在 15s 内完成功率调节。所示为丹麦并网导则中给出的风电场一次调频功率—频率典型曲线。

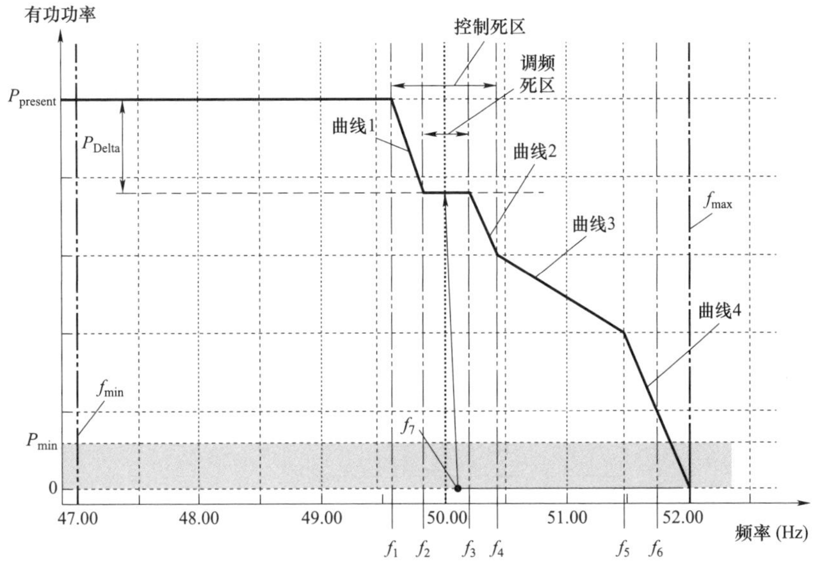

图 6-4　丹麦并网导则规定的一次调频参数

表 6-2　　丹麦并网导则风电一次调频参数

设置参数	参数调整范围	参数默认值
控制死区频率起点 f_1	49.75～50Hz	49.8Hz
f_1～f_2区间内调频系数	0～50% P_n/Hz	4%P_n/Hz
调频死区频率起点 f_2	49.8～50Hz	49.88Hz
调频死区频率终点 f_3	50～50.2Hz	50.02Hz
控制死区频率终点 f_4	50～50.25Hz	50.2Hz
f_5	50～51.7Hz	50.5Hz
f_4～ f_5区间内调频系数	0～50% P_n /Hz	6%P_n/Hz
风电场调频功率最低点 P_{min}	0～20%P_n	10%P_n

6.1.2　风电机组惯量响应及一次调频控制技术

风电机组惯量响应是通过电网频率变化率与有功功率的闭环控制，模拟同步发电机组惯量特性，减缓电网频率变化速率；风电机组一次调频是通过电网频率偏差与有功功率的闭环控制，模拟同步发电机组有功—频率下垂控制特性，减小电网频率变化。具体控制技术说明如下：

（1）风电机组惯量响应控制。惯量响应基本原理是模拟同步发电机的惯量特性，将与系统频率变化率成比例的有功功率增量加入电磁功率参考值中，由于叶轮转速的时间延迟导致机械功率保持恒定，故电磁功率的突增促使叶轮转速下降，释放旋转动能，降低系统频率下降速度。风电机组惯量响应的控制框图如图 6－5 所示。

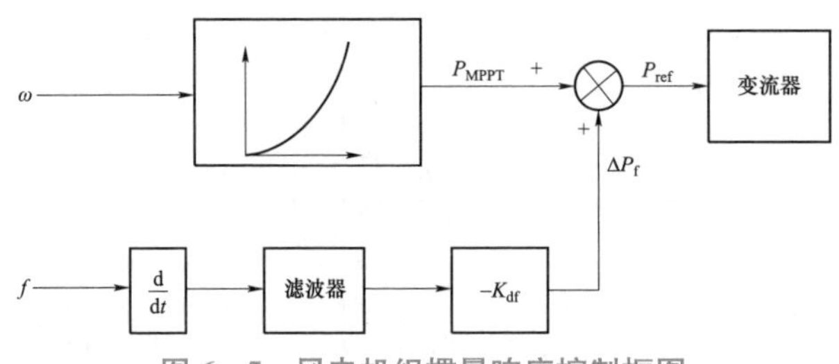

图 6－5 风电机组惯量响应控制框图

惯量响应时间很短，通常为百毫秒级，只能为系统提供短暂的频率支撑，但是对降低系统频率下降速率，减小因系统功率不平衡造成的频率越限幅度，提高电力系统稳定运行尤为重要。

（2）风电机组一次调频控制。不考虑外加储能情况下，风电机组一次调频控制主要包括超速备用控制和桨距角备用控制，分别介绍如下：

（a）超速备用一次调频控制。超速备用调频的基本原理为增大风电机组转速使其运行在一个小于最大功率输出点的新运行点上，从而产生一定的功率备用。当系统频率下跌时，即可再通过转速的改变来移动风电机组的运行点并使之向最大功率跟踪曲线上的点靠近，以提高风电机组的有功输出，如图 6－6 所示。

超速控制参与系统一次频率调节的响应速度快，对风电机组本身机械应力影响不大，但存在控制盲区。当风速达到额定值以后，机组需要通过桨距角控制实现恒功率运行，此时提高转子转速会超过设定的阈值，因此，超速控制仅适用于额定风速以下的运行工况。另外，长时间采用减载发电模式，在一定程度上降低了风电场的发电效益。其典型技术特点为响应速度快（百 ms 级），影响正常发电量，仅在变速段起作用。

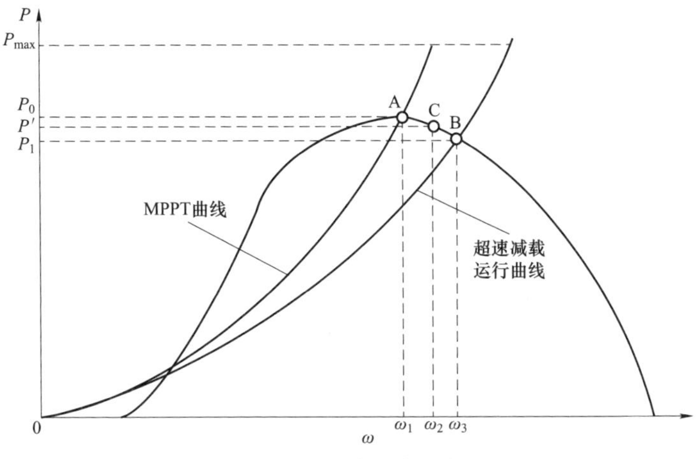

图6－6　风电机组超速备用控制原理

（b）桨距角备用一次调频控制。利用桨距角控制实现变速风电机组减载运行的基本思想为通过增大桨距角来控制风电机组的有功输出低于其额定值，并将这一部分多余的能量作为此刻风电机组的功率备用。当系统频率出现下跌时，减小桨距角提高风电机组的功率系数，即从风能中获得更大的机械功率，将先前风电机组减载运行时预留的备用功率释放出来，支持系统调频。

桨距角控制对于不同风速下的变桨距风电机组均适用，所以其可应用的范围相对较广，其控制框图如图6－7所示。但是桨距角控制方法由于桨距角控制器的机械性能特点使得其响应时间较系统频率的动态变化来说比较慢，且频繁的变桨操作还可能对变桨电机和轴承造成较大的磨损破坏。其典型技术特点为响应速度较慢（s级），影响正常发电量，增大了叶片机械磨损。

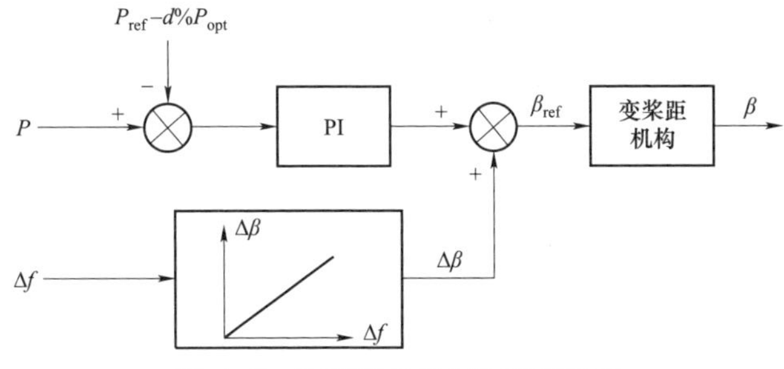

图6－7　变桨距备用调频控制框图

6.1.3 惯量响应与一次调频的功能区分

风电机组惯量响应功能与一次调频功能是两种不同的控制功能，可以从以下几个方面区分两者之间的功能定位。

（1）从控制规律的特点来看：惯量响应是对系统频率的微分反馈控制，而一次调频是对系统频率的比例反馈控制。相对于一次调频控制，惯量响应控制因其微分控制规律，具有超前特性，可以很快响应；而在系统频率变化初期的频率偏差较小，一次调频控制因其比例控制规律，所以一次调频功率出力也较小，显得相对较慢。但值得指出的是这两种控制都无法实现对系统频率的无差调节，而只有二次调频控制（具有积分反馈控制特性）才能实现对系统频率的无差调节。

（2）从能量变化角度来看：惯量响应只是一个非常短时的冲击型功率支撑，当系统频率不再变化（频率偏差仍然存在）时，支撑功率为 0，该支撑功率所产生的累积能量非常有限。而一次调频功率是一个持续的功率支援，只要系统频率偏差存在，一次调频功率就一直存在，该功率所产生的累积能量非常可观，可以使系统频率停止下跌（上升），稳定在一个较低（较高）的平衡点继续运行。

（3）从功能定位及作用来看：以功率缺额事件导致系统频率跌落为例，惯量响应的主要作用是延缓系统的频率变化率，阻止系统频率快速下跌，为一次调频赢得时间，但并不能有效抑制频率的跌落深度；而一次调频可以提供响应系统频率偏差的持续的有功功率支援，以阻止系统频率的持续跌落，使其可以达到新的平衡，维持在较低的频率水平继续运行。

另外，风电机组的内电势不是独立电压源，无法对系统频率产生直接的影响，可以通过输出的惯量响应功率和一次调频功率间接减轻系统内其他同步机的电磁功率负担，从而减缓其他同步电机转子转速的变化率和变化幅度，以达到间接为系统频率提供帮助的目的。

6.1.4 风电机组惯量响应和一次调频试验方法

风电机组惯量响应和一次调频的试验方法如下。

（1）惯量响应特性。当风电机组有功功率输出分别在大功率（$0.7P_N \leqslant P \leqslant 0.9P_N$）和小功率（$0.3P_N \leqslant P \leqslant 0.4P_N$）范围内时，测试风电机组在电网频率异常时的惯量响应特性。

1）T_J在4～12s范围内，推荐T_J为5s。

2）关闭风电机组一次调频功能，连接风电机组和相关测试、测量设备。

3）调节电网模拟装置在标称电压下输出频率按照图6-8的曲线变化，在t_0～t_1、t_2～t_3、t_4～t_5、t_6～t_7内频率变化率保持为0.5Hz/s，$t_4-t_3 \geqslant 2$min、$t_6-t_5=t_2-t_1=1$min。

4）通过数据采集装置分别记录频率变化区间和稳态区间中风电机组交流侧电压与电流的数据，以每20ms为一点计算响应于惯量的有功功率平均值。

5）风电机组惯量响应的响应时间和变化量计算方法参见图6-9。

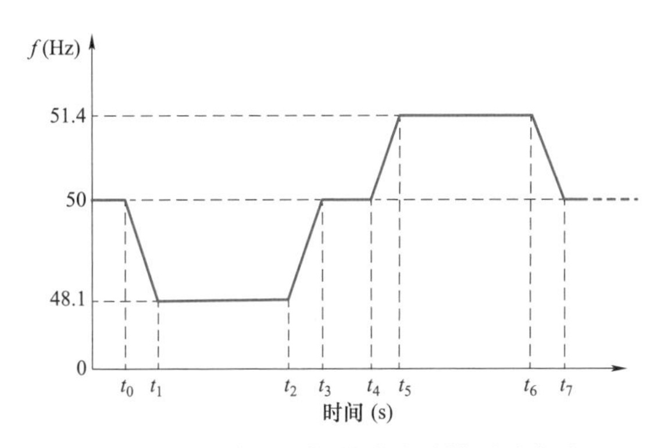

图6-8　风电机组惯量响应特性测试曲线

（2）一次调频。参照图6-10所示一次调频曲线，利用测试装置在测试点产生要求的频率波动，测试风电机组在系统频率波动时的一次调频能力。当风电机组有功功率输出分别在大功率（$0.7P_N \leqslant P \leqslant 0.9P_N$）和小功率（$0.3P_N \leqslant P \leqslant 0.4P_N$）范围内时，测试风电机组对频率波动时的响应特性，测试步骤如下。

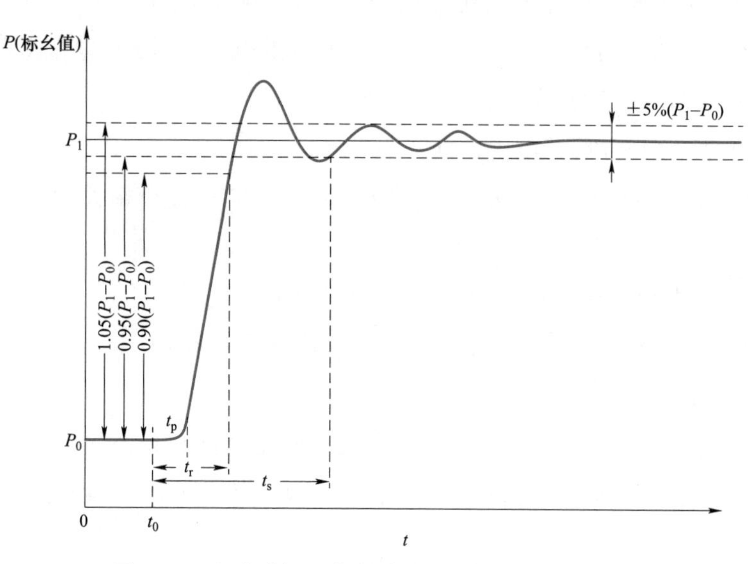

图 6-9 启动时间、响应时间和调节时间判定曲线

P—有功功率初始值；P_1—有功功率目标值；t_0—频率阶跃起始时间；

t_p—启动时间，即从频率信号加入开始到有功变化至 0.1（P_1-P_0）（标幺值）所需时间；

t_r—响应时间；t_s—调节时间

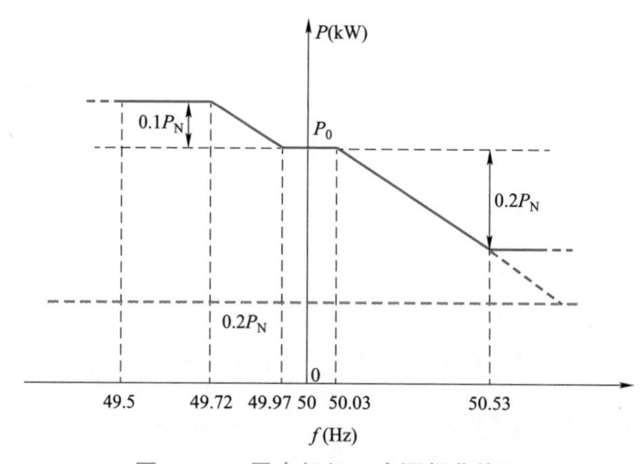

图 6-10 风电机组一次调频曲线图

a）连接风电机组和相关测试、测量设备；

b）在标称电压下，调节电网模拟装置按照表 6-3 输出频率，频率保持时间应不小于 30s；

c）通过数据采集装置记录稳态区间中风电机组机端电压与电流的数

据，有功功率计算结果为20ms平均值；

d）按照图6-10计算风电机组一次调频的启动时间、响应时间、调节时间、有功功率稳态均值；

e）根据机端频率的实际测量值，按照式（6-2）计算风电机组有功调频系数

$$K_f = -\frac{\Delta P / P_N}{\Delta f / f_N} \tag{6-2}$$

式中　ΔP——风电机组输出有功功率的变化量，kW；

P_N——风电机组的额定功率，kW；

Δf——电网频率的变化量，Hz；

f_N——电网额定频率，Hz。

表6-3　　风电机组一次调频测试点

序号	机端频率（f，Hz）	频率波动波形
1	48.5	
2	49.0	
3	49.8	
4	49.9	
5	50.1	
6	50.2	
7	50.4	
8	51.0	

6.2　风电机组孤岛测试技术

孤岛现象是指包含负荷和电源的部分电网，从主网脱离后继续孤立运

行的状态。孤岛可分为非计划性孤岛和计划性孤岛。非计划性孤岛现象的发生会给系统设备和相关人员带来如下危害：① 重合闸失败或非同期重合，由于重合闸时系统中的新能源发电装置可能与电网不同步而产生很高的冲击电流，从而损坏新能源发电装备或电网设备，或者导致重合闸不成功；② 损坏用户和电网设备，孤岛运行时电压和频率失去控制，电压和频率将会发生较大的波动，容易对电网和用户设备造成损坏。当主电网跳闸时，新能源发电装置的孤岛运行将给电网设备及用户带来严重损害，因此必须研究防孤岛保护技术和对应控制设备，以防止孤岛运行的出现。

我国西北地区某风电场，当电网发生短路故障断开后，部分线路的风电机组在大电网断电后孤岛运行数十秒，孤岛运行期间系统电压、频率异常，造成了部分供电与用电设备的损坏。另外，近年来我国分散式风电也快速发展，分散式风电孤岛问题更加突出，分散式风电直接安装于配电网负载端，通过小规模分布式开发，就地分散接入低压配电网，在风电机组满发或限功率运行时，发生孤岛的概率更大。另外，分散式风电更加靠近用户，发生孤岛所造成的危害也更大。因此，《分散式风电接入电网技术规定》（Q/GDW 1866—2012）对分散式风电的防孤岛保护做出了明确的要求。由于风资源的随机性与湍流特性，风电机组并网点电能质量复杂多变，通过监测风电机组并网点电压、电流等电能质量信号的被动式孤岛检测方法容易失效，而传统的主动式孤岛检测方法易造成系统电能质量破坏，风电机组孤岛检测需对并网电能质量影响小、可靠性高、简单易操作的方法。

6.2.1 风电机组孤岛运行特性分析

双馈风电机组发电机定子直接与电网相连，转子通过背靠背变流器与电网相连。转子侧变流器可控制双馈电机的转矩、转速和功率因数，网侧变流器则主要维持直流侧电压稳定。双馈风电机组孤岛运行示意图见图 6-11。

（1）功率不匹配影响分析。风电机组并网运行时，风电机组与负荷公共连接点的电压和频率由电网决定，风电机组通过检测并网点电压控制并网电流的幅值、相位与频率。当开关断开时，若风电机组提供的功率与负载需求匹配，此时风电机组并网点电压、频率不会发生明显变化，风电机组与负荷之间形成了一个独立的供电系统，即风电机组处于孤岛运行状态，孤岛系统形成后，风电机组与负荷公共连接点的电压幅值和频率由负荷欧姆定律的负荷响应特性决定。

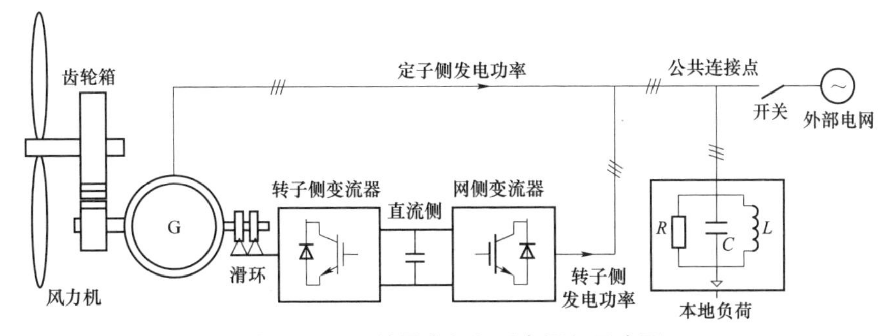

图 6－11　双馈风电机组孤岛运行示意图

将孤岛运行的风电机组等效为受控电流源，负荷用 RLC 并联负载代替，此时风电机组孤岛运行等效电路如图 6－12 所示。

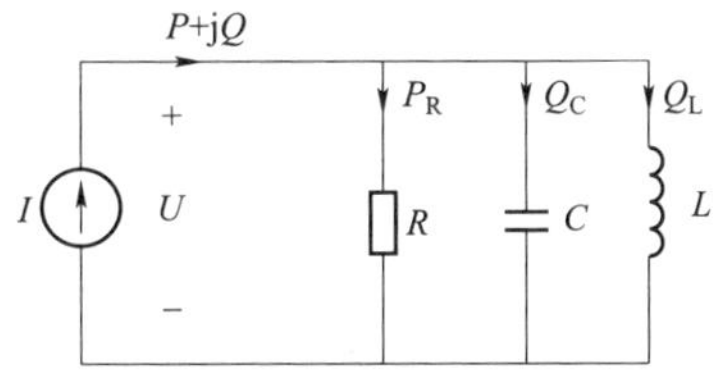

图 6－12　风电机组孤岛运行等效电路图

图 6－12 中，U、I 分别为风电机组并网点电压与输出电流；P、Q 分别为风电机组输出的有功、无功功率；P_{R}、Q_{L}、Q_{C} 分别为 RLC 并联负载所消耗的有功功率、感性无功功率与容性无功功率。

系统发生孤岛时，风电机组输出的有功、无功功率与 RLC 并联负载消耗的有功、无功功率基本匹配，可得

$$\begin{cases} P \approx P_{R} \\ Q \approx Q_{C} + Q_{L} \end{cases} \tag{6-3}$$

LC 并联电路的阻抗是频率的函数，即

$$Z_{LC} = \frac{\omega L}{1 - \omega^{2} LC} \tag{6-4}$$

LC 并联电路的阻抗亦是其消耗的有功、无功功率的函数，即

$$Z_{LC} = \frac{PR}{Q} \tag{6-5}$$

RLC 并联电路的品质因数定义为

$$Q_{\mathrm{f}} = R\sqrt{\frac{C}{L}} \tag{6-6}$$

由式（6－4）～式（6－6）可得孤岛运行时的频率解析表达式

$$\boldsymbol{\omega} = \frac{1}{\sqrt{LC}}\left(\frac{Q}{2Q_{\mathrm{f}}P} + 1\right) \tag{6-7}$$

系统孤岛运行时的电压解析表达式为

$$U = \sqrt{PR} \tag{6-8}$$

由式（6－7）与式（6－8）可知：风电机组孤岛运行时其并网点电压幅值由负荷消耗的有功功率决定，并网点频率则由负荷消耗的有功功率、无功功率与负荷品质因数共同决定，即风电机组孤岛运行时并网点电压幅值与频率和孤岛系统的有功、无功功率匹配度密切相关。

（2）功率扰动灵敏度分析。为研究功率扰动对并网点电压幅值与频率影响的灵敏度，对式（6－7）、式（6－8）进行功率求偏导数和导数可得

$$\frac{\partial\omega}{\partial Q} = \frac{1}{\sqrt{LC}}\frac{1}{2Q_{\mathrm{f}}P} = k_1\frac{1}{P} \tag{6-9}$$

$$\frac{\partial\omega}{\partial P} = \frac{1}{\sqrt{LC}}\frac{-Q}{2Q_{\mathrm{f}}P^2} = -k_1\frac{Q}{P^2} \tag{6-10}$$

$$\frac{\mathrm{d}U}{\mathrm{d}P} = \frac{R}{2\sqrt{PR}} = \frac{1}{2}\sqrt{\frac{R}{P}} \tag{6-11}$$

其中：$k_1 = \dfrac{1}{2Q_{\mathrm{f}}\sqrt{LC}} = \dfrac{1}{2RC} > 0$，由负荷的阻容部分决定。

考虑风电机组能量输出的单向性（$P>0$），由式（6－9）可知，并网点电压角频率与无功功率成正比关系，即无功功率变化越大对并网点频率的影响越大；而无功变化对频率影响的灵敏度与风电机组的有功功率成反比关系，即风电机组输出有功功率越大，无功功率变化对并网点频率的影响越小，并网点频率与无功功率的关系曲线如图 6－13（a）所示。由式（6－10）可知，并网点电压角频率与有功功率的单调性与无功功率的正负有关，当无功功率为正，并网点频率与有功功率成反比关系，当无功功率为负，并网点频率与有功功率变化成正比关系。另外，负荷的品质因数越小，功率扰动对频率影响的灵敏度越大，并网点频率与有功功率的关系曲线如图 6－13（b）所示，当负荷无功功率为零时，有功功

率的扰动不会引起并网点频率的变化。由式（6－11）可知，并网点电压幅度与有功功率成正比关系。图 6－13（c）为不同负荷品质因数下无功功率与系统频率关系曲线，负荷品质因数越大，无功功率不匹配度对系统频率的影响越小，从谐振角度考虑，品质因数越大，负载的谐振能力越强，实际电网中负载的品质因数一般小于 2.5。

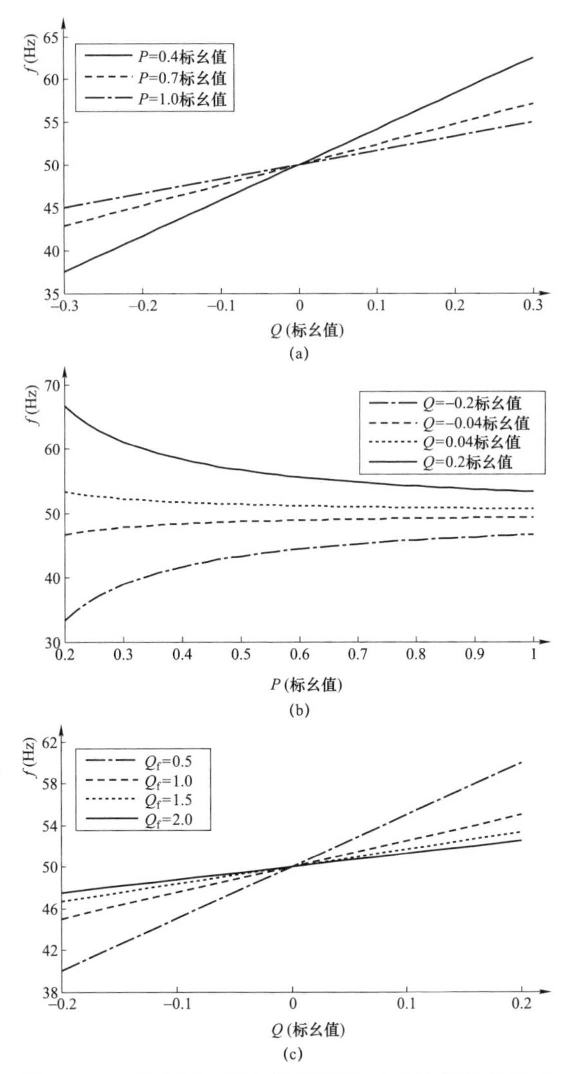

图 6－13　功率不匹配与品质因数对系统频率的影响

（a）不同有功功率下无功功率与系统频率关系曲线；（b）不同无功功率下有功功率与系统频率关系曲线；（c）不同品质因数下无功功率与系统频率关系曲线

由式（6-9）～式（6-11）可得孤岛运行时系统有功、无功功率变化对其输出频率变化灵敏度的比值和有功变化对并网点频率及电压幅度灵敏度的比值

$$\frac{\partial \omega}{\partial Q} / \frac{\partial \omega}{\partial P} = \frac{P}{Q} \tag{6-12}$$

$$\frac{\mathrm{d}U}{\mathrm{d}P} / \frac{\partial \omega}{\partial P} = \frac{\sqrt{P^3}}{4\sqrt{RCQ}} = k_1 \frac{PU}{2Q} \tag{6-13}$$

实际风电机组通常运行在单位功率因数条件下，孤岛运行时系统工作在负荷的谐振点附近，负荷无功功率近似等于零，为孤岛检测最不利的情况。因此，孤岛运行时无功功率扰动对频率变化的灵敏度远大于对电压变化的灵敏度，而有功扰动对并网点电压变化的灵敏度远大于对频率变化的灵敏度。

6.2.2 综合功率扰动法与控制环设计

功率扰动法是主动孤岛检测的有效方法之一，在负荷完全匹配的情况下也不存在不可检测区，功率扰动孤岛检测法包括有功功率扰动法与无功功率扰动法。传统的功率扰动法孤岛检测时间受扰动步长的影响较大，而风电通常接入电网末端，电网结构复杂多样，扰动步长的选择与电网强度强相关。

（1）综合功率扰动孤岛检测法。为有效解决不同电网环境下风电机组孤岛检测问题，基于功率扰动对系统影响的灵敏度分析，将无功功率扰动—频率反馈和有功功率扰动—电压反馈相结合，通过无功功率扰动进行孤岛状态常规探测，通过有功功率扰动进行孤岛状态的最终确认，从而实现风电机组孤岛运行状态的快速检测。综合功率扰动孤岛检测法的实现流程为：在风电机组正常运行时，仅无功功率扰动—频率反馈单元单独作用，风电机组间歇性的输出无功功率扰动，扰动输出周期为 1 个周波，扰动间隔周期为 1 个周波，无功功率扰动量值通常选取为 $\Delta Q=1\%P_n$（P_n 为风电机组额定功率），同时监测风电机组并网点频率，发生孤岛时，将有一个频率偏移被检测出来，为证实这一频率变化确实由孤岛效应造成，之后每周期等量加大无功扰动的值，同时监测系统频

率是否进一步偏移，若并网点频率偏移量超过限值，投入有功功率扰动—电压反馈单元，有功功率扰动量值通常选取为$\Delta P = 10\%P_n$，风电机组有功功率快速大幅扰动，同时监测风电机组并网点的电压幅值，当并网点电压超出一定限值，直接触发风电机组过/欠压保护，达到风电机组防孤岛保护的目的。综合功率扰动孤岛检测法利用风电机组孤岛运行特征值进行孤岛检测，不会因风电机组电压、电流异常而产生误判，该方法保证了风电机组具备快速可靠的防孤岛保护功能。综合功率扰动孤岛检测流程图如图6-14所示。

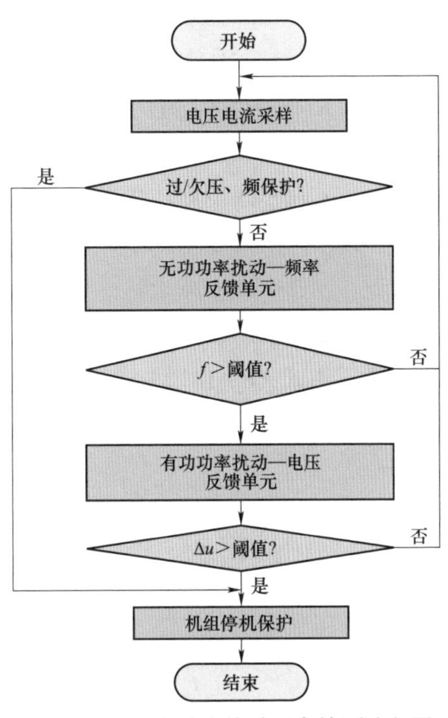

图6-14　综合功率扰动孤岛检测流程图

（2）双馈风电机组功率扰动环设计。双馈发电机采用定子电压定向矢量控制时，在dq同步旋转坐标系的定转子电压与磁链方程如下

$$\begin{bmatrix} u_{sq} \\ u_{sd} \\ u_{rq} \\ u_{rd} \end{bmatrix} = \begin{bmatrix} R_s & 0 & 0 & 0 \\ 0 & R_s & 0 & 0 \\ 0 & 0 & R_r & 0 \\ 0 & 0 & 0 & R_r \end{bmatrix} \begin{bmatrix} i_{sq} \\ i_{sd} \\ i_{rq} \\ i_{rd} \end{bmatrix} + \begin{bmatrix} p & \omega_s & 0 & 0 \\ -\omega_s & p & 0 & 0 \\ 0 & 0 & p & \omega_{slip} \\ 0 & 0 & -\omega_{slip} & p \end{bmatrix} \begin{bmatrix} \psi_{sq} \\ \psi_{sd} \\ \psi_{rq} \\ \psi_{rd} \end{bmatrix} \tag{6-14}$$

$$\begin{bmatrix} \psi_{sq} \\ \psi_{sd} \\ \psi_{rq} \\ \psi_{rd} \end{bmatrix} = \begin{bmatrix} L_s & 0 & L_m & 0 \\ 0 & L_s & 0 & L_m \\ L_m & 0 & L_r & 0 \\ 0 & L_m & 0 & L_r \end{bmatrix} \begin{bmatrix} i_{sq} \\ i_{sd} \\ i_{rq} \\ i_{rd} \end{bmatrix} \tag{6-15}$$

式中　u——电压；

i——电流；

ψ——磁链；

下标 d——d 轴分量；

下标 q——q 轴分量；

R_s、R_r——双馈发电机定转子等效电阻；

L_s、L_r、L_m——双馈发电机定转子等效电感及互感；

ω_s——同步旋转角频率；

ω_{slip}——转差角频率；

p——微分算子。

对于大容量双馈风电机组，其定子电阻远远小于定子电感，故忽略定子电阻，由式（6－14）与式（6－15）可得双馈电机转子电压和定子功率方程分别如下

$$\begin{cases} u_{rq} = R_r i_{rq} + \sigma L_r p i_{rq} + \dfrac{L_m}{L_s} u_{sq} - \dfrac{L_m}{L_s} \omega_r \psi_{sd} + \omega_{slip} \sigma L_r i_{rd} \\ u_{rd} = R_r i_{rd} + \sigma L_r p i_{rd} - \dfrac{L_m}{L_s} \omega_r \psi_{sq} - \omega_{slip} \sigma L_r i_{rq} \end{cases} \tag{6-16}$$

其中：$\sigma = \dfrac{L_s L_r - L_m^2}{L_s L_r}$ 为漏磁系数。

$$\begin{cases} P_s = \dfrac{3}{2} \dfrac{1}{L_s} u_{sq} \left(\psi_{sq} - L_m i_{rq} \right) \\ Q_s = \dfrac{3}{2} \dfrac{1}{L_s} u_{sq} \left(\psi_{sd} - L_m i_{rd} \right) \end{cases} \tag{6-17}$$

由式（6－16）、式（6－17）结合综合孤岛检测算法，可得双馈风电机组孤岛检测控制原理图如图 6－15 所示。

通过检测双馈风电机组定子三相电压，经过两相旋转 dq 坐标系锁相环（DQ－PLL）提取并网点电压的角频率与幅值送入综合功率扰动单元，无功功率扰动—频率反馈单元输出无功扰动值 ΔQ，输出结果叠加到无功功率给定功率外环，经无功电流控制内环驱动双馈发电机转子侧变流器，控制双馈风电机组输出无功功率，产生无功功率扰动进行孤岛状态常规探测，当并网点频率超出一定阈值，触发有功功率扰动—电压反馈单元。有功功率扰动—电压反馈单元输出有功扰动值 ΔP，输出结果叠加到有功功率给定功率外环，经有功电流控制内环驱动双馈发电机转子侧变流器，控制双馈风

电机组输出有功功率，进行孤岛状态的最终确认和风电机组的快速停机。

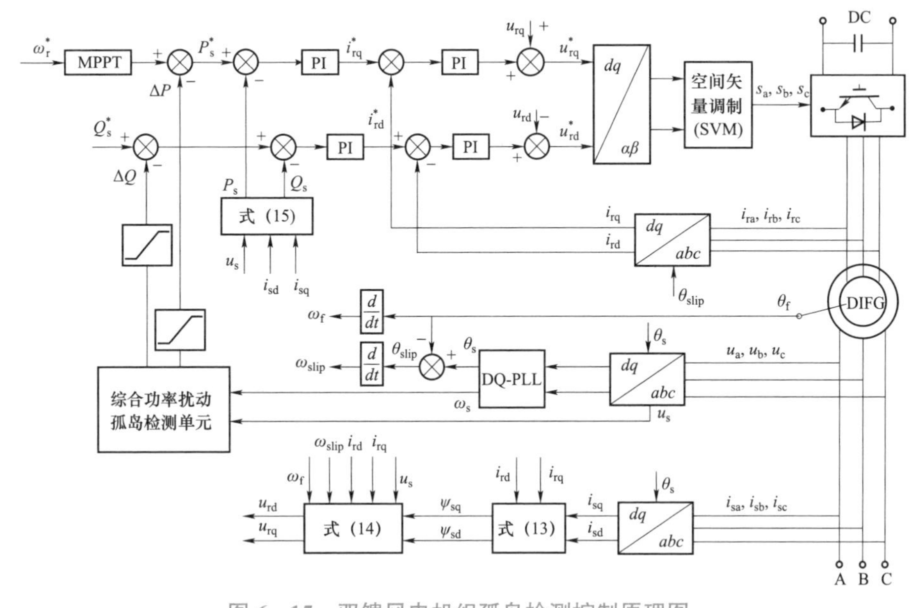

图 6－15 双馈风电机组孤岛检测控制原理图

*上标代表指令值，θ_s、θ_r、θ_{slip} 分别为电网角度、发电机角度和定转子转差角度；ω_r 为发电机转速；S_a、S_b、S_c 为三相开关信号；u_a、u_b、u_c 为电网三相电压；i_{ra}、i_{rb}、i_{rc} 为转子三相电流；i_{sa}、i_{sb}、i_{sc} 为定子三相电流。

6.2.3 现场实验研究

风电机组孤岛试验原理图如图 6－16所示，将 RLC 可调负荷并联于风电机组升压变压器高压侧，模拟风电机组孤岛运行时的本地负荷。试验开始时，通过调节 RLC 负荷所消耗的有功与无功功率，使风电机组与

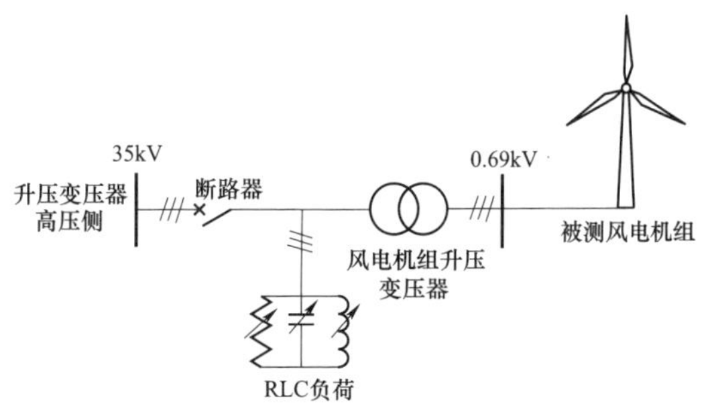

图 6－16 风电机组孤岛现场试验原理图

RLC 负荷之间达到孤岛运行的功率与相角匹配，模拟风电机组孤岛运行环境，当风电机组输出功率与 RLC 负荷功率完全匹配时，断开断路器，风电机组进入稳定的孤岛运行状态。

图 6-17 为双馈风电机组防孤岛试验波形图，图 6-17 中（a）～（c）分别为风电机组并网点三相电压、频率和输出功率试验波形图。0.1s 时开启风电机组综合功率扰动防孤岛保护功能，风电机组并网点频率随无功功率扰动发生微小变化，0.22s 时风电机组进入无功功率扰动—频率正反馈孤岛辨识过程，风电机组无功功率扰动量周期性持续增大，并网点频率持续

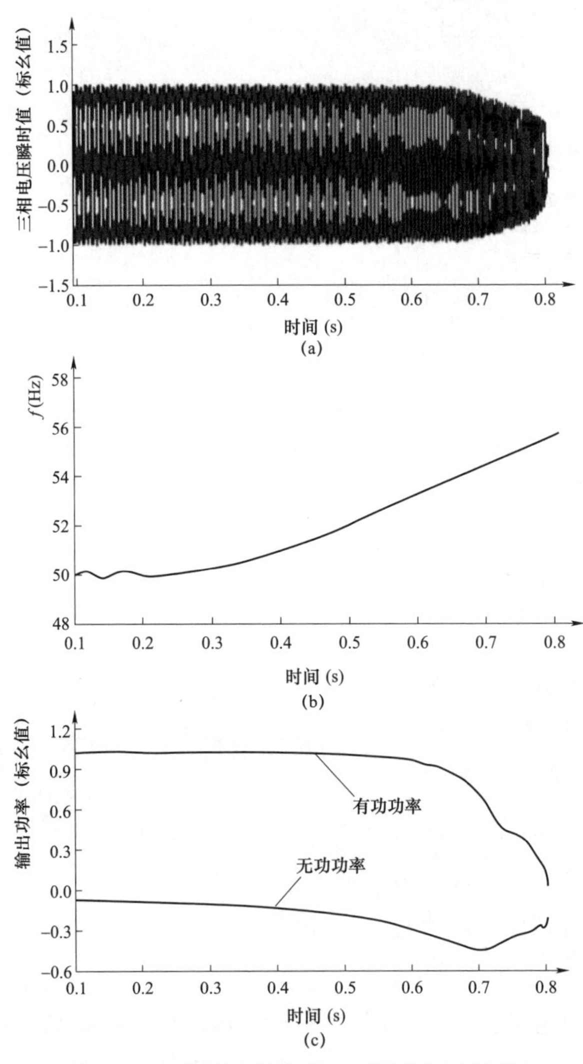

图 6-17 综合功率扰动孤岛检测试验波形图

（a）并网点电压；（b）并网点频率；

（c）风电机组功率输出

上升，当风电机组并网点电压频率达到54Hz保护阈值时，触发风电机组有功功率扰动一电压反馈，风电机组输出有功功率迅速降低，同时并网点电压快速降低，风电机组确定机组进入孤岛运行状态保护停机。

试验结果表明，综合功率扰动孤岛检测法可快速、准确辨识风电机组运行状态，达到风电机组防孤岛保护的目的。

6.3 风电机组传动链测试

随着海上风电的发展，海上风电机组的大型化成为主要发展趋势，近年来国外海上风电项目新装机组均为6MW及以上机型。欧洲6MW海上风电机组已形成产业化能力并批量安装，8MW级机组进入样机试运行阶段，10MW 及以上机组进入设计、试制阶段。目前我国海上风电机组容量以5MW级为主，国内各风电整机制造企业也已开始大容量机组研发，预计“十三五”期间我国海上风电机组单机容量可达到10MW级。

海上风电机组容量更大，运行环境更恶劣，海浪、海流、浮冰等多种情况耦合，对风电机组各项指标有更高要求；输变电系统更复杂，离岸距离较远的风电场需要建设海上变电站，检修维护时间有限，这都对海上风电机组的运行可靠性提出了严苛要求。

由于海上风电机组环境复杂、吊装运维成本高，导致海上风电现场测试费用高昂。为提高测试效率，降低测试成本，IECTC88 技术委员会提出了通过全尺寸传动链测试平台等效评估风电机组并网测试的方法。各项并网测试采用全尺寸传动链测试平台方法的有效性说明见表 6-4。

表 6-4　　全尺寸传动链测试平台的有效性说明

类别	测试参数	全尺寸传动链测试有效性说明
控制特性	有功功率控制	机组的有功输出由主控系统控制、通过变流器实现，风轮转速的变化不直接影响功率输出。可以通过全尺寸传动链测试平台开展测试，测试结果与现场测试结果一致
	有功功率升速率限制	机组有功功率的升速率限制由主控系统控制、通过变流器实现，风轮转速的变化不直接影响功率输出。可以通过全尺寸传动链测试平台开展测试，测试结果与现场测试结果一致

续表

类别	测试参数	全尺寸传动链测试有效性说明
控制特性	频率控制	机组的频率控制功能由风电机组主控系统实现，在全尺寸传动链测试平台可以对频率和功率进行准确测量。可以通过全尺寸传动链测试平台开展测试，测试结果与现场测试结果一致
	惯量响应	机组的惯量响应主要与风轮相关，无法通过全尺寸传动链测试平台测试，必须进行现场测试
	无功功率控制	机组的无功功率的控制通过变流器实现，控制特性与风电机组主控系统、变流器控制系统和风电场控制系统有关。可以通过全尺寸传动链测试平台开展测试，测试结果与现场测试结果一致
稳态运行	最大测量功率	机组 10min 内的最大测量功率主要与风的变化相关，无法通过全尺寸传动链测试平台测试，必须进行现场测试
	无功功率容量	机组无功功率容量只与电气系统相关，因此可通过全尺寸地面试验平台开展测试，且测试结果与风电机组现场测试结果一致
瞬态特性	低电压穿越	机组低电压穿越能力可以通过全尺寸传动链测试平台开展测试，测试结果与现场测试结果一致
	高电压穿越	机组高电压穿越能力可以通过全尺寸传动链测试平台开展测试，测试结果与现场测试结果一致
	负序	机组的负序分量仅与电气系统相关，可在地面试验平台开展测试，且测试结果与风电机组现场测试结果一致
	电压/频率	机组的电压/频率特性仅与电气系统相关，可以通过全尺寸传动链测试平台开展测试，测试结果与现场测试结果一致
电网保护	电网保护	机组的电网保护功能仅和变流器控制系统相关，可以通过全尺寸传动链测试平台开展测试，测试结果与现场测试结果一致
	重并网时间	机组的重并网时间仅与主控系统、电气系统和辅助电气系统相关，可以通过全尺寸传动链测试平台开展测试，测试结果与现场测试结果一致
	保护系统	机组的保护系统可以通过全尺寸传动链测试平台开展测试，测试结果与现场测试结果一致
电能质量	电压波动和闪变	机组的电压波动和闪变受风轮外形、尺寸和转速等因素影响，无法通过全尺寸传动链测试平台测试，必须进行现场测试
	谐波	机组的谐波仅与电气系统有关，可以通过全尺寸传动链测试平台开展测试，也可进行现场测试
	三相不平衡度	可以通过全尺寸传动链测试平台开展测试，也可进行现场测试

传动链测试平台可以对风电机组的关键电气部件（发电机、变流器、主控系统、变桨系统等）进行故障电压穿越能力、电能质量和电网适应性方面的测试，试验环境及测试工况可控，受电网条件影响小，可以有效模

拟风电机组在电网实际运行环境下的并网性能。

6.3.1 国外传动链测试平台概况

为满足海上大容量风电机组并网测试的需求，欧美国家建设了全尺寸传动链测试平台，这些测试平台大多由专业的测试及科研机构负责运营。负责运营风电机组全尺寸传动链并网测试平台的机构有：美国国家可再生能源实验室（NREL）、美国克莱姆森大学（Clemson University）、英国海上可再生能源中心（OREC）、德国弗朗霍夫研究所（Fraunhofer IWES）、丹麦可再生能源中心(LORC）等。欧美国家通过建立风电机组传动链全尺寸测试平台，开展了大量风电机组的技术研发与性能验证工作，保障了大容量风电机组的产品质量及运行可靠性。图 6－18 为欧美风电机组全尺寸传动链测试平台外观图，表 6－5 为欧美风电机组全尺寸传动链测试平台基本参数表。

（a） （b）

（c） （d）

（a）美国 NREL2.5MW 传动链测试平台（图片版权归美国 NREL 所有）；
（b）美国 NREL5MW 传动链测试平台（图片版权归美国 NREL 所有）；
（c）美国克莱姆森大学 7.5MW 传动链测试平台（图片版权归美国克莱姆森大学所有）；
（d）美国克莱姆森大学 15MW 传动链测试平台（图片版权归美国克莱姆森大学所有）

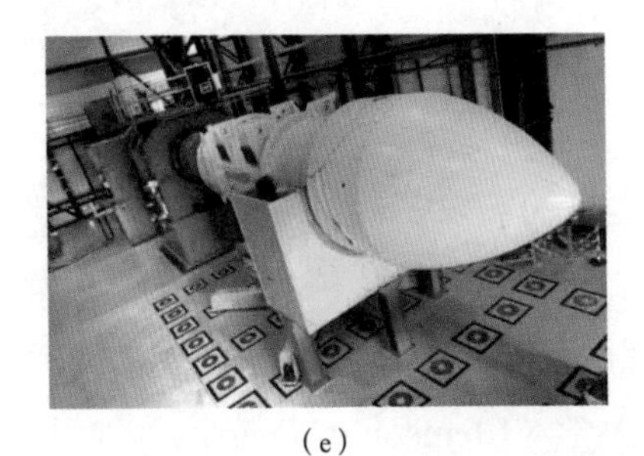

(e)

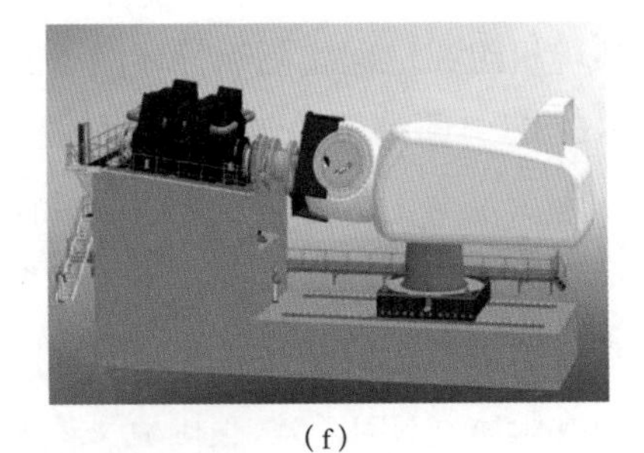

(f)

(g)

图 6-18　欧美风电机组全尺寸传动链测试平台外观图

(e) 英国 OREC 15MW 传动链测试平台（图片版权归英国 OREC 所有）；

(f) 丹麦 LORC10MW 传动链测试平台（图片版权归丹麦 LORC 所有）；

(g) 德国 Fraunhofer IWES 10MW 传动链测试平台（图片版权归德国 Fraunhofer IWES 所有）

表 6-5　欧美风电机组传动链全尺寸测试平台信息

（表格信息来源为官网公开信息）

运营机构 / 测试平台信息	弗劳恩霍夫风能源及能源系统技术研究所 Fraunhofer IWES	丹麦可再生能源中心 LORC	英国国家可再生能源中心 OREC	克莱姆森大学
基本情况：				
地点	德国不来梅	丹麦 Lindø 工业园	英国诺森伯兰郡	美国南卡罗来纳州
建成时间	2015 年 10 月	2014 年 10 月	2013 年 07 月	2013 年 11 月
功率（MW）	10	10	15	15
倾角（°）	5	6	6	6
实验台尺寸	18 × 12 m	17 × 42m	30 × 10 m	35 × 12 m
技术指标：				
拖动电机功率（MW）	5MW × 2	6.9MW × 2	15	20
拖动电机类型	永磁直驱电机	永磁直驱电机	永磁直驱电机	交流异步电机

续表

测试平台信息 \ 运营机构	弗劳恩霍夫风能源及能源系统技术研究所 Fraunhofer IWES	丹麦可再生能源中心 LORC	英国国家可再生能源中心 OREC	克莱姆森大学
拖动齿轮箱	无	无	无	有
转速范围（rpm）	0～25	0～22	0～30	0～17
最大功率转速（rpm）	11	10	10.25	10
最大运行扭矩（MN·m）	8.6	10	14.3	16
最大瞬时扭矩（MN·m）	13	12	19.1	/
弯矩载荷（MN·m）	20	N/A	56	50
径向力（MN）	1.9	N/A	8	8
轴向力（MN）	1.9	N/A	4	4
载荷响应频率（Hz）	2	N/A	2.5	1
测试能力：				
静态极限载荷试验	√	N/A	√	√
并网特性试验	√	√	√	√
电网故障模拟试验	√	√	√	√
硬件在环仿真试验	√	√	√	√
状态监测试验	√	√	√	√
机舱发电机试验	√	√	√	√
控制系统试验	√	√	√	√

6.3.2 我国传动链测试平台情况

传动链全尺寸地面试验系统为风电机组研发设计提供了可控的试验环境，有利于加速大型风电产品设计—研发—试验的迭代过程，缩短研发周期。我国围绕风电机组传动链地面试验系统开展了大量研究工作，但相关技术及实践已严重滞后于欧美国家。我国金风科技、浙江运达、东方电气等多家风电机组制造商建设了 6MW 级全尺寸传动链测试平台，对优化机组研发设计、验证机组性能起到了良好的作用。图 6－19 为国内部分风电机组传动链全尺寸测试平台实物图。

我国传动链测试平台多为拖动平台结构，部分配有故障电压发生装置，仅具备对叶轮气动转矩以及部分电网故障的模拟功能。测试功能相对单一、复杂电网的模拟能力欠缺。目前建设的全尺寸传动链测试平台多由机组制造商运营，缺乏大容量风电机组传动链公共测试平台，不能有效满足大容量风电机组测试的需求。随着风电机组的大型化、运行环境的复杂化，对大型风电机组传动链全尺寸测试平台提出了更高的要求重点包括以下几个方面。

（1）在风轮特性模拟方面：进一步分析轴向与非轴向载荷实时模拟方法、低转速传动链惯量及阻尼特性模拟实现方案。

（2）在电网特性模拟方面，需研发基于功率放大器的电力系统实时仿真—功率在环电网模拟系统，实现电力系统不同节点特性精确模拟。

（3）在仿真与虚拟测试方面，逐步建立基于场景复刻与扩展的大型传动链地面试验系统仿真与虚拟测试能力。

（4）在试验与评价方法方面，建立传动链标准的试验方法与评价体系，规范大型风电机组传动链全尺寸测试标准，优化风电机组设计研发与认证。

（a）

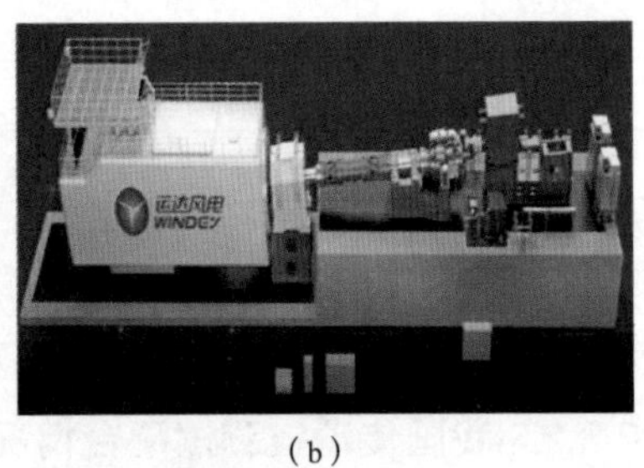

（b）

图 6-19　国内部分风电机组传动链全尺寸测试平台

（a）金风科技 6MW 传动链测试平台（图片版权分别归金风科技、浙江运达所有）；
（b）浙江运达 6MW 传动链测试平台（图片版权分别归金风科技、浙江运达所有）

附录A 全书引用标准

1. IEC 61000－4－30 Electromagnetic compatibility（EMC）－Part 4－30：Testing and measurement techniques－Power quality measurement methods/电磁兼容（EMC）试验和测量技术－电能质量测量方法
2. IEC 61000－4－7 Electromagnetic compatibility（EMC）－Part 4－7：Testing and measurement techniques－General guide on harmonics and interharmonics measurements and instrumentation，for power supply systems and equipment connected thereto/电磁兼容性测试与测量技术－电源系统及其相连设备的谐波、间谐波测量方法和测量仪器的技术标准
3. IEC 61800－3 Adjustable speed electrical power drive systems－Part 3：EMC requirements and specific test methods/调速电气传动系统—第3部分：电磁兼容性要求和特定的试验方法
4. IEC 61000－3－3 Electromagnetic compatibility（EMC）－Part 3－3：Limits－Limitation of voltage changes，voltage fluctuations and flicker in public low－voltage supply systems，for equipment with rated current ≤16 A per phase and not subject to conditional connection/限值—每相额定电流不高于16A且无需有条件连接设备用公共低压供电系统中电压变化、电压波动及闪烁的限制
5. IEC 61400－21 Measurement and assessment of power quality characteristics of grid connected wind turbines
6. IEC6 1000－4－15 Testing and measurement techniques：Flickermeter，Functional and design specifications/试验和测量技术.闪变仪.功能和设计规范
7. IEC 61000－3－7 Limits－Assessment of emission limits for the connection of fluctuating installations to MV，HV and EHV power systems
8. IEC 60044－2 Instrument transformers Part－2 Inductive voltage

transformers/电磁式电压互感器

9. IEC 60044－1 Instrument transformers Part－1 Current transformers/电流互感器

10. IEC 61400－12－1 Wind energy generation systems－Part 12－1 Power performance/功率曲线测试

11. Energinet．DK．Technical regulation 3.2.5 for wind power plants with a power output greater than 11kW［S］．2010

12. E．ON Netz GmbH．Grid Connection Regulations for High and Extra High Voltage［S］．2006

13. U.S.A Federal Energy Regulatory Commission．Reactive Power Requirements for Non–Synchronous Generation［S］．2016

参 考 文 献

[1] 国际电工委员会（IEC）．大容量可再生能源接入电网及大容量储能的应用（中英文版）[M]．国家电网公司国际合作部，中国电力科学研究院，译．北京：中国电力出版社，2014．

[2] 戴慧珠，迟永宁．国内外风电并网标准比较研究 [J]．中国电力，2012，45（10）：1-6．

[3] 迟永宁，张占奎，李琰，等．大规模风电并网技术问题及标准发展 [J]．华北电力技术，2017，（03）：1-7．

[4] 刘振亚．智能电网技术 [M]．中国电力出版社，2010．

[5] 孙涛，王伟胜，戴慧珠，等．风力发电引起的电压波动和闪变 [J]．电网技术．2003（12）．

[6] 林海雪．现代电能质量基本问题 [J]．电网技术，2001，25（10）：5-12．

[7] 董伟杰，白晓民，朱宁辉，等．间歇式电源并网环境下电能质量问题研究 [J]．电网技术，2013，37（5）：1265-1271．

[8] 李渝，范高锋，李庆，等．达坂城风电接入系统对新疆电网电能质量的影响 [J]．电网技术．2007（06）．

[9] 田易之，晁勤，高昆．双馈风电机组并网运行的电能质量分析及改进 [J]．可再生能源．2010（01）．

[10] 韩旭杉．区域电网电能质量问题及其治理技术研究 [D]．华北电力大学 2012．

[11] 葛高飞．风电并网对电力系统电能质量的影响研究 [D]．合肥工业大学 2013．

[12] 胡巧琳．风电并网的电能质量扰动检测方法研究 [D]．西南交通大学 2015．

[13] 肖湘宁，韩民晓，等．电能质量分析与控制 [M]．北京：中国电力出版社，2010．

[14] 杨淑英．双馈型风力发电变流器及其控制 [D]．合肥工业大学，2007．

[15] 程浩忠．电能质量概论（第二版）[M]．北京：中国电力出版社，2013．

[16] 姚兴佳，等．风力发电测试技术 [M]．北京：电子工业出版社，2011．

[17] Bin Wu，等．风力发电系统的功率变换与控制 [M]．卫三民，等译．北京：机

械工业出版社，2012.

[18] 张兴，曹仁贤．永磁同步全功率风力发电变流器及其控制［M］．北京：电子工业出版社，2016.

[19] 李发海，朱东起．电机学［M］．北京：科学出版社，2007.

[20] 田新首．大规模双馈风电场与电网交互作用机理及其控制策略研究［D］．华北电力大学，2016.

[21] Tony Burton，等．风能技术［M］．武鑫，等译．北京：科学出版社，2010.

[22] HE Xuenong．现代电能质量测量技术［M］．美国福禄克公司，2010.

[23] TENTZERAKIS S，PARASKEVOPOULOU N，PAPATHANASSIOU S．Measurement of wind farm harmonic emissions．Power Electronics Technology．2008.

[24] THOMAS A．Wind Power in Power System．John Wiley & Sons，Ltd．July，2005.

[25] 黄守道，高剑，罗德荣，直一驱永磁风力发电机设计及并网控制［M］．北京：电子工业出版社，2014.

[26] 戴慧珠，迟永宁．国内外风电并网标准比较研究［J］．中国电力．2012（10）.

[27] 李少林，王瑞明，陈晨，等．大容量永磁同步风电机组系统谐振分析与试验研究［J］．可再生能源，2014，32（09）：1288－1293.

[28] 贺益康，徐海亮．双馈风电机组电网适应性问题及其谐振控制解决方案［J］．中国电机工程学报，2014，34（29）：5188－5203.

[29] 樊熠，张金平，谢健，等．风电场谐波谐振测试与分析［J］．电力系统自动化，2016，40（02）：147－151.

[30] 谢震，汪兴，张兴，等．基于谐振阻尼的三相 LCL 型并网逆变器谐波抑制优化策略［J］．电力系统自动化，2015，39（24）：96－103.

[31] 陈学琴．电网谐波条件下双馈风电机组输出特性分析及控制［D］．秦皇岛：燕山大学，2015.

[32] 赵海翔．风电引起的电压波动和闪变研究［D］．北京：中国电力科学研究院，2004.

[33] 孙涛，王伟胜，戴慧珠，等．风力发电引起的电压波动和闪变［J］．电网技术，2003，27（12）：62－66.

[34] MUEHLETHALER J，SCHWEIZER M，BLATTMANN R，et al．Optimal design of LCL harmonic filters for three－phase PFC rectifiers［J］．IEEE Trans．on Power

Electronics，2013，28（7）：3114－3125.

［35］GHOSHAL A，JOHN V．Active damping of LCL filter at low switching to resonance frequency ratio［J］．IEEE Trans．on Power Electronics，2015，8（4）：574－582.

［36］张兴，张崇巍，编著．PWM 整流器及其控制［M］．北京：机械工业出版社，2015.

［37］王莹．大功率电网模拟器的拓扑与控制研究［D］．合肥：合肥工业大学，2011.

［38］顾韧．电压质量扰动发生装置的研究与实现［D］．北京：华北电力大学，2012.

［39］周党生，谢磊，盛小军．具有谐波输出功能的大容量电网扰动发生装置［J］．电力电子技术，2014，37（05）：21－23.

［40］代林旺，秦世耀，王瑞明，等．直驱永磁同步风电机组高电压穿越技术研究与试验［J］．电网技术，2018，42（1）：147－153.

［41］李少林，王伟胜，王瑞明，等．双馈风电机组高电压穿越控制策略与试验研究［J］．电力系统自动化，2016，40（16）：76－82.

［42］艾斯卡尔，朱永利，唐斌伟，等．风力发电机组故障穿越问题综述［J］．电力系统保护与控制，2013，41（19）：147－153.

［43］李少林，王瑞明，孙勇，等．分散式风电孤岛运行特性与孤岛检测试验研究［J］．电力系统保护与控制，2015，43（21）：13－19.

［44］秦世耀，李少林，王瑞明，等．大容量永磁同步风电机组系统谐振与抑制策略［J］．电力系统自动化，2014，38（22）：11－16.

索　引